Additiv gefertigte Kunststoffwerkzeuge für das Tiefziehen von Feinblech

Additively Manufactured Plastic Tools for Deep Drawing of Thin Sheet Metal

Von der Fakultät für Maschinenwesen
der Rheinisch-Westfälischen Technischen Hochschule Aachen
zur Erlangung des akademischen Grades eines
Doktors der Ingenieurwissenschaften
genehmigte Dissertation

vorgelegt von

Bernd Löffler

Berichter/in:

Univ.-Prof. Dr.-Ing. Dipl.-Wirt. Ing. Günther Schuh
Univ.-Prof. Dr.-Ing. Peter Burggräf, MBA

Tag der mündlichen Prüfung: 06. Februar 2024

ERGEBNISSE AUS DER PRODUKTIONSTECHNIK

Bernd Löffler

Additiv gefertigte Kunststoffwerkzeuge für das Tiefziehen von Feinblech

Herausgeber:
Prof. Dr.-Ing. T. Bergs
Prof. Dr.-Ing. Dipl.-Wirt. Ing. G. Schuh
Prof. Dr.-Ing. C. Brecher
Prof. Dr.-Ing. R. H. Schmitt

Band 12/2024

WZL | RWTH AACHEN UNIVERSITY

Fraunhofer IPT

Bibliografische Information der Deutschen Nationalbibliothek
Die Deutsche Nationalbibliothek verzeichnet diese Publikation in der Deutschen Nationalbibliografie; detaillierte bibliografische Daten sind im Internet über https://portal.dnb.de abrufbar.

Bernd Löffler:

Additiv gefertigte Kunststoffwerkzeuge für das Tiefziehen von Feinblech

1. Auflage, 2024

Gedruckt auf holz- und säurefreiem Papier, 100% chlorfrei gebleicht.

Wissenschaftsverlag des Instituts für Industriekommunikation und Fachmedien an der RWTH Aachen
Steinbachstr. 25, 52074 Aachen
Internet: www.apprimus-verlag.de, E-Mail: info@apprimus-verlag.de

Druck: CPI Druckdienstleistungen GmbH, Ferdinand-Jühlke-Straße 7 I 99095 Erfurt

ISBN 978-3-98555-211-5

D 82 (Diss. RWTH Aachen University, 2024)

Vorwort

Die vorliegende Arbeit entstand während meiner Tätigkeit als wissenschaftlicher Mitarbeiter am Lehrstuhl für Production Engineering of E-Mobility Components (PEM) und am Lehrstuhl für Produktionssystematik des Werkzeugmaschinenlabors WZL der Rheinisch-Westfälischen Technischen Hochschule (RWTH) Aachen.

Vielen Personen möchte ich für die gemeinsame Zeit und deren Unterstützung danken. Dem Inhaber des Lehrstuhls für Produktionssystematik Professor Günther Schuh danke ich für die Möglichkeit der Promotion und die mir gebotenen Entwicklungsmöglichkeiten am WZL. Bedanken möchte ich mich auch bei Professor Peter Burggräf für die Betreuung während dieser Zeit und die Übernahme des Korreferats. Mein Dank gilt außerdem Professor Georg Jacobs für die Übernahme des Prüfungsvorsitzes und Professor Jørgen Magnus für die Übernahme des Prüfungsbeisitzes.

Bedanken möchte ich mich darüber hinaus bei Dr.-Ing. Georg Bergweiler für die tatkräftige Unterstützung als Oberingenieur, für die vielen wertvollen Diskussionen während meiner Promotionszeit und die stets exzellente Zusammenarbeit. Weiterhin möchte ich mich bei allen Kolleginnen und Kollegen der Abteilung Innovationsmanagement, insbesondere bei Viktor Slawik und Falko Fiedler, für die kollegiale Zusammenarbeit und die vielen unvergesslichen Erlebnisse bedanken. Bedanken möchte ich mich zudem bei allen studentischen Hilfskräften, Abschlussarbeiterinnen und Abschlussarbeiter für ihren unermüdlichen Einsatz, insbesondere bei Moritz Stötzel, Paul-Lukas Schmidt-Tiedemann, Nikolaus Lackner, Jan Cluse und Vera Rothmund.

Mein größter Dank gilt meiner Familie, vor allem meinen Eltern und meinen beiden Geschwistern für ihren Rückhalt und ihre bedingungslose Unterstützung. Euch widme ich diese Arbeit in großer Dankbarkeit.

Zuletzt und ganz besonders danke ich meiner Frau Julia für ihre liebevolle Unterstützung und ihren unermüdlichen Zuspruch. Für diesen Rückhalt bin ich sehr dankbar.

Aachen, im Februar 2024

Bernd Löffler

Kurzfassung

Das Tiefziehen hat eine lange Historie in der Herstellung von Gebrauchsgütern. Aufgrund der hohen Automatisierung und Produktivität ist das Fertigungssystem besonders wirtschaftlich in der Großserienproduktion. Für kleine Stückzahlen hingegen stößt das Fertigungsverfahren jedoch aufgrund hoher Werkzeugkosten an wirtschaftliche Grenzen. Ein vielversprechender, bislang wenig erforschter Ansatz zur Reduktion der Werkzeugkosten ist die Nutzung der kunststoffbasierten additiven Fertigung für die direkte Herstellung der Werkzeuge. Trotz des hohen wirtschaftlichen Potentials der Werkzeugtechnologie sind grundlegende Verhaltensweisen, wie die Verwendung geeigneter Werkzeugwerkstoffe oder die Leistungsfähigkeit der Werkzeuge noch nicht ausreichend erforscht, sodass eine industrielle Nutzung bislang verwehrt bleibt.

Die vorliegende Dissertation leistet einen Beitrag, additiv gefertigte Kunststoffwerkzeuge für das Tiefziehen von Feinblech zu befähigen. Ausgangspunkt der Untersuchungen stellt die Charakterisierung verschiedener 3D-Druckmaterialien und -parameter hinsichtlich ihrer Eignung als Werkzeugwerkstoff dar. Anhand einer Simulationsstudie erfolgt die Abschätzung des Anwendungsbereichs der untersuchten Werkzeugtechnologie. Ausgehend von den ermittelten Grundlagen werden verschiedene praktische Tiefziehversuche durchgeführt, um die Eignung der Werkzeugwerkstoffe auch unter realen Bedingungen zu überprüfen. Die Ergebnisse liefern Rückschlüsse auf die Leistungsfähigkeit der Werkzeuge, welche sich insbesondere in den abbildbaren Bauteilgenauigkeiten sowie dem Werkzeugverschleiß widerspiegeln. Um die untersuchte Werkzeugtechnologie auch für anspruchsvolle Tiefziehaufgaben mit hohen Toleranzvorgaben einsetzten zu können, wird ein Kompensationsmodell zur Optimierung von Bauteilgenauigkeiten entwickelt. Zur Prüfung der gewonnenen Erkenntnisse erfolgt die Anwendung der untersuchten Werkzeugtechnologie anhand realer Praxisbeispiele der produzierenden Industrie.

Die Untersuchungen sowie der daraus abgeleitete Erkenntnisgewinn bilden die Grundlage für einen erfolgreichen Einsatz von additiv gefertigten Kunststoffwerkzeugen für das Tiefziehen von Feinblech.

Abstract

Deep drawing is a commonly employed sheet metal forming process to manufacture a wide range of consumer goods. Given its great level of automation and productivity, deep drawing is especially cost-efficient when applied to large-scale manufacturing. On the other hand, its utilization in small-scale production can become very cost-intensive due to high tooling costs. A promising and novel approach to reduce tooling costs entails using polymer-based additive manufacturing to directly manufacture the tools. Despite the significant economic potential of this tooling technology, fundamental behaviors such as the application of appropriate tooling materials or significant performance criteria remain unknown, therefore preventing viable industrial applications.

This dissertation aims to develop additively manufactured polymer tools for deep drawing of sheet metals towards an industrial application. Initially, various 3D printing materials and printing parameters are characterized in terms of their mechanical properties and suitability as a tool material. Based on a forming simulation, the application range of the underlying tool technology is investigated. Subsequently, a range of deep drawing experiments are conducted to verify the appropriateness of the proposed tool materials. Optical measurements are employed to analyze the tool performance with regards to part accuracy and tool wear. A simulation-based compensation model is developed to augment the effectiveness of the underlying tooling technology. Consequently, the tooling technology can be applied to complex deep drawing geometries that demand high levels of precision. The derived findings and developed models are subsequently utilized in use-case scenarios from the manufacturing industry to verify the performance of the tooling technology.

The research and models presented in this dissertation provide the foundation for the effective use of additively manufactured polymer tools for deep drawing of thin sheet metals.

Inhaltsverzeichnis

Verzeichnis der Tabellen VII

Verzeichnis der Abbildungen IX

Verzeichnis der Formelzeichen und Abkürzungen XVII

1 Einleitung 1

1.1 Ausgangssituation 1

1.2 Zielsetzung und Definition der Forschungsfrage 2

1.3 Forschungsmethodik 4

1.4 Aufbau der Arbeit 8

2 Grundlagen des Betrachtungsbereichs 11

2.1 Technologische Grundlagen des Tiefziehens 11

2.1.1 Verfahrensprinzip des Tiefziehprozesses 11

2.1.2 Spannungszustände während des Tiefziehens 12

2.1.3 Erreichbare Genauigkeiten bei Tiefziehteilen 16

2.1.4 Prozesssimulation beim Tiefziehen 18

2.2 Additive Fertigung von Kunststoffkomponenten 22

2.2.1 Einteilung und Wirkprinzipien der additiven Fertigung 22

2.2.2 Fused Layer Modeling (FLM) 25

2.3 Werkzeugsysteme für das Tiefziehen 28

2.3.1 Werkzeugtypen und Werkzeugherstellung 28

2.3.2 Herstellung von Prototypenwerkzeugen 31

2.3.3 Kostenstruktur von Tiefziehwerkzeugen 34

2.4 Zusammenfassung und Handlungsbedarf aus der Praxis 36

3 Bestehende Ansätze zum additiven Werkzeugbau 39

3.1 Beschreibung des Recherchevorgehens 39

3.2 Forschungsaktivitäten im Bereich additiv gefertigter Umformwerkzeuge 42

3.3 Herleitung des Forschungsbedarfs 49

4 Eignung additiv gefertigter Kunststoffwerkzeuge für das Tiefziehen 53

4.1 Materialcharakterisierung von FLM-Werkzeugen 53

4.1.1 Anforderung an Werkzeugwerkstoffe für das Tiefziehen 54

4.1.2 Ermittlung geeigneter Druckparameter zur Werkzeugherstellung 55

4.1.3 Untersuchung verschiedener 3D-Druckmaterialien zur Werkzeugherstellung 67

4.1.4 Zwischenfazit für die Materialauswahl 79

4.2 Untersuchung des Einflusses von Tiefziehparametern auf die Werkzeugbelastung 81

4.2.1 Herleitung des Napfziehversuchs als geeigneter Standardversuch der Arbeit 81

4.2.2 Simulationsstudie zur Quantifizierung von Tiefziehparametern auf die Werkzeugbelastung ... 84

4.2.3 Auswahl von Parametern zur Definition der realen Tiefziehversuche ... 92

4.3 Tiefziehversuche mit Variation der Werkzeugmaterialien ... 96

4.3.1 Konstruktion und Fertigung der Werkzeuge für die Versuchsdurchführung ... 96

4.3.2 Vermessung der Bauteilgenauigkeit und der Werkzeugverformung ... 100

4.3.3 Vergleichsuntersuchungen mit konventionellem Werkzeugmaterial ... 111

4.3.4 Zusammenfassung der Tiefziehversuche mit DC04 ... 113

4.4 Tiefziehversuche mit Variation des Blechmaterials ... 115

4.4.1 Konstruktion und Fertigung der Werkzeuge für die Versuchsdurchführung ... 115

4.4.2 Vermessung der Werkzeugverformung und der Bauteilgenauigkeit ... 117

4.4.3 Zusammenfassung der Tiefziehversuche mit HX380LAD-Z und weiteres Vorgehen ... 121

5 Entwicklung eines Modells zur Vorhersage & Optimierung von Bauteilgenauigkeiten ... 123

5.1 Dynamische Simulation der Werkzeugverformung mit elasto-plastischen Materialverhalten ... 123

5.1.1 Beschreibung des eingesetzten FE-Modells ... 123

5.1.2 Datenaufbereitung der Materialkennwerte für die Simulation ... 126

5.1.3 Simulation der Werkzeugbelastung und -verformung der Napfgeometrie ... 128

5.2 Entwicklung eines Kompensationsmodells zur Optimierung vom Bauteilgenauigkeiten 130

5.2.1 Beschreibung des Kompensationsmodells 131

5.2.2 Anwendung des Kompensationsmodells auf die Napfgeometrie 133

5.2.3 Tiefziehversuche mit kompensierter Werkzeuggeometrie 134

6 Kritische Reflexion und Prüfung des Modells im Anwendungszusammenhang 137

6.1 Fallbeispiel 1 – Sicherheitsgurtverstärkung B-Säule 137

6.1.1 Konstruktion von Bauteilgeometrie und Werkzeugsatz 138

6.1.2 Simulation und Anwendung des Kompensationsmodells 139

6.1.3 Bauteilvermessung und Verifikation des Modells 142

6.1.4 Wirtschaftlichkeitsbetrachtung des Fallbeispiels 145

6.2 Fallbeispiel 2 – Gehäusekomponente Luftkühler 147

6.2.1 Werkzeugkonstruktion, Simulation und Anwendung des Kompensationsmodells 148

6.2.2 Bauteilvermessung und Verifikation des Modells 150

6.2.3 Wirtschaftlichkeitsbetrachtung des Fallbeispiels 152

6.3 Zusammenfassung der Erkenntnisse aus den Fallbeispielen 153

7 Zusammenfassung und Ausblick 157

Literaturverzeichnis 163

Verzeichnis studentischer Arbeiten 173

A Anhang 175

A1 Vorgehensweise zur strukturierten Literaturrecherche 176

A2 Wechselwirkungsdiagramme von Druckfestigkeit und -modul 178

A3 Durchführung des 3-Punkt-Biegeversuchs 179

A4 Maßabweichung der initialen Werkzeuggeometrie für die Tiefziehversuche mit DC04 180

A5 Maßabweichung der initialen Werkzeuggeometrie für die Tiefziehversuche mit HX380LAD-Z 182

Verzeichnis der Tabellen

Tabelle 1: Übersicht der Faktorstufen sowie der konstanten Eingangsgrößen 58

Tabelle 2: Messwerte der Shore-D Härte und der Dichte gemittelt über alle Parameterkonfigurationen mit Angabe der Standardabweichung sowie die Materialkosten 64

Tabelle 3: Übersicht der Druckparameter zur Fertigung der Probekörper 68

Tabelle 4: Messwerte der Shore-D Härte und der Dichte mit Angabe der Standardabweichung sowie Materialkosten 78

Tabelle 5: Empfohlene Druckparameter zur Werkzeugherstellung 79

Tabelle 6: Tiefziehprüfverfahren mit zugehörigem Kennwert und Prüfnorm 82

Tabelle 7: Übersicht der Faktoren, der Stufen sowie der konstanten Eingangsgrößen 85

Tabelle 8: Teilfaktorieller Versuchsplan mit acht Faktoren auf zwei Stufen und 16 Versuchen 85

Tabelle 9: Übersicht der definierten Parameter für die realen Tiefziehversuche 93

Tabelle 10: Geometrieparameter des Werkzeugsatzes für die Tiefziehversuche 96

Tabelle 11: Druckparameter der Druckmaterialien PA, PLA, PA-CF und PA6-CF 97

Tabelle 12: Materialeigenschaften PLA mit 100 % Füllvolumen 127

Tabelle 13: Materialeigenschaften des Blechwerkstoffs DC04 128

Verzeichnis der Abbildungen

Abbildung 1.1: Typische Kostenstruktur für das Tiefziehen am Beispiel eines Sitzquerträgers einer Fahrzeugkarosserie 2

Abbildung 1.2: Wissenschaftssystematik in Anlehnung an ULRICH UND HILL 5

Abbildung 1.3: Forschungsprozess der vorliegenden Arbeit nach ULRICH 7

Abbildung 1.4: Gliederung der Arbeit nach ULRICH 9

Abbildung 2.1: Tiefziehen eines kreiszylindrischen Napfes im Erstzug 12

Abbildung 2.2: Spannungszustände während des Tiefziehens eines kreiszylindrischen Napfes in Anlehnung an KLOCKE 13

Abbildung 2.3: Kontaktzonen an den Werkzeugen, an denen mechanischen Belastungen auftreten 15

Abbildung 2.4: Erreichbare Genauigkeiten einer Napfgeometrie nach DIETRICH und LANGE . *Durchmesserangabe bezieht sich auf ein zylindrisches Ziehteil ohne Flansch 17

Abbildung 2.5: Diskretisierung einer 2D-Struktur in finite Elemente 18

Abbildung 2.6: Einteilung der additiven Fertigungsverfahren in Anlehnung an GEBHARDT und KUMKE 24

Abbildung 2.7: Funktionsprinzip des FLM-Verfahrens 25

Abbildung 2.8: Fertigungsprozess zur Herstellung von Tiefziehwerkzeugen 30

Abbildung 2.9: Einteilung der Gießverfahren zur Herstellung von Kunststoffwerkzeugen in Anlehnung an KOLBE 33

Abbildung 2.10: Typische Kostenstruktur eines Tiefziehwerkzeugs zur Fertigung eines Seitenwandrahmens einer 4-türigen Limousine 34

Abbildung 3.1: Beschreibung der Suchkriterien nach der STARLITE-Methode in Anlehnung an BOOTH ... 40

Abbildung 3.2: Recherchevorgehen der Arbeit in Anlehnung an das PRISMA-Phasenmodell ... 41

Abbildung 4.1: Auswahl von Eingangsgrößen und Qualitätsmerkmale zur Ermittlung geeigneter Druckparameter für die Werkzeugherstellung ... 57

Abbildung 4.2: Dimensionen der Probekörper sowie schematischer Versuchsaufbau ... 60

Abbildung 4.3: Zusammenfassung der Druckeigenschaften bestehend aus Druckfestigkeit (links) und Druckmodul (rechts) des vollfaktoriellen Versuchsplans ... 62

Abbildung 4.4: Zusammenfassung der Biegeeigenschaften bestehend aus Biegefestigkeit (links) und Biegemodul (rechts) des vollfaktoriellen Versuchsplans ... 63

Abbildung 4.5: Haupteffektdiagramm der Faktoren Material, Wandungen und Schichthöhe hinsichtlich der Qualitätskriterien Druckfestigkeit und Druckmodul ... 65

Abbildung 4.6: Korrelation von Druck- und Biegeeigenschaften nach Pearson ... 66

Abbildung 4.7: Orientierung im Bauraum bzw. Druckrichtung der Probekörper für die Druck- und Biegeversuche ... 69

Abbildung 4.8: Charakteristische Spannungs-Stauchungskurven verschiedener Kunststoffe ... 70

Abbildung 4.9: Spannungs-Stauchungsdiagramm der Druckprüfung mit Materialien der Druckrichtung DL ... 71

Abbildung 4.10: Spannungs-Stauchungsdiagramm der Druckprüfung mit faserverstärkten Materialien (links) und Materialien ohne Füllstoff (rechts) der Druckrichtungen DL und DS ... 72

Abbildung 4.11: Druckmodule der untersuchten Materialien in Abhängigkeit von der Druckrichtung sowie die ermittelten Druckmodule der Materialien PLA und PA aus Kapitel 4.1.2 ... 74

Abbildung 4.12: Spannungs-Dehnungsdiagramm der Biegeprüfung mit faserverstärkten Materialien (rechts) und Materialien ohne Füllstoff (links) der Druckrichtungen BL, BS und BH 75

Abbildung 4.13: Biegemodule der untersuchten Materialien in Abhängigkeit von der Druckrichtung 77

Abbildung 4.14: Biegefestigkeit und Bruchdehnung der untersuchten Materialien in Abhängigkeit von der Druckrichtung 77

Abbildung 4.15: Schematischer Versuchsaufbau des Napfziehversuchs 83

Abbildung 4.16: Ergebnis der Simulation des Versuchs 10: Simulation der Formbarkeit (links) sowie der Kontaktnormalspannung an der Stempelkantenrundung (Mitte) und an der Ziehkantenrundung (rechts) 87

Abbildung 4.17: Gemittelte Kontaktnormalspannung aller drei Auswertekreise jeweils an der Stempel- und Ziehkantenrundung. Als Referenzwert ist zusätzlich die Druckfließspannung von PLA der Druckrichtung DL angegeben.. 89

Abbildung 4.18: Pareto-Diagramm der standardisierten Effekte der jeweiligen Faktoren auf die Kontaktnormalspannung an der Stempelkantenrundung 90

Abbildung 4.19: Pareto-Diagramm der standardisierten Effekte der jeweiligen Faktoren auf die Kontaktnormalspannung an der Ziehkantenrundung.. 91

Abbildung 4.20: Simulation der Formbarkeit (links) sowie Kontaktnormalspannung an der Stempelkantenrundung (Mitte) und an der Ziehkantenrundung (rechts) mit dem Blechmaterial DC04 (Versuch 1).. 94

Abbildung 4.21: Simulation der Formbarkeit (links) sowie der Kontaktnormalspannung an der Stempelkantenrundung (Mitte) und an der Ziehkantenrundung (rechts) mit dem Blechmaterial HX380LAD-Z (Versuch 2)..................................... 95

Abbildung 4.23: Maßabweichung der PLA-Werkzeuge im Vergleich zur CAD-Sollgeometrie ... 98

Abbildung 4.24: Werkzeugsatz mit Säulenführungsgestell ... 100

Abbildung 4.25: Maßabweichung des ersten tiefgezogenen Napfes im Vergleich zur CAD-Sollgeometrie hergestellt mit den Werkzeugen aus PA, PLA, PA-CF und PA6-CF ... 101

Abbildung 4.26: Flächenvergleich des 30. Napf im Vergleich zum ersten tiefgezogenen Napf ... 102

Abbildung 4.27: Verlauf der Maßabweichungen von charakteristischen Messstellen der tiefgezogenen Näpfe in Bezug auf den ersten Napf in Abhängigkeit der verwendeten Werkzeugwerkstoffe PA, PLA, PA-CF und PA6-CF ... 104

Abbildung 4.28: Flächenvergleich des plastischen Verformungsanteils (Verschleiß) der Stempelwerkzeuge nach dem 30. Tiefziehversuch im Vergleich zur initialen Stempelgeometrie ... 105

Abbildung 4.29: Flächenvergleich des plastischen Verformungsanteils (Verschleiß) der Matrizenwerkzeuge nach dem 30. Tiefziehversuch im Vergleich zur initialen Matrizengeometrie. Die Abweichungsfähnchen zeigen die lokalen maximalen und minimalen Maßabweichungen ... 106

Abbildung 4.30: Verlauf der Maßabweichungen von charakteristischen Messstellen der Matrize in Bezug auf die initiale Matrizengeometrie in Abhängigkeit von den verwendeten Werkzeugwerkstoffen PA, PLA, PA-CF und PA6-CF ... 108

Abbildung 4.31: Flächenvergleich des PLA-Stempels mit 80 % Füllvolumen nach dem 20. Tiefziehversuch sowie Verlauf der Maßabweichungen von charakteristischen Messstellen des Stempels in Bezug auf die initiale Stempelgeometrie ... 110

Abbildung 4.32: Treppenstufeneffekt der Stempelkantenrundung des PA6-CF-Stempels vor der ersten Umformung (links) und nach der 30. Umformung (rechts). Der Oberflächenscan zeigt die Draufsicht des Stempels, während die Linie den Querschnitt der Rundung darstellt ... 111

Abbildung 4.33: Dreiteiliger Werkzeugsatz aus 42CrMo4 bestehend aus Stempel (a), Niederhalter (b) und Matrize (c) ... 112

Abbildung 4.34: Flächenvergleich des ersten tiefgezogenen Napfes im Vergleich zur CAD-Sollgeometrie hergestellt mit Werkzeugstahl 42CrMo4 (links) und 3D-Druckmaterial PLA (rechts) ... 113

Abbildung 4.35: Versuchsreihe zur Einstellung der Niederhalterkraft an Blechronden mit dem Durchmesser 47,5 mm (A) und 53,1 mm (B) ... 116

Abbildung 4.36: Maßabweichung des ersten tiefgezogenen Napfes aus dem hochfesten Blechwerkstoff HX380LAD-Z im Vergleich zur CAD-Sollgeometrie hergestellt mit den Werkzeugen aus PLA, PA-CF und 42CrMo4 ... 117

Abbildung 4.37: Flächenvergleich des 30. Napfes im Vergleich zum ersten tiefgezogenen Napf hergestellt mit den Werkzeugen aus PLA, PA-CF und 42CrMo4 ... 118

Abbildung 4.38: Flächenvergleich des plastischen Verformungsanteils (Verschleiß) an Stempel und Matrize nach dem 30. Tiefziehversuch im Vergleich zur initialen Werkzeuggeometrie ... 119

Abbildung 4.39: Verlauf der Maßabweichungen von charakteristischen Messstellen an den Werkzeugen aus PLA und PA-CF bezogen auf die initiale Werkzeuggeometrie ... 120

Abbildung 5.1: Ableitung einer vereinfachten Werkzeuggeometrie für die Simulation ... 124

Abbildung 5.2: Versuchsaufbau der Simulation sowie schematische Darstellung der Randbedingungen ... 125

Abbildung 5.3: Vergleich von technischer und wahrer Spannungs-Stauchungskurve ... 127

Abbildung 5.4: Vergleichsspannung nach von Mieses der Werkzeugsimulation mit dem Blechwerkstoff DC04 129

Abbildung 5.5: Simulierte Werkzeugverformung an Stempel und Matrize 130

Abbildung 5.6: Beschreibung der Knotenverschiebung als Vektoren und Berechnung des kompensierten Knotenvektors in Anlehnung an GROßMANN 131

Abbildung 5.7: Kompensation der Werkzeugverformung in Anlehnung an GROßMANN 132

Abbildung 5.8: Simulierte Werkzeugverformung (links) und kompensierte Werkzeuggeometrie (rechts) 133

Abbildung 5.9: Flächenvergleich der additiv gefertigten Werkzeuge mit kompensierter Geometrie im Vergleich zur Soll-Geometrie 134

Abbildung 5.10: Maßabweichung des ersten tiefgezogenen Napfes aus dem Blechwerkstoff DC04 im Vergleich zur CAD-Sollgeometrie, hergestellt mit den Werkzeugen aus PLA mit und ohne kompensierter Geometrie sowie aus 42CrMo4 135

Abbildung 6.1: Sicherheitsgurtverstärkung B-Säule (links) sowie herzustellendes Blechteil inklusive Addendum (rechts) 139

Abbildung 6.2: Werkzeugsatz bestehend aus Stempel, Matrize und Niederhalter 139

Abbildung 6.3: Vernetzung der einzelnen Werkzeugelemente sowie der Blechronde 140

Abbildung 6.4: Kompensierte Stempelgeometrie als Baugruppe im CAD (links) sowie Flächenvergleich der kompensierten Geometrie im Vergleich zur initialen Geometrie (rechts) 141

Abbildung 6.5: Vergleich der Bauteilgenauigkeit des ersten tiefgezogenen Blechteils zur Sollgeometrie hergestellt mit den Werkzeugen ohne Verformungskompensation (links) und mit kompensiertem Werkzeug (rechts) 143

Abbildung 6.6: Vergleich der maximalen Maßabweichung des ersten tiefgezogenen Blechteils ohne und mit kompensierter Werkzeuggeometrie der Napfgeometrie (links) und der Sicherheitsgurtverstärkung (rechts, angepasste Skala) 144

Abbildung 6.7: Vergleich der Kosten für die Fertigung des Werkzeugsatzes für das erste Fallbeispiel unter Verwendung verschiedener Fertigungsverfahren und Materialien 146

Abbildung 6.8: Kühlergehäusekomponente (links) sowie herzustellendes Tiefziehteil ohne Ausschnitt und mit Addendum........................ 148

Abbildung 6.9: Flächenvergleich der kompensierten Stempelgeometrie (links) sowie der gefertigten kompensierten Geometrie (rechts) im Vergleich zur ursprünglichen CAD-Geometrie 150

Abbildung 6.10: Bauteilgenauigkeit des ersten tiefgezogenen Blechteils im Vergleich zur Sollgeometrie (links) sowie Stufenvergleich des 30. Blechs verglichen mit dem ersten Blech 151

Abbildung 6.11: Vergleich der Kosten für die Fertigung des Werkzeugsatzes für das zweite Fallbeispiel unter Verwendung verschiedener Fertigungsverfahren und Materialien 153

Abbildung 6.12: Mit additiv gefertigten Kunststoffwerkzeugen hergestellte Tiefziehteile 154

Verzeichnis der Formelzeichen und Abkürzungen

Formelzeichen	Einheit	Beschreibung
Lateinische Buchstaben		
D_0	mm	Rondendurchmesser
d_M	mm	Matrizendurchmesser
d_{St}	mm	Stempeldurchmesser
E	GPa	Elastizitätsmodul
F	N	Prüfkraft des Biegeversuchs
F^e	N	Reaktionskräfte
h	mm	Ziehtiefe
I_y	mm^4	Flächenträgheitsmoment
K^e	N/mm	Elementsteifigkeitsmatrix
$\vec{k}$	-	Kompensationsvektor
L	mm	Auflagerabstand des Biegeversuchs
l	mm	Höhe des Probenkörpers nach DIN EN ISO 604
M_y	Nm	Biegemoment
$\vec{p}$	-	Positionsvektor
r	-	Bestimmtheitsmaß
r_M	mm	Ziehkantenradius
r_{St}	mm	Stempelkantenradius
s_0	mm	Blechdicke
u^e	mm	Knotenverschiebung
u_z	mm	Ziehspalt
v	mm/s	Ziehgeschwindigkeit

Formelzeichen	Einheit	Beschreibung
$\vec{v}$	-	Verformungsvektor
x	mm	Durchmesser des Probenkörpers nach DIN EN ISO 604
Griechische Buchstaben		
α	-	Signifikanzniveau
β	-	Ziehverhältnis
$\beta_{0,\ max}$	-	Grenzziehverhältnis bzw. maximal zulässiges Ziehverhältnis
ε	-	Technische Stauchung
ε_c^*	-	maximale nominelle Stauchung
ε_W	-	Wahre Stauchung
μ	-	Reibungskoeffizient
σ	MPa	Technische Spannung
σ_W	MPa	Wahre Spannung
υ	-	Poissonzahl

Abkürzung	Beschreibung
ABS	Acrylnitril-Butadien-Styrol
AM	Additive Manufacturing
APDL	Ansys Parametric Design Language
BH	Biegeprobe hochkant
BL	Biegeprobe liegend
BS	Biegeprobe stehend
CAD	Rechnerunterstütztes Konstruieren (Computer Aided Design)
CF	Kohlenstofffaser (Carbon Fiber)
CNC	Rechnergestützte numerische Steuerung (Computerized Numerical Control)
CSV	Comma Seperated Values (Dateiformat)

Abkürzung	**Beschreibung**
DIC	Digitale Bildkorrelation (Digital Image Correlation)
DIN	Deutsche Institut für Normung e. V.
DL	Druckprobe liegend
DS	Druckprobe stehend
EN	Europäische Norm
EP	Epoxidharz
FDM	Fused Deposition Modeling
FE	Finite-Elemente
FEM	Finite-Elemente-Methode
FFF	Fused Filament Fabrication
FLM	Fused Layer Modeling
GF	Glasfaser
ISO	Internationale Organisation für Normung
IT	ISO-Toleranzgrad
KI	Konfidenzintervall
LBM	Laser-Strahlschmelzen (Laser Beam Melting)
LLM	Layer Laminated Manufacturing
LS	Laser-Sintern
PA	Polyamid
PA-CF	Kohlenstofffaserverstärktes Polyamid
PA6	Polycaprolactam
PA6-CF	Kohlenstofffaserverstärktes Polycaprolactam
PC	Polycarbonat
PEEK	Polyetheretherketon
PET	Polyethylenterephthalat
PETG	Polyethylenterephthalat mit Glykol
PLA	Polylactid

Abkürzung	Beschreibung
PRISMA	Preferred Reporting Items for Systematic reviews and Meta-Analyses
PUR	Polyurethan
SL	Stereolithografie
STARLITE	Sampling strategy, Type of study, Approaches, Range of years, Limits, Inclusion and exclusions, Terms used, Electronic sources
STL	Standard Triangle Language (Dateiformat)
VDI	Verein Deutscher Ingenieure
3DP	3-D-Drucken (3D-Printing)

1 Einleitung

1.1 Ausgangssituation

Das Tiefziehen hat eine lange Historie in der Herstellung von Gebrauchsgütern und zählt zu den bedeutendsten Fertigungsverfahren der Blechumformung. Die Möglichkeit einer hohen Automatisierung und die Produktivität machen den Prozess zu einem wirtschaftlichen Verfahren in der Großserienproduktion. Die Weiterentwicklung des Fertigungssystems ist seit Jahrzehnten ungebrochen und wird von vielfältigen Trends beeinflusst. Das Umformen komplexerer Geometrien oder höherfester Blechwerkstoffe sowie Nachhaltigkeitsaspekte sind beispielhafte Trends, welche die Weiterentwicklung des Fertigungsverfahrens bestimmen. Neben technologischen Trends stehen die Industriezweige, welche das Tiefziehen anwenden, bezüglich wirtschaftlicher Faktoren unter Druck. Insbesondere bei der Entwicklung und der Fertigung von Prototypen ist eine schnelle und kostengünstige Bereitstellung von Tiefziehteilen entscheidend. Als werkzeuggebundenes Verfahren ist das Fertigungssystem maßgeblich von der Werkzeugtechnologie abhängig. Hohe Stückzahlen in der Serienproduktion rechtfertigen die hohen Werkzeugkosten, sodass die Werkzeugkosten bei den Stückkosten weniger stark ins Gewicht fallen. Bei der Herstellung von Prototypen oder kleinen Stückzahlen zeigt sich ein gegenteiliger Effekt. An dieser Stelle sind die Werkzeugkosten der dominierende Faktor. Abbildung 1.1 verdeutlicht diesen Zusammenhang anhand einer typischen Kostenstruktur für das Tiefziehen eines Blechteils für eine Fahrzeugkarosserie. Die hohen initialen Kosten der Tiefziehwerkzeuge relativieren sich mit zunehmender Stückzahl in der Serienproduktion. Die Stückkosten zur Herstellung des Karosserieteils betragen bei einer Produktionsmenge von 80.000 Stück in etwa 5 €. Die anfänglichen Werkzeugkosten von 100.000 € fallen somit weniger stark ins Gewicht. Anders verhalten sich die Kostenanteile bei der Herstellung von kleinen Stückzahlen oder Prototypen, bei denen die Werkzeugkosten den überwiegenden Anteil an den gesamten Fertigungskosten der Blechteile ausmachen.

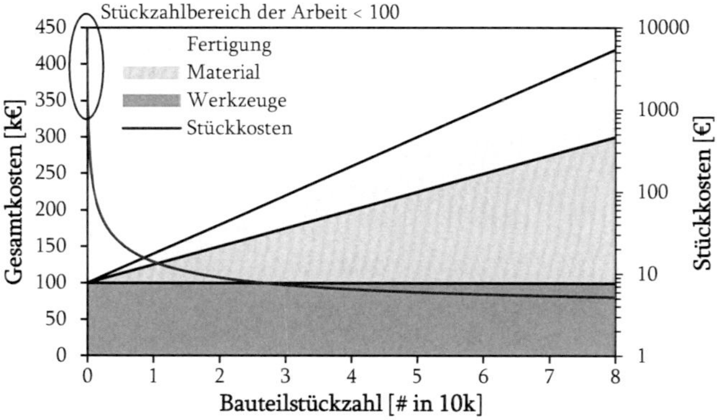

Abbildung 1.1: Typische Kostenstruktur für das Tiefziehen am Beispiel eines Sitzquerträgers einer Fahrzeugkarosserie[1]

Um den bestehenden Widerspruch bei Tiefziehteilen von geringen Bauteilkosten bei geringen Stückzahlen aufzulösen, werden verschiede Ansätze verfolgt. Ein vielversprechender, bislang noch wenig erforschter Ansatz ist die direkte Herstellung von Werkzeugen mittels der kunststoffbasierten additiven Fertigung. Bestehende Arbeiten zeigen bereits eine grundsätzliche Machbarkeit der Technologie für Umformprozesse im Allgemeinen und legen das große Potential zur Kostenreduktion dar. Hingegen ist die Anwendung von additiv gefertigten Kunststoffwerkzeugen für das Tiefziehen, insbesondere mit größerem Umformgrad und der Verwendung eines Niederhalters, noch wenig erforscht. Um Bauteile auch als technische Prototypen einsetzten zu können fehlen insbesondere Lösungsansätze, welche die Bauteilgenauigkeit verbessern oder vorhersagen. Die vorliegende Dissertation adressiert diese Problemstellung und hat zum Ziel das Verhalten additiv gefertigter Kunststoffwerkzeuge für das Tiefziehen von Feinblech systematisch zu analysieren.

1.2 Zielsetzung und Definition der Forschungsfrage

Ziel der vorliegenden Dissertation besteht darin den Einsatz von additiv gefertigten Kunststoffwerkzeugen für das Tiefziehen von Feinblech zu befähigen, um so signifi-

[1] Markus Werner, „STABIFÜ - Wirtschaftlich und flexibel Blechteile fertigen - bei sinkenden Stückzahlen" (Frauenhofer-Institut für Werkzeugmaschinen und Umformtechnik IWU, 2015), S. 2.

kante Kosteneinsparungen in der Werkzeugherstellung für den kleinen Stückzahlbereich zu schaffen. Die entwickelten Lösungsbausteine sollen explizit die Voraussetzung für eine industrielle Nutzung der Werkzeugtechnologie schaffen. Das Forschungsziel lässt sich ferner in eine Forschungsfrage überführen, welche wie folgt definiert ist:

Wie müssen additiv gefertigte Kunststoffwerkzeuge gestaltet werden, damit sie für das Tiefziehen von Feinblech wirtschaftlich im Prototypenbau eingesetzt werden können?

Zentraler Gegenstand der Forschungsfrage ist die „Gestaltung" der Werkzeuge, welche unter anderem die Materialauswahl, die Druckparametereinstellung und die geometrische Gestaltung bzw. die Konstruktion der Werkzeuge miteinschließt. Der Nebensatz der Forschungsfrage beschreibt vielmehr die Randbedingungen, unter denen die Entwicklung der Werkzeuggestaltung erfolgen soll. Als Umformverfahren wird das „Tiefziehen von Feinblech" untersucht. Der Zusatz „Prototypenbau" definiert den Stückzahlbereich sowie die Qualitätsanforderungen, welche an die Blechbauteile insbesondere in Bezug auf die Maßhaltigkeit gestellt werden. Mit der Ergänzung der „Wirtschaftlichkeit" soll die Motivation der Kostenreduktion im Vergleich zur konventionellen Fertigung in den Fokus gerückt werden.

Ausgehend von der handlungsgeleiteten Forschungsfrage lässt sich diese in Teilforschungsfragen gliedern, um die Komplexität zu reduzieren und lösbare Teilprobleme zu schaffen. Insgesamt lassen sich fünf Teilforschungsfragen ableiten, welche in der vorliegenden Arbeit adressiert und wie folgt definiert werden:

1. Welche FLM[2]-Druckparameter und -materialien eignen sich zur Herstellung von Tiefziehwerkzeugen?
2. Welche Tiefziehaufgaben können mittels der untersuchten Werkzeugtechnologie umgesetzt werden?
3. Welcher Stückzahlbereich kann durch die Werkzeugtechnologie abgebildet werden bzw. wie hoch ist der Werkzeugverschleiß?
4. Welche Bauteilgenauigkeit kann durch den Einsatz additiv gefertigter Kunststoffwerkzeuge erreicht werden?
5. Wie können die Qualitätsanforderungen durch die Optimierung der Bauteilgenauigkeiten erfüllt werden?

[2] Fused Layer Modeling (FLM) ist ein kunststoffbasiertes additives Fertigungsverfahren (vgl. Kapitel 2.2.2).

1.3 Forschungsmethodik

Die vorliegende Dissertationsschrift stellt die Dokumentation der Ergebnisse eines Forschungsprozesses dar. Da wissenschaftliche Forschung nie ohne Wertung erfolgt, ist es notwendig die Erkenntnisperspektive des Forschenden sowie das methodologische Vorgehen im Vorhinein zu definieren, um den Forschungsprozess nachvollziehbar zu machen[3]. Bereits die in Abschnitt 1.2 definierten Forschungs- bzw. Teilforschungsfragen stellen eine Grundannahme und somit eine Subjektivität des Autors dar, die weder wahr noch unwahr sein kann. ULRICH schreibt hierzu: „Jeder Ansatz stellt ja ein Vor-Urteil dar, mit dem der wissenschaftliche Erkenntnisprozess in Angriff genommen wird, und er begrenzt zwangsläufig die möglichen Erkenntnisse, die man durch diesen Prozess gewinnen wird“[4].

Als Grundlage zur Bestimmung der Erkenntnisperspektive dient die Einordnung der vorliegenden Arbeit in die Wissenschaftssystematik nach ULRICH UND HILL[5]. Die Aufgliederung der Wissenschaft in die einzelnen Kategorien ist in Abbildung 1.2 abgebildet. Demnach lässt sich die Wissenschaft in die Teilbereiche der Formal- und Realwissenschaften gliedern.

[3] Volker A. Binder und Jan Kantowsky, *Technologiepotentiale* (Wiesbaden: Deutscher Universitätsverlag, 1996). doi:10.1007/978-3-663-09032-8, S. 3–4.

[4] Hans Ulrich, Hrsg., *Management,* Schriftenreihe Unternehmung und Unternehmungsführung 13 (Bern, Stuttgart: Haupt, 1984), S. 31.

[5] Peter Ulrich und Wilhelm Hill, „Wissenschaftstheoretische Grundlagen der Betriebswirtschaftslehre (Teil I).“ *WiSt - Wirtschaftswissenschaftliches Studium*, Nr. 7 (1976).

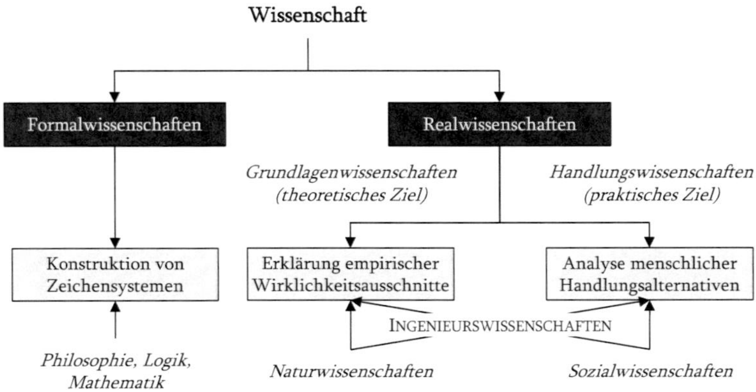

Abbildung 1.2: Wissenschaftssystematik in Anlehnung an ULRICH UND HILL[6]

Die Formalwissenschaften, zu deren Vertretern die Philosophie, Logik und Mathematik zählen, beschäftigen sich mit der Konstruktion von Zeichensystemen und weisen keinen Realitätsbezug auf. Die Überprüfung der *logischen Wahrheit* steht dabei im Zentrum ihrer Tätigkeiten[7]. Demgegenüber befassen die Realwissenschaften sich zusätzlich mit der *faktischen Wahrheit* und dem Ziel die „[...] subjektiv wahrgenommene Wirklichkeitsausschnitte zu explizieren, zu generalisieren und [...]" zu gestalten[8]. Ist die Zielperspektive theoretischer oder praktischer Natur, lassen sich die Realwissenschaften entsprechend in die Grundlagenwissenschaften (Naturwissenschaften) und die Handlungswissenschaften (Sozialwissenschaften) einteilen[9]. Die Ingenieurswissenschaften, zu denen die vorliegende Arbeit zählt, sind Teil der Realwissenschaften. Sie lassen sich jedoch nicht eindeutig in die Grundlagen- und Handlungswissenschaften einordnen, da die Ingenieurswissenschaften Aspekte beider Bereiche umfassen kann. Während ULRICH UND HILL die Ingenieurswissenschaften dem technischen Bereich der Handlungswissenschaften zuordnen[10], zählen SCHUH UND WARSCHAT die Ingenieurswissenschaften zu den Naturwissenschaften[11]. Aus diesem Grund lassen sich

[6] Ulrich und Hill, „ULRI76," S. 305.

[7] Ebd.

[8] Ebd., S. 306.

[9] Ebd., S. 305.

[10] Ebd.

[11] Günther Schuh und Joachim Warschat, Hrsg., *Potenziale einer Forschungsdisziplin Wirtschaftsingenieurwesen*, Acatech-Diskussion (München: Utz, 2013), S. 36.

die Ingenieurswissenschaften auch als Bindeglied beider Teilbereiche verstehen. Übereinstimmend rücken viele Wissenschaftstheorien die betriebliche Praxis in das Zentrum wissenschaftlicher Forschung im Bereich der Ingenieurswissenschaften. Das wesentliche Ziel besteht darin, Lösungen zu praktischen Problemen zu entwickeln[12]. Die Interaktion mit der Praxis wird als wünschenswert angesehen, damit sich die entwickelten Lösungsansätze auch auf ihre Realisierbarkeit überprüfen lassen[13]. Nach ULRICH soll der Forschungsprozess in der Praxis beginnen und durch die Übertragung der entwickelten Lösungen in der Praxis enden[14].

Auch diese Arbeit weist einen ausgeprägten praktischen Anwendungsbezug auf, da der Ursprung zur Idee der Arbeit innerhalb praxisnaher Forschungsprojekten sowie Industrieprojekten bei produzierenden Unternehmen entstand. Die definierten Forschungsfragen aus Kapitel 1.2 adressieren die Problemstellung aus der Praxis hinsichtlich der Entwicklung einer wirtschaftlichen Werkzeugtechnologie bei geringen Stückzahlen. Aufgrund des Praxisbezugs der Arbeit sowie der Problemlösungsorientiertheit eignet sich die *Strategie angewandter Forschung* nach ULRICH als Forschungsprozess der Arbeit und wird als methodisches Rahmenwerk genutzt[15]. Auch SCHUH UND WARSCHAT messen diesem Forschungsprozess eine hohe Bedeutung bei, da dieser die Forschung sowohl aus dem praxisorientierten als auch aus dem wissenschaftsorientierten Blickwinkel betrachtet[16]. Die *Strategie angewandter Forschung* nach ULRICH sowie der hieraus abgeleitete Forschungsprozess der Arbeit ist in der nachstehenden Abbildung 1.3 dargestellt.

[12] Joan Ernst van Aken und Hans Berends, *Problem Solving in Organizations* (Cambridge University Press, 2018). doi:10.1017/9781108236164, S. 224.

[13] Schuh und Warschat, *SCHU13*, S. 29.

[14] Ulrich, *ULRI84*, S. 192.

[15] Ebd., S. 192–95.

[16] Schuh und Warschat, *SCHU13*, S. 43.

	Strategie angewandter Forschung nach ULRICH	Forschungsprozess der vorliegenden Arbeit
1	Erfassung und Typisierung praxisrelevanter Probleme	Formulierung des Praxisdefizits auf Basis praxisnahe Forschungs- und Industrieprojekten
2	Erfassung und Interpretation problemrelevanter Theorien und Hypothesen der empirischen Grundlagenwissenschaften	Erfassung und Auswertung bestehender Ansätze zum additiven Werkzeugbau
3	Erfassung und Spezifizierung problemrelevanter Verfahren der Formalwissenschaften	Nutzung bestehender Verfahren zur Lösung des Praxis- und Theoriedefizits
4	Erfassung und Untersuchung des relevanten Anwendungszusammenhangs	Untersuchung der Eignung additiv gefertigter Kunststoffwerkzeuge für das Tiefziehen
5	Ableitung von Beurteilungskriterien, Gestaltungsregeln und -modellen	Entwicklung eines Modells zur Vorhersage & Optimierung von Bauteilgenauigkeiten
6	Prüfung der Regeln und Modelle im Anwendungszusammenhang	Prüfung des entwickelten Modells anhand von praxisrelevanten Fallbeispielen
7	Beratung der Praxis	Übertragung der gewonnen Erkenntnisse durch bilaterale Industrieprojekte und Seminare

Praxis

Abbildung 1.3: Forschungsprozess der vorliegenden Arbeit nach ULRICH[17]

Der Forschungsprozess beginnt mit der Erfassung und Typisierung praxisrelevanter Probleme (1), die in dieser Arbeit auch Praxisdefizit genannt werden und auf Fallbeispielen aus praxisnahen Forschungs- und Industrieprojekten beruhen. Hieraus lässt sich bereits das Ziel der Arbeit bzw. der Bedarf der industriellen Praxis nach einer wirtschaftlichen Werkzeugtechnologie für das Tiefziehen von Feinblech für kleine Stückzahlen ableiten. Ausgehend von dem definierten Praxisdefizit, werden problemrelevante Theorien (2) und Verfahren (3) der Grundlagen- und Formalwissenschaften untersucht. Dies erfolgt durch eine systematische Literaturrecherche von bestehenden Ansätzen, die zur Lösung des Praxisproblems beitragen können.

Im Anschluss an die Analyse bestehender Ansätze wird die Forschungslücke bzw. das Theoriedefizit hergeleitet. Zur Untersuchung des Anwendungszusammenhangs (4) sowie der Entwicklung von Modellen (5), die den wesentlichen Erkenntnisgewinn der Arbeit darstellen, werden Methoden der explorativen Forschung in Anlehnung an KUBICEK verwendet. Dieser Prozess ist im Wesentlichen durch eine iterative Vorgehensweise sowie die Orientierung an handlungsgeleiteten Forschungsfragen geprägt[18]. In der *Explorationsstrategie* nach KUBICEK wird die Forschung als ein Lernprozess verstanden, bei dem die Erfahrungsgewinnung durch theoretisch geleitete Fragen erzielt wird[19]. Dabei müssen die Fragen nicht direkt zu gesicherten Aussagen über die Realität

[17] Ulrich, *ULRI84*, S. 193.

[18] Richard Köhler, *Empirische und handlungstheoretische Forschungskonzeptionen in der Betriebswirtschaftslehre: Bericht über d. Tagung in Aachen, März 1976*, 1. Aufl. (Stuttgart: Poeschel, 1977), S. 28.

[19] Köhler, *KÖHL77*, S. 13–14.

führen, sondern können erneut zu „[...] weiterführenden Fragen leiten, die ihrerseits wiederum die Gewinnung von neuem Erfahrungswissen fordern“[20]. Die in Abschnitt 1.2 beschriebenen Forschungsfragen stellen dabei die letzte Iteration sämtlicher im Verlauf des Forschungsprozess aufgestellter Fragen da. Die ersten Iterationen, die unter anderem die Klärung der grundsätzlichen Machbarkeit der Werkzeugtechnologie oder die Vermeidung der Faltenbildung zum Ziel haben, stehen nicht im Fokus der vorliegenden Arbeit und werden daher nicht näher dokumentiert.

Der Forschungsprozess schließt mit der Anwendung der gewonnenen Erkenntnisse (6) sowie mit der Beratung der Praxis (7) ab. Hierzu werden die Erkenntnisse der Arbeit sowie das entwickelte Modell anhand von Fallbeispielen aus der Praxis geprüft. Anhand von bilateralen Projekten mit Industrieunternehmen sowie Seminaren werden die zentralen Erkenntnisse der Arbeit in die Praxis überführt. Nach ULRICH soll die letzte Phase des Forschungsprozesses keinen zeitlichen Schlusspunkt darstellen, sondern muss vielmehr fortlaufend wiederholt werden[21]. Hierdurch lassen sich weiterführende Forschungsthemen und -arbeiten ableiten, die wiederum die Lösung weiterer praxisrelevanter Probleme zum Ziel haben.

1.4 Aufbau der Arbeit

Der Aufbau der vorliegenden Arbeit orientiert sich an dem zuvor beschriebenen Forschungsprozess nach ULRICH. Demnach beginnt der Forschungsprozess mit der Erfassung und Typisierung praxisrelevanter Probleme und endet mit der Prüfung der gewonnenen Erkenntnisse im Anwendungszusammenhang sowie der Beratung der Praxis. Im Anschluss an die Erfassung relevanter Grundlagen und nach der Analyse bestehender Ansätze erfolgt die anwendungsorientierte Lösungsfindung in Anlehnung an den explorativen Forschungsprozess nach KUBICEK. Die *Strategie angewandter Forschung* nach ULRICH sowie die hieraus abgeleitete Gliederung der Arbeit ist in Abbildung 1.4 dargestellt.

[20] Ebd., S. 28.
[21] Ulrich, *ULRI84*, S. 194.

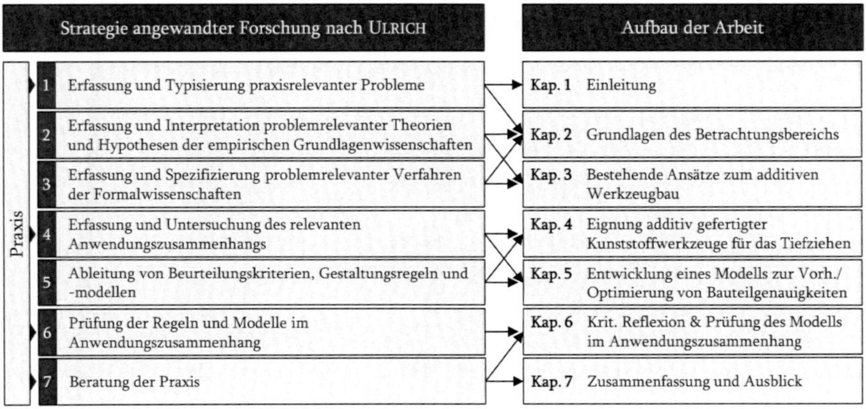

Abbildung 1.4: Gliederung der Arbeit nach ULRICH[22]

Die Einleitung umfasst die Motivation sowie die Zielsetzung der Arbeit und legt die Ausgangssituation für den Themenbereich der Arbeit dar. Des Weiteren wird der forschungsmethodische Rahmen bzw. die wissenschaftliche Vorgehensweise hergeleitet und erläutert sowie die Gliederung der Arbeit dargestellt.

In Kapitel 2 werden die Grundlagen des Betrachtungsbereichs, bestehend aus den relevanten Grundlagen- und Formalwissenschaften, zum besseren Verständnis der Arbeit und als Ausgangspunkt zur Lösungsfindung beschrieben. Diese setzten sich aus den technologischen Grundlagen des Tiefziehens, der additiven Fertigung von Kunststoffkomponenten sowie den Werkzeugsystemen für das Tiefziehen zusammen. Das zweite Kapitel konkretisiert die in der Einleitung beschriebene Problemstellung und fasst abschließend den Handlungsbedarf aus der Praxis zusammen.

Im dritten Kapitel werden mit Hilfe einer strukturierten Literaturrecherche bestehende Ansätze zum additiven Werkzeugbau analysiert und bewertet. Es werden die relevanten Forschungsaktivitäten beschrieben, welche zur Lösungsfindung beitragen. Neben der Beschreibung von Arbeiten, welche konventionell verarbeitete Kunststoffe als Werkzeugwerkstoff für das Tiefziehen untersuchen, werden auch aktuelle Ansätze beschrieben, welche die additive Fertigung zur Herstellung der Kunststoffwerkzeuge heranziehen. Ausgehend von den analysierten Forschungsaktivitäten wird zum Abschluss des dritten Kapitels der Forschungsbedarf der vorliegenden Arbeit hergeleitet.

[22] Ulrich, *ULRI84*, S. 193.

Kapitel 4 bildet die Grundlage für die Anwendung additiv gefertigter Kunststoffwerkzeuge für das Tiefziehen von Feinblech. Anhand von Normversuchen erfolgt in Kapitel 4.1 zunächst die Charakterisierung verschiedener FLM-Materialien hinsichtlich ihrer Eignung als Werkzeugwerkstoff. Basierend auf der Ermittlung geeigneter 3D-Druckparameter zur Werkzeugherstellung (Kapitel 4.1.2) erfolgt anschließend die Untersuchung weiterer 3D-Druckmaterialien, insbesondere auch faserverstärkter Materialien unter Berücksichtigung der Anisotropie der hergestellten Probekörper (Kapitel 4.1.3). Aus den Erkenntnissen der Normversuche wird eine Empfehlung geeigneter 3D-Druckmaterialien und -parametern zur Werkzeugherstellung hergeleitet, welche in Kapitel 4.1.4 zusammengefasst sind. Im Anschluss an die Materialcharakterisierung wird anhand einer Simulationsstudie untersucht, welchen Einfluss verschiedene Tiefziehparameter auf die Werkzeugbelastung haben, um den Anwendungsbereich der untersuchten Werkzeugtechnologie abzuschätzen und die nachfolgenden Tiefziehversuche zu definieren (Kapitel 4.2). Die praktischen Tiefziehversuche gliedern sich in die Kapitel 4.3 – Variation der Werkzeugmaterialien und 4.4 – Variation der Blechmaterialien und haben zum Ziel die Leistungsfähigkeit der untersuchten Werkzeugtechnologie hinsichtlich der erreichbaren Genauigkeiten sowie dem auftretenden Werkzeugverschleiß zu bestimmen.

Um den Anwendungsbereich der Werkzeugtechnologie zu erweitern, erfolgt im fünften Kapitel die Entwicklung eines Kompensationsmodells zur Optimierung von Bauteilgenauigkeiten. Die simulierte elasto-plastische Werkzeugverformung wird anhand einer Vektorrechnung in eine kompensierte Geometrie umgewandelt. Die Leistungsfähigkeit des entwickelten Kompensationsmodells wird abschließend durch einen praktischen Tiefziehversuch aufgezeigt.

Kapitel 6 hat zum Ziel den Erkenntnisgewinn der Arbeit anhand realer Praxisbeispiele aus der produzierenden Industrie anzuwenden. Die Leistungsfähigkeit der Werkzeugtechnologie einschließlich des entwickelten Kompensationsmodells wird an zwei Fallbeispielen, einem Blechteil einer Fahrzeugkarosserie (Kapitel 6.1) sowie einer Gehäusekomponente für einen Luftkühler (Kapitel 6.2) bestimmt. Neben der Darstellung der technischen Leistungsfähigkeit, verdeutlicht eine Wirtschaftlichkeitsbetrachtung das Potential zur Kostenreduktion der Werkzeugtechnologie.

Die vorliegende Arbeit schließt im siebten Kapitel mit einer Zusammenfassung sowie einem Ausblick für weiterführende Forschungsaktivitäten ab.

2 Grundlagen des Betrachtungsbereichs

Im folgenden Kapitel werden die technologischen Grundlagen, die zum Verständnis der Arbeit relevant sind, zusammengefasst. Dazu erfolgt zunächst die Beschreibung der Fertigungsverfahren Tiefziehen (Abschnitt 2.1) sowie der kunststoffbasierten additiven Fertigung (Abschnitt 2.2). Abschließend werden auf die wesentlichen Grundlagen der Werkzeugsysteme für das Tiefziehen (Abschnitt 2.3) eingegangen und der Handlungsbedarf aus der Praxis (Abschnitt 2.4) hergeleitet.

2.1 Technologische Grundlagen des Tiefziehens

Das Tiefziehen zählt zu den bedeutendsten Fertigungsverfahren in der Blechumformung. Aufgrund der hohen Automatisierung und Produktivität ist das Fertigungssystem besonders wirtschaftlich in der Großserienproduktion. Das Tiefziehen findet hierbei insbesondere Anwendung in der Automobil-, Verpackungs- und Flugzeugindustrie sowie in der Herstellung von weißer Ware[23] [24]. Im Folgenden werden die für die Arbeit relevanten technologischen Grundlagen des Tiefziehens beschrieben.

2.1.1 Verfahrensprinzip des Tiefziehprozesses

Das Tiefziehen zählt zu den umformenden Fertigungsverfahren und ist gemäß DIN 8584-3 definiert als „Zugdruckformen eines Blechzuschnittes [...] zu einem Hohlkörper [...] ohne beabsichtigte Veränderung der Blechdicke“[25]. Neben dem sogenannten *Tiefziehen im Erstzug*, bei dem ein ebener Blechzuschnitt zu einem Hohlkörper umgeformt wird, kann dieser in einem weiteren Schritt zu einem Hohlkörper mit kleinerem Durchmesser umgeformt werden. In diesem Fall spricht man vom *Tiefziehen im*

[23] Fritz Klocke, *Fertigungsverfahren 4* (Berlin, Heidelberg: Springer Berlin Heidelberg, 2017). doi:10.1007/978-3-662-54714-4, S. 352.

[24] Joerg Kolbe, „Thermisch beschichtete, faserverstärkte Polymerwerkzeuge für die Umformung höherfester Blechwerkstoffe“ (Dissertation, Technische Universität Dortmund, 08/2012), S. 3.

[25] DIN Deutsches Institut für Normung e.V., *DIN03: Teil 3: Tiefziehen: Einordnung, Unterteilung, Begriffe* (2003) 01.040.25; 25.020; 25.120.20, 8584-3, S. 3.

Weiterschlag, wodurch tiefere Hohlkörper hergestellt werden können, ohne die Umformgrenzen des Blechwerkstoffes zu überschreiten. In der Regel kommt beim Tiefziehen ein dreiteiliger Werkzeugsatz bestehend aus Stempel, Matrize (auch Ziehring genannt) und Niederhalter zum Einsatz. Das Verfahrensprinzip mit den genannten Werkzeugbestandteilen ist beispielhaft für die Herstellung eines kreiszylindrischen Napfes im Erstzug in Abbildung 2.1 dargestellt.

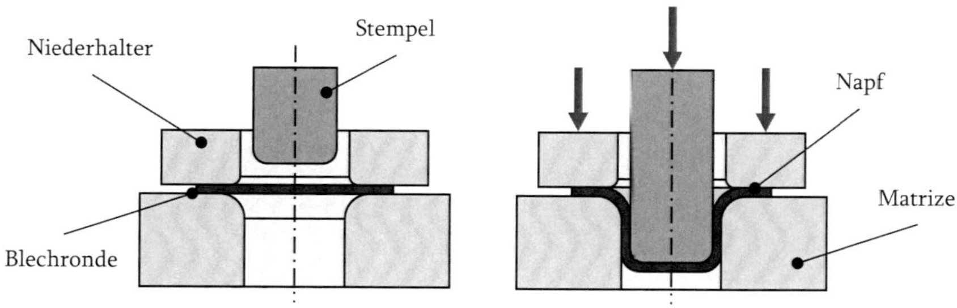

Abbildung 2.1: Tiefziehen eines kreiszylindrischen Napfes im Erstzug

Der Blechzuschnitt, in diesem Fall eine ebene Blechronde, wird mit einer definierten Kraft durch den Niederhalter eingespannt. Durch eine Relativbewegung von Stempel und Matrize wird im Anschluss die Blechronde über den Ziehkantenradius in die Matrize gezogen, wobei der Blechwerkstoff zwischen Niederhalter und Matrize nachfließen kann. Der Niederhalter übernimmt hierbei die Steuerung des Materialflusses und die Vermeidung von Faltenbildung im Flanschbereich. Durch dieses Vorgehen können wahlweise Hohlkörper mit oder ohne Flansch hergestellt werden.

2.1.2 Spannungszustände während des Tiefziehens

Während der Umformung kommt es im Blechwerkstoff je nach Umformzone zu verschiedenen Spannungszuständen. Da es sich beim Tiefziehen um eine Zugdruckumformung handelt, wird der plastische Zustand des Bleches sowohl durch eine Zug- als auch durch Druckbeanspruchung herbeigeführt[26]. Abbildung 2.2 zeigt die wesentlichen Umformzonen und deren Spannungszustände für das Tiefziehen eines kreiszylindrischen Napfes. Im Flanschbereich des Napfes wirken radiale Zug- und tangentiale Druckspannungen. Die radialen Zugspannungen sind am Ziehkantenradius maximal und fallen zum äußeren Rand ab, wohingegen die tangentialen Druckspannungen am

---

[26] DIN Deutsches Institut für Normung e.V., *DIN03: Teil 1: Allgemeines, Einordnung, Unterteilung, Begriffe* (2003) 01.040.25; 25.020; 25.120.20, 8584-1, S. 3.

äußeren Rand maximal sind und zum Ziehkantenradius abfallen. Durch die Niederhalterkraft wird eine Normalspannung im Flanschbereich erzeugt, die das Ausknicken des Bleches, hervorgerufen durch die tangentialen Druckspannungen, verhindert. Im Übergang vom Flansch in den Zargenbereich erfolgt eine zweifache Biegung. Zunächst wird das Blech auf den Ziehkantenradius gebogen, ehe es zu Beginn des Zargenbereichs wieder zurückgebogen wird. Im Bereich der Zarge herrschen radiale Zugspannungen, die bis zur Rundung des Napfbodens zunehmen. Die Spannungen im Napfboden sind schließlich durch einen zweiachsigen Spannungszustand in radialer und tangentialer Richtung gekennzeichnet.

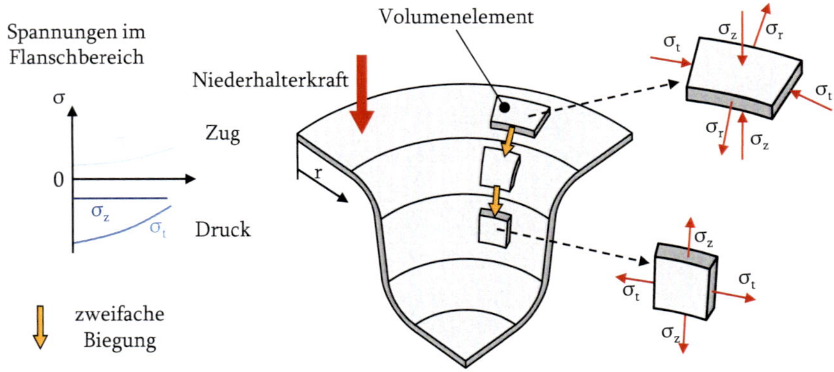

Abbildung 2.2: Spannungszustände während des Tiefziehens eines kreiszylindrischen Napfes in Anlehnung an KLOCKE[27]

Werden bei den vorliegenden Spannungszuständen bestimmte Grenzfälle überschritten, kann dies zu verschiedenen Versagensarten im Blechbauteil führen. Zu den wichtigsten Tiefziehfehlern gehören Faltenbildung 1. und 2. Art, Bodenreißer und Rückfederungseffekte[28]. Faltenbildung 1. Art treten im Flanschbereich aufgrund tangentialer Druckspannungen auf und können in der Regel durch die richtige Dimensionierung der Niederhalterkraft vermieden werden. Faltenbildung 2. Art bezeichnen Falten in der freien Umformzone, in denen der Blechwerkstoff mindestens zeitweise keinen Kontakt zu den Werkzeugaktivflächen hat[29]. Bodenreißer treten häufig unmittelbar vor dem Stempelkantenauslauf auf und sind ein Resultat zu hoher Zugspannungen im

[27] Klocke, *KLOC17*, S. 356.

[28] Eckart Doege und Bernd-Arno Behrens, *Handbuch Umformtechnik* (Berlin, Heidelberg: Springer Berlin Heidelberg, 2016), S. 282–83.

[29] Doege und Behrens, *DOEG16*, S. 283.

Blechwerkstoff[30]. Als Rückfederung werden Maß-und Formabweichungen bezeichnet, welche auf die elastischen Dehnungsanteile zurückzuführen sind[31]. Dieser Effekt kann in der Regel durch das Anpassen der Niederhalterkraft oder durch eine Optimierung der Werkzeuggeometrie kompensiert werden[32]. Ein wichtiges Maß zur Vermeidung von Tiefziehfehlern insbesondere von Bodenreißern ist das sogenannte maximal zulässige Tiefziehverhältnis (auch Grenzziehverhältnis genannt) $\beta_{0,\,max}$. Dieser Kennwert bildet das maximal mögliche Verhältnis aus Rondendurchmesser D_0 zu Stempeldurchmesser d_{St} dar, welches ohne Versagen tiefziehbar ist und definiert ist wie folgt:

$$\beta_{0,max} = \frac{D_0}{d_{St}}$$

Das Grenzziehverhältnis ist ein werkstoffabhängiger Kennwert, der experimentell ermittelt werden kann und ein Maß für die Ziehfähigkeit des Blechwerkstoffes darstellt[33]. Wird dieser überschritten, kommt es zum Versagen des Blechwerkstoffs während der Umformung.

Die zur Umformung benötigte Kraft wird über den Stempel indirekt in die Umformzone, welche im Bereich des Flansches und der Ziehkantenrundung liegt, und direkt in den Übergang zwischen Boden und Zarge eingeleitet[34]. Die hierdurch hervorgerufenen Reaktionskräfte bilden ein komplexes Belastungskollektiv, bestehend aus mechanischen, thermischen und chemischen Anteilen, an den Werkzeugen[35]. Da bei geringen Ziehgeschwindigkeiten nur geringfügig Wärme eingebracht wird und Kunststoffmaterialien im Allgemeinen als reaktionsträge gelten, werden die Anteile der thermischen und chemischen Belastungen in der vorliegenden Arbeit nicht weiter betrachtet. Hingegen spielen die mechanischen Belastungen aufgrund der vergleichsweisen weichen Kunststoffwerkzeuge eine signifikante Rolle in dieser Arbeit. Im Wesentlichen lassen sich drei verschiedene Kontaktzonen an den Werkzeugen definieren, an

[30] Arndt Birkert, Stefan Haage und Markus Straub, *Umformtechnische Herstellung komplexer Karosserieteile* (Berlin, Heidelberg: Springer Berlin Heidelberg, 2013), S. 206–7.

[31] Doege und Behrens, *DOEG16*, S. 283.

[32] Alexander Muthler, „Berechnung der elastischen Rückfederung von Tiefziehbauteilen mit der p-Version der Finite-Elemente-Methode“ (Dissertation, Shaker, 2005), S. 10–11.

[33] Jochen Dietrich, *Praxis der Umformtechnik* (Wiesbaden: Springer Fachmedien Wiesbaden, 2018). doi:10.1007/978-3-658-19530-4, S. 171.

[34] Klocke, *KLOC17*, S. 355.

[35] Vladimir Bäcker, *Numerical tool optimization in deep drawing*, 1. Aufl., Edition Wissenschaft Apprimus 2011,15 (Aachen: Apprimus-Verl., 2011), Zugl.: Aachen, Techn. Hochsch., Diss., 2011, S. 8.

denen die mechanischen Belastungen auftreten[36]. Entsprechende Kontaktzonen sind in der nachfolgenden Abbildung 2.3 dargestellt.

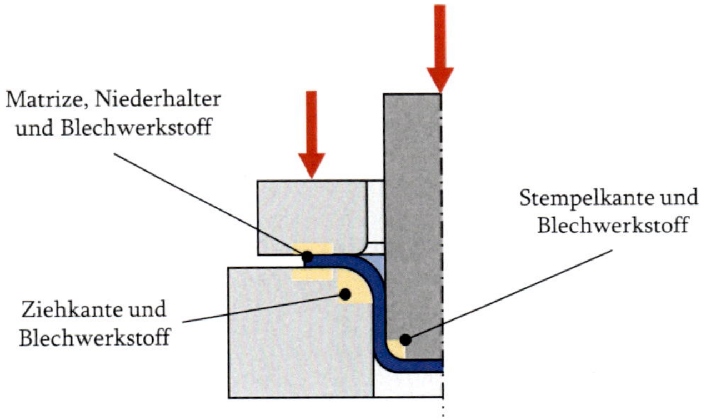

Abbildung 2.3: Kontaktzonen an den Werkzeugen, an denen mechanischen Belastungen auftreten

In der Kontaktzone zwischen Stempelkante und Blechwerkstoff treten hohe Kontaktnormalspannungen im Stempelwerkzeug bei keiner bzw. geringen Relativbewegung zwischen Stempel und Blechwerkstoff auf[37]. Im Bereich der Ziehkantenrundung hingegen wird die Matrize mit hohen Kontaktnormalspannungen in Kombination mit einer hohen Relativbewegung zwischen Matrize und Blechwerkstoff belastet[38]. In verschiedenen Arbeiten konnte gezeigt werden, dass die Spannungsverteilung an der Ziehkantenrunden hoch inhomogen und unter anderem von den lokalen Reibeigenschaften abhängig ist[39] [40] [41]. Der Kontaktbereich zwischen Matrize, Niederhalter und Blechwerkstoff ist geprägt von hohen Relativbewegungen zwischen Blech und Werkzeug bei vergleichsweise geringen Kontaktnormalspannungen von 5-10 MPa[42].

[36] Christian-Jürgen Kuwer, „Verschleißreduktion beim Tiefziehen von X5 CrNi 18-10" (Dissertation), S. 11.

[37] Haci M. Demir, „Hybride Werkzeuge für das Tiefziehen" (Zugl.: Hannover, Univ., Diss., 2011, PZH Produktionstechnisches Zentrum, 2011), S. 11.

[38] D. Hortig und D. Schmoeckel, „Analysis of local loads on the draw die profile with regard to wear using the FEM and experimental investigations." *Journal of Materials Processing Technology* 115, Nr. 1 (2001): S. 153–56.

[39] Ebd.

[40] Kuwer, „KUWE," S. 27.

[41] Michael P. Pereira, Wenyi Yan und Bernard F. Rolfe, „Sliding distance, contact pressure and wear in sheet metal stamping." *Wear* 268, 11-12 (2010), doi:10.1016/j.wear.2010.01.020.

[42] Christian Frank, „Kunststoff als Werkzeugwerkstoff für das Tiefziehen von Feinblechen" (Dissertation, Institut für Umformtechnik und Umformmaschinen, Universität Hannover, 12/1999), S. 17.

2.1.3 Erreichbare Genauigkeiten bei Tiefziehteilen

Zur Bewertung der in dieser Arbeit vorgestellten Werkzeugtechnologie ist die Kenntnis über die mit konventionellen Werkzeugen erreichbaren Genauigkeiten von Tiefziehteilen wichtig. Aus diesem Grund wird im folgenden Abschnitt ein Überblick der in der Theorie genannten Toleranzklassen sowie der in der automobilen Praxis verwendeten Toleranzvorgaben geschaffen. Die erreichbaren Genauigkeiten von Tiefziehteilen sind von vielen Einflussgrößen abhängig, die nur zu einem Teil auf die Werkzeuge zurückzuführen sind. So wird das Tiefziehergebnis beispielsweise von Schwankungen innerhalb des Blechwerkstoffes, wie etwa der chemischen Zusammensetzung und der Gefügebestandteile, beeinflusst[43]. Die Maßhaltigkeit der Blechzuschnitte wirkt sich ebenfalls direkt auf die Genauigkeiten der Tiefziehteile aus. Neben den Eigenschaften der Werkstoffe spielen auch die Werkstückgestaltung, die Werkzeuge sowie die Eigenschaften der Umformmaschine eine Rolle[44]. An dieser Stelle sind insbesondere die elastische Deformation der Werkzeuge und der Umformmaschine sowie die zum Teil auch plastische Deformation bzw. der Verschleiß der Werkzeuge zu nennen. Auch wenn beim Tiefziehen eine Änderung der Wanddicke nicht beabsichtigt ist, kommt es aufgrund der sich ändernden Spannungszustände innerhalb des Blechwerkstoffes unweigerlich zu Schwankungen der Wanddicke. In Abhängigkeit von dem Ziehspalt und der Napfhöhe können diese Schwankungen für einen tiefgezogenen Napf mit einer Blechdicke von 1 mm zwischen ca. – 0,1 mm und 0,2 mm betragen[45].

Nach LANGE kann das Tiefziehen in die ISO Grundtoleranzklassen IT10 bis IT13 eingruppiert werden. Im Gegensatz zu der Angabe von Toleranzklassen beschreibt DIETRICH die erreichbaren Genauigkeiten von zylindrischen Ziehteilen in Abhängigkeit von Höhe, Durchmesser, Blechdicke und Ziehverhältnis. In Abbildung 2.4 sind die erreichbaren Genauigkeiten für eine Napfgeometrie, wie diese in der vorliegenden Arbeit untersucht wird, nach LANGE und DIETRICH zusammengefasst. Für die Angaben von DIETRICH wird eine Blechdicke von 1 mm und ein Ziehverhältnis von 2 angenommen.

---

[43] Birgit Awiszus et al., Hrsg., *Grundlagen der Fertigungstechnik*, 6., aktualisierte Auflage (München: Fachbuchverlag Leipzig im Carl Hanser Verlag; Ciando, 2016), http://ebooks.ciando.com/book/index.cfm/bok_id/2098895, S. 121.

[44] Ebd., S. 122.

[45] Klocke, *KLOC17*, S. 384.

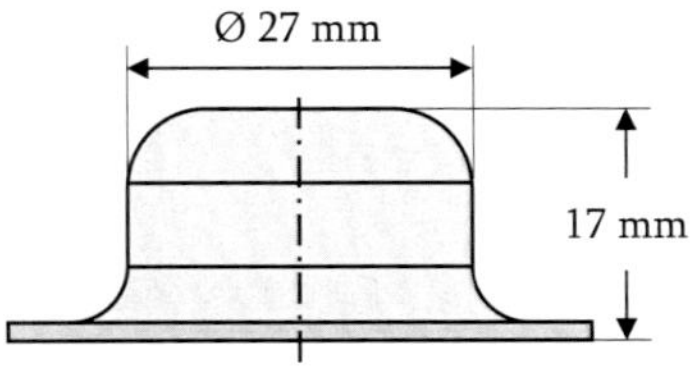

	DIETRICH	LANGE (IT10)	LANGE (IT13)
Napfhöhe	± 0,3 mm	0,07 mm	0,27 mm
Durchmesser	± 0,15 mm*	0,084 mm	0,33 mm

Abbildung 2.4: Erreichbare Genauigkeiten einer Napfgeometrie nach DIETRICH und LANGE [46] [47]. *Durchmesserangabe bezieht sich auf ein zylindrisches Ziehteil ohne Flansch

Da die ISO Grundtoleranzen lediglich einen Toleranzbereich angeben, müssen die Werte noch halbiert werden, um diese mit den Werten von DIETRICH vergleichen zu können. Auffallend hierbei ist, dass die IT10 Toleranzbereiche für die Napfgeometrie um etwa eine Größenordnung kleiner sind als die Angaben von DIETRICH. Bei einem Vergleich der Werte von DIETRICH mit der IT13 Tolerierung kann festgestellt werden, dass die Toleranzbereiche der Napfhöhe etwa doppelt so groß sind und die angegebenen Durchmessertoleranzen in einem ähnlichen Bereich liegen.

Während die bisher vorgestellten Toleranzvorgaben lediglich von den Dimensionen der Blechteile abhängig sind, werden die Qualitätsanforderung von Karosserieblechteilen häufig funktionsorientiert gestellt. Im Wesentlichen wird hierbei zwischen Strukturteilen und Außenhautteilen bzw. Sichtteilen unterschieden. Bei Strukturteilen sind insbesondere die Maß- und Formtoleranzen relevant, die für einen fehlerfreien Fügeprozess erforderlich sind[48]. Hierbei können auch je nach Fügeverfahren und Größe der Maß- und Formabweichungen die hervorgerufene Fügespalte geschlossen oder überbrückt werden[49]. Im Gegensatz zu den Strukturteilen spielt bei den Sichtteilen die optische Ausprägung eine entscheidende Rolle. Besonders eng werden hierbei die sogenannten fugenbildenden Kanten mit bis zu ± 0,25 mm toleriert, da die entstehenden Spaltmaße wesentlich die optische Qualitätsanmutung der Karosserie beeinflussen[50]. Flächen von Strukturteilen ohne Funktion werden hingegen je nach OEM mit bis zu ± 1,50 mm und Funktionsflächen mit ± 0,50 mm toleriert[51]. Zusammenge-

[46] Dietrich, *DIET18*, S. 187.
[47] Awiszus et al., *AWIS16*, S. 53.
[48] Birkert, Haage und Straub, *BIRK13*, S. 54.
[49] Ebd., S. 53.
[50] Birkert, Haage und Straub, *BIRK13*, S. 61–62.
[51] Ebd., S. 61.

fasst lässt sich feststellen, dass die Toleranzvorgaben von Tiefziehteilen je nach Dimension und Funktion zwischen ± 0,15 mm und ± 1,50 mm liegen, sofern die gröbere IT13 Tolerierung nach LANGE hinzugezogen wird.

2.1.4 Prozesssimulation beim Tiefziehen

Die Prozesssimulation spielt bei der Auslegung und Analyse von Umformprozessen eine entscheidende Rolle. Hiermit lassen sich beispielsweise Aussagen zur Werkzeugbelastung oder zur Formbarkeit des Blechbauteils treffen. Neben der Abbildung des Stoffflusses des Blechmaterials können weiterhin Rückschlüsse auf Tiefziehfehler wie etwa Faltenbildung, Bodenreißer oder Rückfederung getroffen werden. Das am häufigsten verwendete Verfahren zur Umformsimulation stellt die Finite-Elemente-Methode (FEM) dar[52] [53]. Hierbei handelt es sich um ein Diskretisierungsverfahren, mithilfe dessen das Verhalten eines Kontinuums räumlich diskretisiert und durch partielle, zeit- und ortsabhängige Differentialgleichungen beschrieben und näherungsweise gelöst werden kann. In einem kontinuierlichen System besitzt jede Zustandsgröße unendlich viele Werte und somit auch eine unendliche Anzahl an Unbekannten. Durch das Zerlegen (Diskretisieren) des Systems in sogenannte finite Elemente, welche über Knoten miteinander verbunden sind, erhält man eine endliche Anzahl von Unbekannten. Abbildung 2.5 zeigt hierzu beispielhaft die Diskretisierung einer 2D-Struktur in finite Elemente.

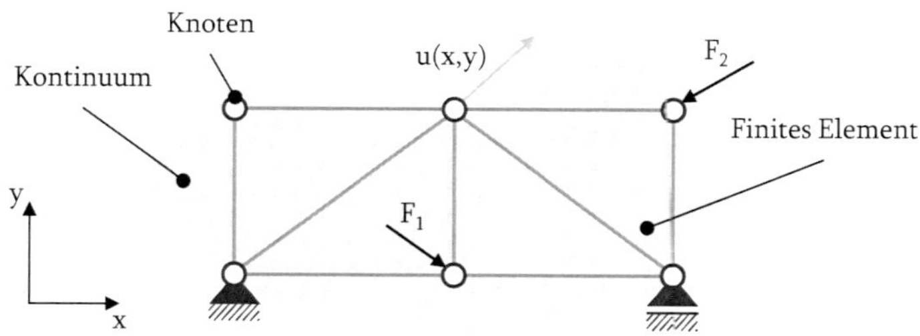

Abbildung 2.5: Diskretisierung einer 2D-Struktur in finite Elemente

Die Zustandsgrößen, wie beispielsweise die Spannung innerhalb eines jeden Elements, lassen sich über sogenannte Ansatzfunktionen näherungsweise beschreiben. Hier-

[52] Klocke, *KLOC17*, S. 49.

[53] Marcus Wagner, *Lineare und nichtlineare FEM: Eine Einführung mit Anwendungen in der Umformsimulation mit LS-DYNA®*, Lehrbuch (Wiesbaden: Springer Vieweg, 2017), S. 3.

durch lässt sich der Zustand von jedem Element unabhängig von den restlichen Elementen berechnen. Die Lösung für den gesamten Körper kann schließlich über die Verknüpfung der Elemente mit den Knoten im Gesamtgleichungssystem gelöst werden. An den Knoten müssen jeweils die Bedingungen des Kräftegleichgewichts wie auch die sogenannte Verschiebungskompatibilität erfüllt sein. Mit diesen Bedingungen lässt sich das Gesamtgleichungssystem wie folgt definieren:

$$K^e u^e = F^e$$

Die Elementsteifigkeitsmatrix K^e kann als Steifigkeit des Körpers interpretiert werden. Diese beschreibt den Zusammenhang zwischen der Verschiebung eines Knotens u^e auf die Reaktionskräfte F^e eines anderen Knotens (vgl. Abbildung 2.5). Das Gesamtgleichungssystem kann nun mit Hilfe problemspezifischer Randbedingungen, wie beispielsweise Kraft- oder Verschiebungsrandbedingungen, gelöst werden.

Innerhalb der Blechumformung haben sich verschiedene Software-Lösungen etabliert, die dem Anwender die Durchführung von Umformsimulationen erleichtern. Beispielhaft seien hier die FE-Programme LS-DYNA und PAM-STAMP genannt, die unter anderem auch in der Crashsimulation weite Verbreitung finden, wie auch ANSYS und AutoForm, die häufig in der Automobilindustrie für Umformsimulationen genutzt werden. Neben den zuvor genannten FE-Programmen stehen weiterhin verschiedene Software-Lösungen für Prä- und Postprozessoren am Markt zur Verfügung, die mit FE-Programmen verknüpft werden können. Gängige Software-Lösungen für Prä- und Postprozessoren sind u.a. ANSA, HYPERMESH und LS-PREPOST[54]. Neben den spezialisierten Simulationsprogrammen, welche eine Vielzahl von Einstellmöglichkeiten und somit auch eine gewisse Komplexität mit sich bringen, verbreiten sich zunehmend auch FE-Programme, welche in CAD-Softwaretools integriert werden. Im Wesentlichen werden FE-Programme im Bereich der Blechumformung zur Verformungsvorhersage und der Machbarkeitsanalyse einzelner Umformoperationen genutzt[55]. Anders als bei der Massivumformsimulation, bei der auch die mechanische, tribologische und thermische Werkzeugbelastung untersucht wird, steht bei der Blechumformung das Bauteil und weniger die Werkzeuge im Fokus. Ziel hierbei ist es u.a. die Machbarkeit verschiedener Bauteilgeometrien abzuprüfen und die Anzahl an Ziehstufen zu ermitteln. Wesentlicher Fokus der Betrachtung ist die Vorhersage von Materialausdünnung und -anhäufung, die wiederum direkt mit der Wahrscheinlichkeit für das Auftreten von Rissen und Falten verbunden sind. Diese Tiefziehfehler stellen Schwachstellen im Bauteil dar und können in der Regel durch eine geeignete Prozessführung vermieden

[54] Wagner, *WAGN17*, S. 6.
[55] Klocke, *KLOC17*, S. 67.

werden. Die Simulation des Materialflusses liefert hierbei Erkenntnisse, an welchen Stellen das Material mehr oder weniger nachfließen muss. Die Steuerung des Materialflusses erfolgt überwiegend mittels Ziehsicken, die wiederum in der Simulation abgebildet und konstruktiv angepasst werden können[56].

Gegenstand aktueller Forschungsarbeiten im Bereich der Tiefziehsimulation ist nach wie vor eine Verbesserung der Vorhersagegenauigkeit von Tiefziehfehlern. Insbesondere stellt die Simulation von Rückfederungseffekten eine Herausforderung dar[57]. Diese werden durch Eigenspannungen im Bauteil hervorgerufen und können sich auch im Anschluss an den Platinenbeschnitt verändern oder erstmals auftreten. Klassischerweise werden die Werkzeuge bei der Simulation als Starrkörper modelliert[58]. Die Abbildung der Werkzeuge als nicht verformbare 2D-Wirkflächen erfolgt beispielsweise auch in der Simulationssoftware AUTOFORM. Diese Vereinfachung ist in der Regel hinreichend genau, stößt allerdings bei der Verwendung von hoch- bzw. höchstfesten Stählen an Grenzen, sodass die Simulation der Werkzeugelastizität und der Maschinennachgiebigkeit eine zunehmend wichtige Rolle einnehmen[59]. Auch bei der Nutzung vergleichsweiser weicher Werkzeugwerkstoffe wird die Berücksichtigung der Werkzeugnachgiebigkeit wichtiger[60]. Aus diesem Grund wird die Simulation mit elastischen Werkzeugen zunehmend relevanter. LIEWALD ET AL. simulierten die Kontaktspannungen und Werkzeugverformung während des Tiefziehens einer Kunststoffmatrize bestehend aus Epoxidharz (EP) und Polyurethan (PUR) Werkstoffen[61]. Innerhalb der Studie konnte gezeigt werden, dass die simulierte Werkzeugverformung gut mit experimentellen Versuchen übereinstimmt[62]. Neben der Abbildung der Werkzeugverformung ist bei der Verwendung von hochfesten Stählen auch die Simulation der Maschinennachgiebigkeit entscheidend. GROẞMANN ET AL. entwickelten hierzu eine Methode um die elastische Maschinen- und Werkzeugnachgiebigkeit während

[56] Ebd., S. 69.

[57] Ebd., S. 70.

[58] Wagner, *WAGN17*, S. 258.

[59] DWM e. V. Dresdner Freundeskreis, Hrsg., *Simulation von Umformprozessen unter Einbeziehung der Maschinenund Werkzeugeinflüsse* (2007), S. 15.

[60] M. Liewald und J. H. C. de Souza, „New developments on the use of polymeric materials in sheet metal forming.“ *Production Engineering* 2, Nr. 1 (2008), doi:10.1007/s11740-008-0077-5.

[61] Ebd.

[62] Ebd.

des Tiefziehens zu simulieren[63] und anschließend zu kompensieren[64]. Ziel der Methode ist es die zeit- und kostenaufwändigen Werkzeugnachbearbeitung, wie beispielsweise Tuschieraufwände, zu reduzieren. Durch die Werkzeugverformung können Spannungsspitzen auftreten, die wiederum den Materialfluss behindern und somit das Auftreten von Tiefziehfehlern begünstigen. In dieser Arbeit konnte gezeigt werden, dass durch eine geeignete Kompensation der elastischen Pressen- und Werkzeugverformung es zu einer homogeneren Spannungsverteilung in den Werkzeugen kommt und somit Tuschieraufwände reduziert werden können. Das Ziel, eine homogenere Spannungsverteilung in den Werkzeugen zu erreichen, ist Gegenstand mehrerer Forschungsarbeiten, da sich hierdurch Tiefziehfehler vermeiden und die Werkzeugnachbearbeitung verringern lassen. In diesem Kontext untersuchte ELEND die Verwendung elastischer Niederhalter beim Tiefziehen[65]. Innerhalb einer Simulation wurden Stempel und Matrize als Starrkörper modelliert, hingegen der Niederhalter als elastisch dargestellt. Ziel der Simulation ist die Auslegung des passiv elastischen Niederhalters durch eine optimierte Anordnung von Stützrippen und die Ermittlung der Niederhalterplattendicke sowie der Niederhalterkraft[66]. In der Arbeit von KOLBE wurde anhand eines Napfziehversuchs die Matrize und der Niederhalter, bestehend aus einem faserverstärkten Polymer, als elastisch modelliert[67]. Es wurden die Kontaktspannungen wie auch die Verformung an der Ziehkante ermittelt. Bei einem E-Modul des Werkzeugwerkstoffs von 2 GPa ergibt sich eine ansatzweise konstante Spannungsverteilung über der Ziehkante[68]. Wird der E-Modul des Werkzeugwerkstoffs erhöht, steigen die Kontaktspannungen und es bilden sich Spannungsspitzen aus[69]. Das Ziel die Werkzeugeinarbeitung durch eine optimierte Kraftverteilung am Niederhalter zu reduzieren wurde auch in den Arbeiten von BURKART ET AL. und FANN

---

[63] Knut Großmann et al., „Faster to Sound Parts by Advanced Forming Process Simulation - Advanced Forming Process Model Including the Elastic Effects of the Forming Press and Tool." *steel research international* 78, 10-11 (2007), doi:10.1002/srin.200706292.

[64] K. Großmann et al., „Static compensation for elastic tool and press deformations during deep drawing." *Production Engineering* 4, 2-3 (2010), doi:10.1007/s11740-010-0216-7.

[65] Lutz-Eike Elend, „Einsatz elastischer Niederhaltersysteme zur Erweiterung der Prozeßgrenzen beim Tiefziehen" (Dissertation, Institut für Umformtechnik und Umformmaschinen, Universität Hannover, 07/2001).

[66] Ebd., S. 82.

[67] Kolbe, „KOLB12," S. 59.

[68] Ebd., S. 61.

[69] Ebd.

ET AL. verfolgt[70,71]. In der Arbeit von BURKART ET AL. wird mit Hilfe einer FEM Simulation eine Topologieoptimierung des Niederhalters durchgeführt, um die Steifigkeit an die inhomogene Kraftverteilung anzupassen[72]. FANN ET AL. simuliert die Kontaktnormalspannungen am Niederhalter während des Tiefziehens, um einen elastischen Niederhalter durch eine optimierte Verteilung von Stützsäulen auszulegen[73].

2.2 Additive Fertigung von Kunststoffkomponenten

Die additive Fertigung hat sich in den letzten Jahren zu einem bedeutenden Fertigungsverfahren, insbesondere zur Herstellung von Einzelteilen, Prototypen und Bauteilen mit komplexer Geometrie, etabliert. In diesem Abschnitt erfolgt zunächst die Darstellung verschiedener Verfahrensprinzipien und Funktionsweisen der additiven Fertigung. Auf die Funktionsweise und die aktuellen Entwicklungen des Extrusionsverfahren Fused Layer Modeling (FLM) wird im Detail eingegangen, da dieses zur späteren Werkzeugherstellung verwendet wird.

2.2.1 Einteilung und Wirkprinzipien der additiven Fertigung

Bei der additiven Fertigung erfolgt das Erzeugen der gewünschten Geometrie durch sukzessives Hinzufügen von Material. Die Formgebung erfolgt hierbei in der Regel durch einen schichtweisen Aufbau und ist demnach von der umformenden und subtraktiven Formgebung zu unterscheiden[74]. Neben der Erzeugung der Geometrie ist die additive Fertigung dadurch gekennzeichnet, dass während des Prozesses simultan auch die Stoffeigenschaften der Bauteile erzeugt werden[75]. Eine Einordnung der additiven Fertigungsverfahren in die Normung der Fertigungsverfahren DIN 8580 ist aufgrund

---

[70] M. Burkart et al., „Compensation of elastic die and press deformations during sheet metal forming by optimizing blank holder design.“ *IOP Conference Series: Materials Science and Engineering* 967 (2020), doi:10.1088/1757-899X/967/1/012074.

[71] K. J. Fann und M. Liewald, „Finite Element Study on Pattern of Pins Supporting an Elastic Blankholder Used for Stamping Irregular Shaped Sheet Metal Parts.“ *IOP Conference Series: Materials Science and Engineering* 967 (2020), doi:10.1088/1757-899X/967/1/012002.

[72] Burkart et al., „BURK20“.

[73] Fann und Liewald, „FANN20“.

[74] DIN Deutsches Institut für Normung e.V., *DIN17: Grundlagen – Terminologie*, 2017. Aufl. (2017) 01.040.25; 25.030, Nr. 52900, S. 20.

[75] Andreas Gebhardt, *Additive Fertigungsverfahren: Additive Manufacturing und 3D-Drucken für Prototyping - Tooling - Produktion*, 5., neu bearbeitete und erweiterte Auflage (München: Hanser; Ciando, 2016), http://ebooks.ciando.com/book/index.cfm/bok_id/2203967, S. 2.

der Vielfalt von verwendeten Maschinentypen, Werkstoffen und physikalischen Wirkprinzipien nur bedingt möglich[76]. Am ehesten lässt sich diese in Anlehnung an die Normung des Urformens (DIN 8581) klassifizieren[77]. Hierbei kann eine Einteilung zunächst anhand des Aggregatzustands des Ausgangsmaterials und anschließend durch die Erscheinungsform des Halbzeugs (Draht, Pulver, etc.) und schließlich durch das physikalische Wirkprinzip der Schichtbildung (Aufschmelzen, Verkleben, etc.) erfolgen (vgl. Abbildung 2.6)[78]. Die Schwierigkeit der Klassifizierung spiegelt sich auch in der Vielzahl verschiedener Verfahrensbezeichnungen wider. Grund hierfür sind die zum Teil durch Patente und eingetragene Markenzeichen geschützte Verfahrensbezeichnung verschiedener Hersteller. Diese werden häufig auch in der Praxis als Oberbegriffe der jeweiligen Verfahrensfamilien verwendet[79]. In der VDI-Richtlinie 3405 werden verschiedene generische Verfahrensbezeichnungen von kommerziell etablierten additiven Fertigungsverfahren genannt. Auf der untersten Ebene der Abbildung 2.6 sind einige Verfahrensbezeichnungen gemäß VDI 3405 aufgeführt. Zu diesen zählen die Verfahren Fused Layer Modeling (FLM), Laser-Sintern (LS), Laser-Strahlschmelzen (LBM), 3-D-Drucken[80] (3DP), Layer Laminated Manufacturing (LLM) und Stereolithografie (SL)[81]. Je nach Verfahrensprinzip lassen sich unterschiedliche Materialien, wie beispielsweise verschiedene Kunststoffe, Metalle oder Keramiken, herstellen.

[76] Ebd., S. 93.

[77] Ebd.

[78] Ebd., S. 94.

[79] Martin Kumke, *Methodisches Konstruieren Von Additiv Gefertigten Bauteilen,* AutoUni - Schriftenreihe Ser v.124 (Wiesbaden: Springer, 2018), https://ebookcentral.proquest.com/lib/kxp/detail.action?docID=5394391, S. 12.

[80] Das Verfahren „3-D-Drucken" ist auch unter dem Namen „Binder Jetting" bekannt. Die Bezeichnung „3D-Drucken" wird häufig auch als Sammelbegriff aller additiven Fertigungsverfahren verstanden. In diesem Fall ist ein spezifisches Verfahren der additiven Fertigung gemeint.

[81] VDI-Gesellschaft Produktion und Logistik, *VDI-14: Grundlagen, Begriffe, Verfahrensbeschreibungen* (2014) 25.020, Nr. 3405, S. 8.

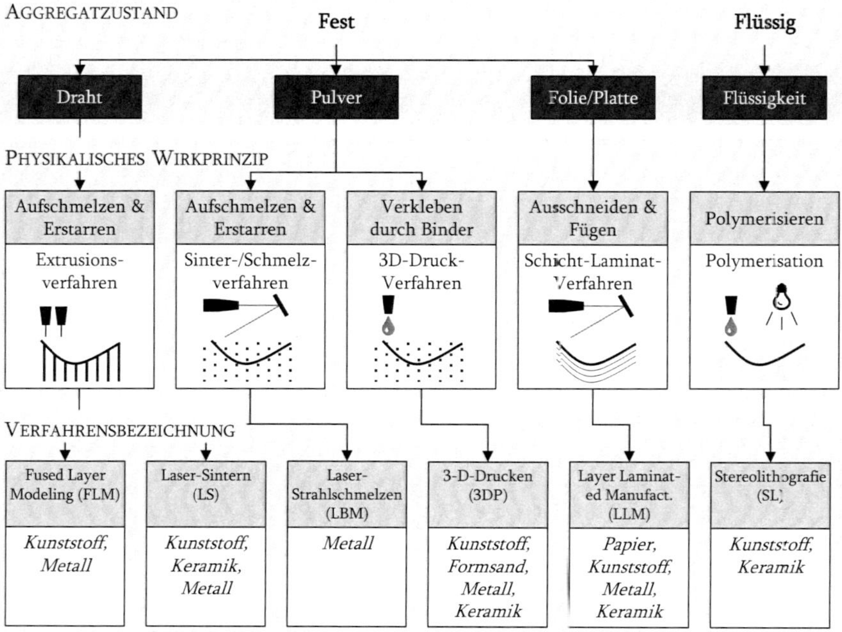

Abbildung 2.6: Einteilung der additiven Fertigungsverfahren in Anlehnung an GEBHARDT und KUMKE[82 83 84]

Die Verarbeitung von Kunststoffmaterialien ist in der Regel hinsichtlich geringerer Maschinen- und Materialkosten vorteilhaft im Vergleich zu Metallen oder Keramiken. So hat die zunehmende Marktdurchdringung der additiven Fertigungsverfahren in den vergangenen Jahren zu einer kontinuierlichen Reduktion der Fertigungskosten geführt. Das FLM-Verfahren stellt hierbei ein vielversprechendes Verfahren für den Werkzeugbau dar, da es gute mechanische Eigenschaften mit geringen Fertigungskosten vereint. Aus diesem Grund wird das FLM-Verfahren auch in dieser Arbeit für die Herstellung von Tiefziehwerkzeugen verwendet und im folgenden Abschnitt genauer erläutert.

[82] Gebhardt, *GEBH16*, S. 94.

[83] Kumke, *KUMK18*, S. 13.

[84] VDI-Gesellschaft Produktion und Logistik, *VDI-14: Grundlagen, Begriffe, Verfahrensbeschreibungen* (2014) 25.020, Nr. 3405, S. 8.

2.2.2 Fused Layer Modeling (FLM)

Das FLM-Verfahren gehört zu den Extrusionsverfahren und findet eine weite Verbreitung sowohl in der Industrie als auch im privaten Bereich. Das Verfahren ist auch unter der Markenbezeichnung Fused Deposition Modeling (FDM) der Firma Stratasys bekannt, welches ab 1991 auf den Markt gebracht wurde[85]. Um markenrechtlichen Konflikten zu entgehen, hat sich die Bezeichnung Fused Filament Fabrication (FFF) vor allem in der Open-Source-Community etabliert. Alle drei Verfahrensbezeichnungen werden als Synonym verwendet und bezeichnen dasselbe physikalische Prinzip des Extrusionsverfahren. Zur Vereinheitlichung wird im weiteren Verlauf der vorliegenden Arbeit die generische Bezeichnung FLM aus der VDI-Richtlinie 3405 verwendet.

Abbildung 2.7 zeigt das grundlegende Funktionsprinzips des FLM-Verfahrens. Als Teil der Extrusionsverfahren wird auch beim FLM-Verfahren ein thermoplastisches Material bis zu einem pastösen Zustand erhitzt und über eine Düse definiert auf einem Substrat abgelegt.

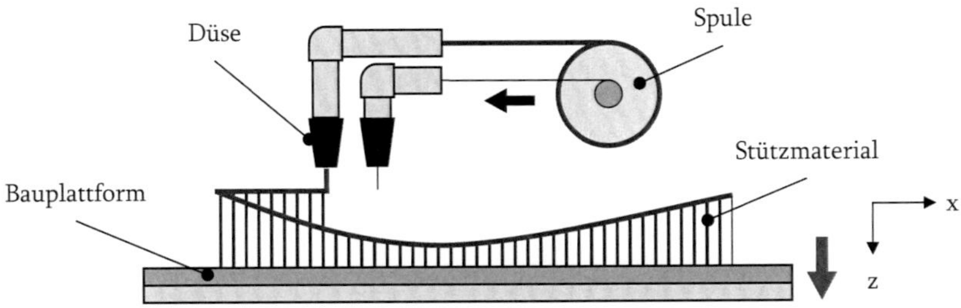

Abbildung 2.7: Funktionsprinzip des FLM-Verfahrens[86]

Das erhitzte Material erstarrt unmittelbar nach dem Ablegen durch Abgabe von Wärme in die Umgebung. Bereitgestellt wird das Material in Form eines Drahtes (auch Filament genannt) von einer Spule. Über eine Vorschubeinrichtung innerhalb der Düse wird die Extrusionsgeschwindigkeit gesteuert und das Material aufgeheizt. Während die Düse sich in der Ebene bewegt und so eine beliebige Schicht herstellen kann, verfährt die Bauplattform anschließend schrittweise in Z-Richtung, sodass Schicht für Schicht das gewünschte Bauteil entsteht. Um Überhänge und Hinterschnitte herstellen zu können, wird für gewöhnlich ein Stützmaterial eingesetzt, welches über eine zweite

[85] Gebhardt, *GEBH16*, S. 261.

[86] VDI-Gesellschaft Produktion und Logistik, *VDI-14: Grundlagen, Begriffe, Verfahrensbeschreibungen* (2014) 25.020, Nr. 3405, S. 12.

Düse extrudiert wird. Das Stützmaterial kann je nach Beschaffenheit im Anschluss an den Druckprozess entweder mechanisch abgetrennt oder chemisch gelöst werden.

Wie bei additiven Fertigungsverfahren gewöhnlich, weisen auch FLM-Bauteile ein anisotropes Materialverhalten auf. Die Anisotropie, also die Richtungsabhängigkeit der Eigenschaften, ist insbesondere durch den Schichtaufbau des Fertigungsprozesses begründet. Im Wesentlichen sind die mechanischen Eigenschaften der Bauteile, neben dem verwendeten Material, von verschiedenen, meist einstellbaren, Druckparametern abhängig. Im Rahmen der Datenvorbereitung werden ausgehend von den CAD-Dateien durch das sogenannte „slicing“ das 3D-Geometriemodell virtuell in Schichten zerlegt. Die Schichthöhe kann hierbei innerhalb der Slicing-Software eingestellt werden. Weitere Druckparameter, die unmittelbar die mechanischen Eigenschaften des Bauteils beeinflussen, sind der Düsendurchmesser, die Anzahl der Wandungen, das Füllvolumen und das Füllmuster. Auch spielen die Temperaturen von Düse und Bauplattform eine Rolle, welche jedoch meist von den Herstellern je nach Material in einem empfohlenen Bereich angegeben werden.

Im Laufe der Jahre wurde eine Vielzahl verschiedener FLM-Anlagen entwickelt und auf den Markt gebracht. Die Anlagenkosten reichen hierbei von wenigen Hundert Euro (z.B. Prusa Mini+) bis zu mehreren Zehntausend Euro (z.B. Stratasys F370). Wesentliche Unterscheidungsmerkmale liegen in der Größe des Bauraums, der Genauigkeit, den verwendbaren Materialien und der Art der Temperierung. Für die nachfolgenden Untersuchungen in dieser Arbeit werden zwei FLM-Anlagen des Herstellers ULTIMAKER, S3 und S5, verwendet. Diese Anlagen bewegen sich im mittleren Preissegment und können ab ca. 3.500 € von verschiedenen Händlern bezogen werden. Die Bandbreite an möglichen Materialien spiegelt sich auch in deren Kosten wider. Weit verbreitete und kostengünstige Materialien sind z.B. Polylactid (PLA), Acrylnitril-Butadien-Styrol (ABS) und Polyamid (PA) mit einem Preis pro Kilogramm von etwa 50 €[87]. Faserverstärkte Polymere, wie etwa das kohlenstofffaserverstärkte PA, werden üblicherweise in einer Preisspanne von 100 €/kg bis 200 €/kg angeboten, wohingegen Hochleistungspolymere, wie beispielsweise Polyetheretherketon (PEEK), bis zu 700 €/kg kosten[88].

Die Verfahrensvariante FLM wird seit Jahrzehnten kontinuierlich weiterentwickelt und optimiert. Aktuelle Forschungsarbeiten beschäftigen sich nach wie vor mit der

[87] Georg Bergweiler et al., „Experimental Investigation of Dimensional Precision of Deep Drawn Cups Using Direct Polymer Additive Tooling.“ *Journal of Manufacturing and Materials Processing* 5, Nr. 1 (2021): S. 3, doi:10.3390/jmmp5010003.

[88] Ebd.

Optimierung von Druckparametern um beispielsweise die Genauigkeiten oder die mechanischen Eigenschaften der Bauteile zu verbessern[89 90]. Anlagenseitig werden unter anderem Mehrachs-FLM-Anlagen entwickelt, um Überhänge auch ohne Stützstrukturen fertigen zu können[91]. Damit einhergehend bieten solche Anlagen die Möglichkeit die richtungsabhängigen mechanischen Eigenschaften der additiv gefertigten Bauteile auf den jeweiligen Anwendungsfall hin anzupassen[92]. Weitere Arbeiten befassen sich mit der Entwicklung und Nutzung neuartiger Werkstoffe. Während kurzfaserverstärkte Filamente schon von vielen Herstellern angeboten werden und von gängigen FLM-Anlagen verarbeitet werden können, ist die Verarbeitung von Endlosfasern bislang auf nur wenige Hersteller begrenzt[93]. Auch wenn FLM-Anlagen primär Kunststoffe verarbeiten, lassen sich mit diesen auch Metall- oder Keramikbauteile in einem nachgelagerten Sinterprozess herstellen[94]. Hierbei werden Metall- und Keramikpulver innerhalb einer thermoplastischen Matrix eingebettet und als Filament der FLM-Anlage zugefügt. Während des nachgelagerten Sinterprozesses werden die Binderanteile verdampft und die finalen Bauteileigenschaften erzeugt. Die rasante Entwicklung der additiven Fertigungsverfahren und insbesondere der FLM-Technologie ist nach wie vor ungebrochen. Aus diesem Grund kann auch in Zukunft von weiteren neuen Anwendungsgebieten, einer zusätzlichen Kostenreduktion, verbesserten Bauteileigenschaften und eine Erhöhung der Materialvielfalt der FLM-Technologie ausgegangen werden.

[89] Eustaquio García Plaza et al., „Analysis of PLA Geometric Properties Processed by FFF Additive Manufacturing: Effects of Process Parameters and Plate-Extruder Precision Motion." *Polymers* 11, Nr. 10 (2019), doi:10.3390/polym11101581.

[90] Miguel Á. Caminero et al., „Additive Manufacturing of PLA-Based Composites Using Fused Filament Fabrication: Effect of Graphene Nanoplatelet Reinforcement on Mechanical Properties, Dimensional Accuracy and Texture." *Polymers* 11, Nr. 5 (2019), doi:10.3390/polym11050799.

[91] Chengkai Dai et al., „Support-free volume printing by multi-axis motion." *ACM Transactions on Graphics* 37, Nr. 4 (2018), doi:10.1145/3197517.3201342.

[92] Steffen Hohenstein et al., „Decision basis for multi-directional path planning for post-processing reduction in material extrusion." *Production Engineering* 15, 3-4 (2021), doi:10.1007/s11740-021-01018-6.

[93] Seyed H. R. Sanei und Diana Popescu, „3D-Printed Carbon Fiber Reinforced Polymer Composites: A Systematic Review." *Journal of Composites Science* 4, Nr. 3 (2020): S. 1, doi:10.3390/jcs4030098.

[94] Mehrdad Mousapour et al., „Feasibility study of producing multi-metal parts by Fused Filament Fabrication (FFF) technique." *Journal of Manufacturing Processes* 67 (2021): S. 438, doi:10.1016/j.jmapro.2021.05.021.

2.3 Werkzeugsysteme für das Tiefziehen

Der Werkzeugbau ist mit einem prognostizierten Jahresumsatz in 2022 von 10,2 Mrd. Euro ein bedeutender Wirtschaftszweig in Deutschland[95]. Die Branche unterliegt kontinuierliche Veränderungen und die Werkzeugsysteme werden fortlaufend weiterentwickelt und optimiert. Im folgenden Abschnitt wird auf die relevanten Grundlangen der Werkzeugsysteme für das Tiefziehen, die zum Verständnis der Arbeit notwendig sind, eingegangen. Neben der Darstellung verschiedener Werkzeugtypen und der Werkzeugherstellung im Allgemeinen wird im speziellen auf die Fertigung von Prototypenwerkzeugen eingegangen. Als zentraler Gegenstand der Motivation der vorliegenden Arbeit wird zudem auf die Kostenstruktur der Tiefziehwerkzeuge detailliert eingegangen.

2.3.1 Werkzeugtypen und Werkzeugherstellung

Je nach Bauteilgröße, Bauteilkomplexität und Stückzahlbereich kommen in der Industrie verschiedene Werkzeug- und Pressentypen zum Einsatz[96]. In den allermeisten Fällen erfolgt die Herstellung eines Blechteils in mehreren Stufen (vgl. *Tiefziehen im Weiterschlag* aus Kap. 2.1.1). Karosserieteile werden in der Regel in vier bis sechs Stufen, welche auch Operationen genannt werden, hergestellt[97]. Kommen dabei verschiedene Fertigungsverfahren, wie beispielsweise Tiefziehen, Biegen und Beschneiden, zum Einsatz, wird von Verbundwerkzeugen gesprochen. Je nachdem, wie das Werkstück zwischen den einzelnen Stufen transportiert wird, spricht man von Folgeverbundwerkzeugen oder Transfer- und Stufenwerkzeugen. Während bei Folgeverbundwerkzeugen das Werkstück an einem Blechband durch die einzelnen Umformstufen gezogen wird, werden die Blechteile bei Transfer- und Stufenwerkzeugen mittels Greifer bewegt. Der Unterschied zwischen Transfer- und Stufenwerkzeugen besteht darin, dass die Pressenfunktionen der einzelnen Stufen bei Stufenwerkzeugen individuell eingestellt werden können[98]. Der Tiefziehvorgang zur Herstellung der grundlegenden Form des Blechteils erfolgt in der ersten Stufe mittels sogenannter Ziehwerkzeuge[99]. Die anschließenden Fertigungsstufen bestehen meist aus mehreren Beschneid- und

[95] VDMA e. V., „Konjunkturgrafiken zur Jahrespressekonferenz: Januar 2022.“ Pressemitteilung, 25.01.2022, zuletzt geprüft am 25.05.2022, https://www.vdma.org/documents/34570/4887822/2022-01-25+Konjunkturfolien.pdf/b20c5543-b9a5-c6fa-b7eb-98e62da15b24?t=1643192046919.

[96] Birkert, Haage und Straub, *BIRK13*, S. 318.

[97] Hartmut Hoffmann, *Handbuch Umformen*, Edition Handbuch der Fertigungstechnik (München: Hanser Verlag, 2012), http://www.hanser-elibrary.com/doi/book/10.3139/9783446430044, S. 733.

[98] Birkert, Haage und Straub, *BIRK13*, S. 322–23.

[99] Hoffmann, *HOFF12*, S. 734.

Lochoperationen sowie dem Nachformen zur Einstellung von Radien oder dem Formen von Hinterschnitten[100].

Neben der Einteilung der Werkzeugtypen nach der Fertigungsabfolge werden diese auch nach der Einsatzart unterschieden. Hierbei können die Werkzeuge während der Entwicklungsphase in Prototypen- und Versuchswerkzeuge und in der Serienproduktion in Klein- und Großserienwerkzeuge unterteilt werden. Ausgehend von der Einsatzart werden verschiedene Anforderungen an die Werkzeuge gestellt. Prototypenwerkzeuge, welche Gegenstand der Untersuchungen in der vorliegenden Arbeit sind, haben zum Ziel funktionsfähige Blechteile mit seriennahen Eigenschaften mit möglichst geringem Aufwand in Bezug auf Kosten und Zeit herzustellen. Der Stückzahlbereich beschränkt sich hierbei in der Größenordnung von 50 bis 100 Teilen[101]. Im Anschluss an die Fertigung der Blechteile können diese in einem Prototyp des Produkts, z.B. einer Fahrzeugkarosserie, eingesetzt werden, um deren Funktionsweise zu erproben. Je nachdem, welches Ziel die Funktionsprüfung des Prototyps verfolgt, werden verschiedene Qualitätsanforderungen an die Blechteile gestellt. Diese können sich beispielsweise in Bezug auf die Maßhaltigkeit, Festigkeit oder Oberflächenqualität unterscheiden. Für Funktionstests spielen insbesondere die Anforderungen an die Maßhaltigkeit und Festigkeit eine wichtige Rolle. Anforderungen an die Festigkeit bedingen außerdem, dass andere Fertigungsverfahren, wie beispielsweise die inkrementelle Blechumformung, zur Herstellung der Prototypenblechteile nicht geeignet sind, da das Fertigungsverfahren maßgeblich die mechanischen Eigenschaften der Blechteile beeinflusst. Aufgrund der Zeit- und Kostenrestriktionen bei der Herstellung von Prototypenblechteilen wird zumeist nur die Operation des Tiefziehens über die Werkzeuge abgebildet, da diese die technologisch wichtigsten Funktionen abdeckt[102]. Weitere Beschnitt-, Biege- oder Falzoperationen werden daher manuell oder mit flexiblen Fertigungsverfahren, wie beispielsweise dem Laserstrahlschneiden, durchgeführt. Bei besonders komplexen und kritischen Blechteilen werden auch seriennahe Versuchswerkzeuge eingesetzt, um den Fertigungsprozess abzusichern[103]. Hierbei steht vielmehr der Prozess als das Produkt im Fokus der prototypischen Validierung. Derartige Werkzeuge werden aus Grau- oder Stahlguss hergestellt, um auch seriennahe tribologische Eigenschaften abprüfen zu können[104].

[100] Ebd., S. 733–36.
[101] Ebd., S. 736.
[102] Hoffmann, *HOFF12*, S. 736.
[103] Ebd., S. 737.
[104] Ebd., S. 512.

Der Werkzeugherstellungsprozess für Serienwerkzeuge ist äußerst kosten- und zeitintensiv und kann für einen 5-stufigen Werkzeugsatz etwa 16 Monate in Anspruch nehmen[105]. Zur Herstellung der Werkzeuge kommen typischerweise Gusswerkstoffe, wie Gusseisen oder Grauguss sowie Werkzeugstähle mit verschiedenen Legierungen, zum Einsatz[106]. Für die Herstellung von Prototypenwerkzeugen hingegen werden häufig Kunststoffe oder niedrigschmelzende Legierungen eingesetzt, auf dessen Fertigungsprozess im nachfolgenden Kapitel 2.3.2. gesondert eingegangen wird. Der typische Fertigungsprozess zur Herstellung von Tiefziehwerkzeugen für die Großserie mittels Gusswerkstoffen ist in Abbildung 2.8 schematisch dargestellt. Dieser Prozess zeigt eine Vereinfachung des tatsächlichen Fertigungsprozesses, der je nach Anforderungen an die Werkzeuge noch durch weitere Fertigungsschritte ergänzt werden kann.

Abbildung 2.8: Fertigungsprozess zur Herstellung von Tiefziehwerkzeugen

Ausgangspunkt der Werkzeugherstellung ist das Anfertigen des Gießmodells, welches typischerweise aus Polystyrol gefräst und ggf. aus mehreren Teilmodellen zusammengeklebt wird[107]. Es folgt das „Schlichten" des Modells mit einem Trennmittel und das anschließende Abformen in einem kunstharzgebundenen Quarzsand. Während des Gießvorgangs verbrennt das Kunststoffmodell, sodass sich der verbleibende Hohlraum mit dem Metallwerkstoff füllen kann. Im nächsten Schritt, der spanenden Bearbeitung, werden die Auflagerflächen sowie die Funktions- und Wirkflächen der Werkzeuge durch mehrere Fräsvorgänge erzeugt. Anschließend erfolgt die Werkzeugmontage, indem verschiedene Normteile, wie beispielsweise Gleitplatten, Buchsen und Schieber, an die Grundkörper montiert werden[108]. Um die Toleranzkette zu minimieren, wird die Endbearbeitung der Werkzeuggeometrie im zusammengebauten Zustand durchgeführt. Dies beinhaltet das Schlichtfräsen und die Oberflächenbehandlung der Werkzeugaktivflächen durch Schleif- und Poliervorgänge. Zur Erhöhung der Verschleißfestigkeit können die Oberflächen im Anschluss an das Fräsen oder Polieren zusätzlich wärmebehandelt werden. Im letzten Schritt, der Werkzeugeinarbeitung und -erprobung (Try-Out), werden die Werkzeugflächen durch das sogenannte Tuschieren so

[105] Birkert, Haage und Straub, *BIRK13*, S. 363.
[106] Kolbe, „KOLB12," S. 11.
[107] Hoffmann, *HOFF12*, S. 513.
[108] Ebd., S. 749.

eingestellt, dass es zu reißer- und faltenfreien Blechteilen mit der geforderten Oberflächenqualität kommt. Dieser zumeist durch manuelle Arbeitsschritte geprägte Prozess verläuft in der Regel in mehreren Korrektur- und Optimierungsschleifen und kann mehrere Monate in Anspruch nehmen[109]. Je nach Anforderungen an die Werkzeugoberflächen können diese noch im Anschluss an die Einarbeitung beschichtet werden.

2.3.2 Herstellung von Prototypenwerkzeugen

Im Gegensatz zu der Werkzeugherstellung von Serienwerkzeugen werden im Prototypenbau häufig Werkzeuge aus Kunststoff oder niedrigschmelzenden Legierungen eingesetzt[110]. Diese Werkzeugwerkstoffe zeichnen sich durch eine einfachere Bearbeitbarkeit im Vergleich zu metallischen Gusswerkstoffen oder Werkzeugstählen aus und sind dadurch günstiger in der Herstellung. Bei der Verwendung von Kunststoffwerkzeugen kann zusätzlich auf die Einarbeitung aufgrund der höheren Werkzeugnachgiebigkeit verzichtet werden, was zusätzliche Einsparungen ermöglicht[111] [112] [113]. In der Regel kommen als Kunststoffwerkstoff Epoxidharze oder Polyurethane zum Einsatz, deren Materialeigenschaften mittels Füllstoffe eingestellt werden können, was unter anderem zu einer verbesserten Verschleiß- und Druckfestigkeit der Werkzeuge führt[114]. In der VDI Richtlinie 3388 werden neben der Verwendung von EP und PUR als Prototypenwerkzeugwerkstoff auch Polyamide angegeben, jedoch mit der Einschränkung einer hohen Elastizität[115]. Um die mechanischen Eigenschaften der Kunststoffwerkstoffe zusätzlich zu verbessern, können ergänzend zu den Füllstoffen auch metallische Armierungen oder Faserverstärkungen eingesetzt werden[116] [117]. Je nach Belastungskollektiv, Anforderungen an die Maßhaltigkeit und eingesetztem Kunststoffwerkstoff lassen sich mit dieser Technologie Tiefziehteile zwischen wenigen Hundert

[109] Birkert, Haage und Straub, *BIRK13*, S. 364.

[110] Hoffmann, *HOFF12*, S. 736.

[111] Frank, „FRAN99," S. 65.

[112] Günter Deiler, „Untersuchungen zum Eignungsprofil polymerer Werkzeugwerkstoffe für das Tiefziehen von Feinblechen" (Dissertation, Institut für Umformtechnik und Umformmaschinen, Universität Hannover, 2005), S. 129.

[113] Kolbe, „KOLB12," S. 17.

[114] Günter Deiler, „GÜNT05," S. 94.

[115] VDI-Gesellschaft Produktion und Logistik, *VDI-12* (2012) 25.100.01, 25.120.10, Nr. 3388, S. 26.

[116] Günter Deiler, „GÜNT05," S. 125.

[117] Kolbe, „KOLB12," S. 49–54.

bis mehreren Tausend Stück herstellen, sodass der Einsatz dieser Technologie zum Teil auch in der Serienproduktion möglich ist[118].

Als niedrigschmelzende Legierungen werden in der Praxis die eutektische Bismut-Zinn-Legierung Bi57Sn43 und die Feinzink-Legierung G-ZnAl4Cu3 eingesetzt[119]. Im Gegensatz zu den Gießwerkstoffen für Serienwerkzeuge weisen diese deutlich niedrigere Schmelztemperaturen auf, sodass die Verarbeitung mit einfacheren Mitteln erfolgen kann. Während die Bismut-Zinn-Legierung mit einem Schmelzpunkt von 139 °C vergleichsweise weich ist und der Stückzahlbereich bei weniger als 50 Teilen liegt, ist die Feinzink-Legierung mit einem Schmelzbereich von 380 °C bis 390 °C deutlich verschleißfester, sodass sich hiermit bis zu 10.000 Blechteile herstellen lassen[120]. Aufgrund der Schwindung der Feinzink-Legierung von etwa 1 % muss diese allerdings spanend nachbearbeitet werden.

Im Wesentlichen ist der Herstellprozess von Werkzeugen aus niedrigschmelzenden Legierungen eine Vereinfachung des Prozesses zur Herstellung von Serienwerkzeugen aus Abbildung 2.8. Auf die zeitaufwändige Oberflächenbehandlung und die Werkzeugeinarbeitung wird weitestgehend verzichtet. Bei der Verwendung von Bismut-Zinn-Legierungen tritt zudem keine Schwindung während der Erstarrung auf, sodass hier zusätzlich auf eine anschließende spanende Bearbeitung verzichtet werden kann. Zur Herstellung von Kunststoffwerkzeugen kommen neben dem Fräsen von Block- oder verklebten Plattenmaterialien auch Gießsysteme zum Einsatz. In der Literatur werden insgesamt drei verschiedene Gießverfahren, das Massivguss-, das Gel-Coat- und das Frontgussverfahren, unterschieden[121]. Abbildung 2.9 zeigt die einzelnen Fertigungsschritte dieser Verfahren, die zur Werkzeugherstellung erforderlich sind.

[118] Günter Deiler, „GÜNT05," S. 119.

[119] Hoffmann, *HOFF12*, S. 512.

[120] VDI-Gesellschaft Produktion und Logistik, *VDI-12* (2012) 25.100.01, 25.120.10, Nr. 3388, S. 20.

[121] Kolbe, „KOLB12," S. 16.

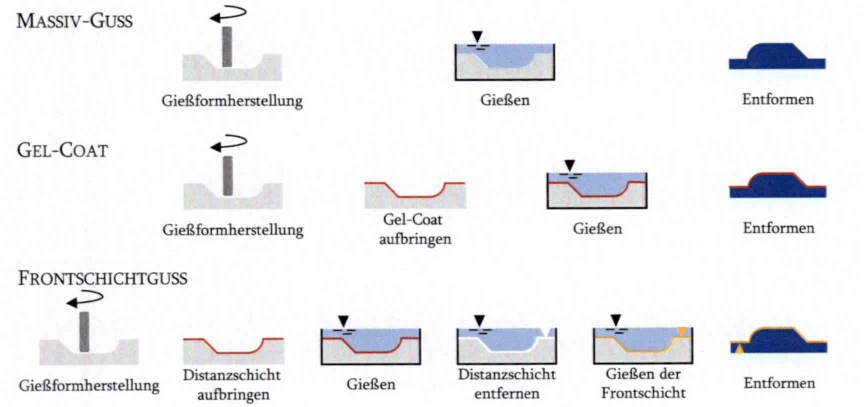

Abbildung 2.9: Einteilung der Gießverfahren zur Herstellung von Kunststoffwerkzeugen in Anlehnung an KOLBE[122]

Ausgangspunkt der Gießsysteme stellt in der Regel eine Gießform aus Kunststoff dar, welche zumeist durch spanende Bearbeitung hergestellt wird. Während beim Massivgussverfahren der Gießprozess direkt im Anschluss an das Auftragen von Trennmittel durchgeführt wird, erfolgt die Herstellung der Werkzeuge beim Gel-Coat- und Frontgussverfahren durch teils mehrere Zwischenschritte. Zur Verbesserung der Verschleißfestigkeit der Werkzeugoberfläche wird die Gießform beim Gel-Coat-Verfahren zusätzlich mit einer 1-2 mm dicken Kunststoffschicht bestrichten[123]. Es folgt der Gießprozess und das anschließende Entformen des Werkzeugs samt Kunststoffschicht. Beim Frontgussverfahren erfolgt die Herstellung der verschleißfesten Kunststoffschicht in mehreren Schritten. Zunächst wird auf die Gießform eine Distanzschicht in der geforderten Dicke (ca. 5-10 mm) aufgetragen[124]. Anschließend wird das Grundmaterial der Werkzeuge vergossen und nach dem Aushärten die Distanzschicht wieder entnommen. Der hierdurch entstandene Zwischenraum wird im letzten Schritt durch einen verschleißfesten Kunststoff gefüllt. Alle Gießverfahren haben gemeinsam, dass mehrere Bearbeitungsstufen mit verschiedenen Aushärtezeiten notwendig sind, welche zumeist eine manuelle Bearbeitung erfordern. Auch wenn die Verfahren zur Herstellung von Prototypenwerkzeugen eine Vereinfachung im Vergleich zur Herstellung von Serienwerkzeugen darstellt, stellt auch die Prototypenwerkzeugherstellung einen

[122] Ebd.

[123] Frank, „FRAN99," S. 8.

[124] Ebd., S. 9.

erheblichen Zeit- und Kostentreiber während der Entwicklung dar. Auf die Besonderheiten der Kostenstruktur von Serien- und Prototypenwerkzeugen wird im nachfolgenden Abschnitt genauer eingegangen.

2.3.3 Kostenstruktur von Tiefziehwerkzeugen

Die Herstellkosten von Tiefziehwerkzeugen sind von einer Reihe von Einflussfaktoren abhängig. Hierbei sind vor allem die Werkzeuggröße und -komplexität sowie die Anzahl der Werkzeugstufen und die abbildbaren Stückzahlen von Bedeutung. Durch die genannten Einflussfaktoren ergibt sich je nach Anwendungsfall eine große Kostenspanne zur Herstellung von Tiefziehwerkzeugen. Während die Herstellung von einfachen Prototypenwerkzeugen wenige Tausend Euro betragen kann, können komplexe Karosseriewerkzeuge für die Großserie mehrere Millionen Euro kosten. Beispielhaft ist in Abbildung 2.10 die Kostenstruktur für die Herstellung eines Werkzeugs zur Fertigung eines Seitenwandrahmens einer Fahrzeugkarosserie dargestellt.

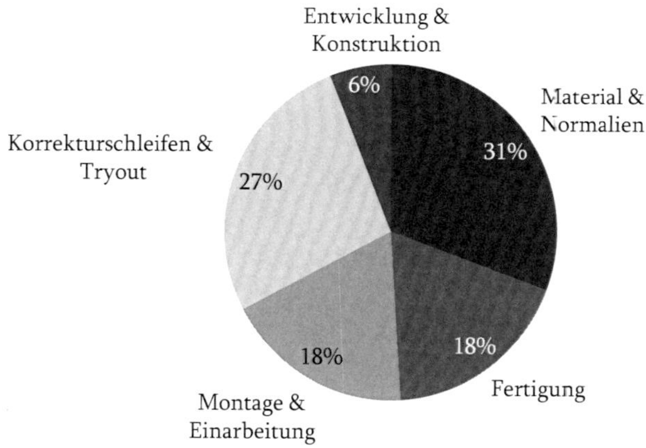

Abbildung 2.10: Typische Kostenstruktur eines Tiefziehwerkzeugs zur Fertigung eines Seitenwandrahmens einer 4-türigen Limousine[125]

Zur Interpretation der dargestellten Kostenanteile ist es entscheidend, diese als eine spezifische Lösung zu verstehen, da sich je nach Anwendungsfall die Kostenanteile zum Teil deutlich unterscheiden. Dennoch lassen sich auch an diesem Fallbeispiel wichtige Erkenntnisse ableiten. Ein erheblicher Kostenanteil, in diesem Beispiel über ein Viertel der Gesamtkosten, fallen auf die Werkzeugkorrekturen und das Tryout im

[125] Birkert, Haage und Straub, *BIRK13*, S. 427.

Presswerk an. Nicht selten kann dieser Kostenanteil zwischen 30 % und 35 % der Gesamtkosten ausmachen, welcher mit der Anzahl benötigten Korrekturschleifen steigt[126]. Dagegen fallen die Kosten für die Methodenplanung, Konstruktion und CNC-Programmierung vergleichsweise gering aus und liegen in der Regel unterhalb von 10 % der Gesamtkosten[127]. Die Material- und Fertigungskosten liegen in diesem Beispiel bei knapp 50 % und sind somit ebenfalls ein erheblicher Kostentreiber.

Die allgemein hohen Gesamtkosten von Tiefziehwerkzeugen für die Serienproduktion relativieren sich mit zunehmender Stückzahl. In dem Fallbeispiel aus Abbildung 1.1 betragen die Stückkosten für einen Sitzquerträger einer Fahrzeugkarosserie bei einer Produktionsmenge von 80.000 Stück in etwa 5 €. Die initialen Investitionskosten der Werkzeuge von 100.000 € fallen somit weniger stark ins Gewicht. Anders verhalten sich die Kostenanteile bei der Herstellung von Prototypentiefziehteilen, bei denen die Werkzeugkosten einen Großteil der gesamten Fertigungskosten der Blechteile haben (vgl. Abbildung 1.1). Aus diesem Grund werden zur Herstellung von Prototypenwerkzeuge Werkstoffe eingesetzt, die sich einfacher bearbeiten lassen und somit günstiger in der Herstellung sind. Zudem können, aufgrund des geringen Stückzahlbereichs, einzelne Prozessschritte, wie beispielsweise die Oberflächenbehandlung der Wirkflächen, ausgelassen werden, um weitere Kosten einzusparen. Ähnlich wie bei der Herstellung von Serientiefziehwerkzeugen sind auch die Herstellkosten von Prototypenwerkzeugen von einer Reihe von Faktoren abhängig, sodass sich keine allgemeingültige Kostenstruktur darstellen lässt. Die Herstellkosten von Prototypenwerkzeugen sind demnach sehr individuell und von dem jeweiligen Anwendungsfall abhängig. Aus diesem Grund werden in der Literatur die Werkzeugkosten häufig anhand von Fallbeispielen beschrieben. Im Gegensatz dazu beschreibt SCHELL allgemein einen Kostenvorteil von Kunststoffwerkzeugen von 25 % gegenüber einer Feinzink-Legierung und von 50 % gegenüber einem Graugusswerkzeug[128]. Aufgrund der Nachgiebigkeit von Kunststoffwerkzeuge können zudem Tuschieraufwände reduziert oder vollständig wegelassen werden[129] [130]. In einem Fallbeispiel berechnet DEILER eine Kostenreduktion um den Faktor 10 für die Herstellung eines Matrizenwerkzeugs aus PUR für die Fertigung eines Aggregateträgers für eine Fahrzeugkarosserie verglichen mit den Werkzeugkosten aus

---

[126] Ebd.

[127] Ebd.

[128] Torsten Schell, „Grundlegende Untersuchungen einer neuen Rapit Tooling Technik für die Blechumformung“ (Dissertation, Universität Erlangen-Nürnberg, 2005), S. 13.

[129] Kolbe, „KOLB12,“ S. 17.

[130] Frank, „FRAN99,“ S. 65.

Kaltarbeitsstahl[131]. Zusätzlich zu der Kostenreduktion konnte die Herstellzeit, insbesondere durch das Wegfallen der Einarbeitung der Werkzeuge, um 84,5 Stunden reduziert werden[132]. In einem weiteren Fallbeispiel zur Herstellung einer Schlossverstärkung für ein Vorserien-Versuchsfahrzeug konnte durch die frästechnische Herstellung der Werkzeuge aus PUR eine Zeitersparnis von 50 % und eine Kostenreduktion von insgesamt 45 % im Vergleich zum Fräsen von Grauguss gezeigt werden[133]. In einer ähnlichen Größenordnung kalkuliert auch DURGUN in seiner Arbeit das Potential der Kosten- und Zeitersparnis für Kunststoffwerkzeuge zur prototypischen Herstellung von Karosseriekomponenten. Durch die zunächst gießtechnische und anschließend spanende Bearbeitung von PUR können im Vergleich zur Werkzeugherstellung aus Grauguss insgesamt 43 % der Kosten und 60 % der Fertigungszeit eingespart werden[134]. Absolut gesehen reicht die Spanne der Herstellkosten von Tiefziehwerkzeuge in den meisten Fällen von wenige Tausend Euro für einfach Prototypenwerkzeuge bis hin zu mehreren Millionen Euro für große und komplexe Serienwerkzeugen, zum Beispiel für eine Fahrzeugkarosserie.

2.4 Zusammenfassung und Handlungsbedarf aus der Praxis

Das Tiefziehen hat eine lange Historie zur Herstellung von Gebrauchsgütern und zählt zu den bedeutendsten Fertigungsverfahren. Durch den hohen Automatisierungsgrad und die hohe Produktivität ist es ein äußerst wirtschaftliches Verfahren für die Großserienproduktion. Die Stückkosten, selbst von komplexen Tiefziehteilen, können bei entsprechender Gesamtstückzahl nur wenige Euro betragen. Als werkzeuggebundenes Fertigungsverfahren ist das Tiefziehen jedoch wenig flexibel und bedarf für eine spezifische Bauteilgeometrie auch individuelle Werkzeuge. Dieser Sachverhalt stellt insbesondere für den Prototypenbau eine große Hürde dar, da ungeachtet der geringen Stückzahl spezifische Werkzeuge benötigt werden.

Neben der Notwendigkeit von bauteilspezifischen Werkzeugen ist auch deren Herstellung, insbesondere für die Serienanwendung, äußerst kosten- und zeitintensiv und kann für einen 5-stufigen Werkzeugsatz etwa 16 Monate in Anspruch nehmen[135]. Auch wenn Fortschritte im Bereich der Prozesssimulation Tiefziehfehler immer besser

[131] Günter Deiler, „GÜNT05," S. 114–15.

[132] Ebd., S. 114.

[133] Ebd., S. 115–17.

[134] Ismail Durgun et al., „Prototype Tooling of Sheet Metal Components of Car Body" (TOFAS Turk Otomobil Fabrikasi A.S., 06/2013), https://www.researchgate.net/publication/279911113, S. 253.

[135] Birkert, Haage und Straub, *BIRK13*, S. 363.

erkennen lassen, sind in den allermeisten Fällen eine Einarbeitung der Werkzeuge sowie Werkzeugkorrekturschleifen notwendig. Aufgrund der vergleichsweisen hohen Steifigkeit der Werkzeuge werden diese häufig im Rahmen der Prozesssimulation als ideal steif angenommen. Durch den vermehrten Einsatz von hoch- bzw. höchstfesten Blechwerkstoffen im Automobilbau wird die Abbildung der Werkzeug- und Pressenelastizität in aktuellen Forschungsarbeiten untersucht. Diese sind bei der Verwendung von weichen Werkzeugwerkstoffen, wie diese häufig im Prototypenbau eingesetzt werden, zur Abbildung der Bauteilgenauigkeiten ebenfalls relevant. Die Toleranzvorgaben von Tiefziehteilen sind von deren Anwendung abhängig und liegen je nach Dimension und Funktion in der Regel in einem Bereich zwischen ± 0,15 mm und ± 1,50 mm. Besonders eng werden bei einer Fahrzeugkarosserie die fugenbildenden Blechteile der Außenhaut mit bis zu ± 0,25 mm toleriert[136]. Zur Erreichung der engen Toleranzen sind häufig aufwändige Werkzeugeinarbeitungen und –korrekturschleifen notwendig. Bei der Herstellung von Prototypentiefziehwerkzeugen werden aus Kosten- und Zeitgründen hingegen weitestgehend auf Werkzeugkorrekturen verzichtet und die Prototypenblechteile weniger eng toleriert. Im Gegensatz zu Serientiefziehteilen werden die Herstellkosten von Prototypentiefziehteilen maßgeblich von den Werkzeugkosten bestimmt. Aktuelle Forschungsarbeiten beschäftigen sich daher fortlaufend mit Ansätzen zur Kosten- und Zeitreduktion bei der Herstellung von Prototypentiefziehwerkzeugen. Kunststoffwerkzeuge versprechen, aufgrund einer einfacheren Bearbeitbarkeit, eine Reduktion der Herstellkosten und –zeiten und werden in der industriellen Praxis häufig zur Herstellung von Prototypentiefziehteilen eingesetzt. Auch wenn die aktuell verwendeten Verfahren zur Herstellung von Prototypenwerkzeugen die Aufwände zur Herstellung der Werkzeuge reduzieren, stellen diese nach wie vor einen erheblichen Zeit- und Kostentreiber innerhalb des Entwicklungsprozesses dar. Insbesondere für die Erreichung kurzer Entwicklungszyklen wird eine Werkzeugtechnologie benötigt, die kurze Herstellzeiten mit geringen Kosten vereint. In einem Forschungsprojekt, welches während der Erstellung dieser Arbeit am Lehrstuhl zusammen mit einem deutschen OEM durchgeführt wurde, waren die Werkzeugkosten der entscheidende Faktor, der den Aufbau eines Prototyps verhindert hat. Zur Validierung eines neuen Karosseriekonzepts, welches Gegenstand des Projekts war, sollte eine bestehende Fahrzeugkarosserie für einen Crashversuch modifiziert werden. Hierzu war die Herstellung einiger Tiefziehteile zur Integration eines Stahlprofils notwendig. Aufgrund der hohen Werkzeugkosten entschied sich das Management des

[136] Ebd., S. 61–62.

Konzerns gegen den Aufbau des Prototyps. Nach Projektende wurde das Karosseriekonzept im Konzern nicht weiterverfolgt.

3 Bestehende Ansätze zum additiven Werkzeugbau

Das folgende Kapitel fasst die wesentlichen Erkenntnisse im Bereich des additiven Werkzeugbaus für die Blechumformung zusammen. Das Vorgehen der Literaturrecherche orientiert sich dabei an den Recherchekriterien der STARLITE-Methode[137] und dem Phasenmodell nach der PRISMA-Methode[138], welche im nachfolgenden Abschnitt 3.1 beschrieben sind. Basierend auf der Beschreibung aktueller Forschungsaktivitäten (Abschnitt 3.2), erfolgt darauf aufbauend die Herleitung des Forschungsbedarfs (Abschnitt 3.3). Die dargestellten Ansätze sind das Ergebnis einer strukturierten Literaturrecherche.

3.1 Beschreibung des Recherchevorgehens

Jedes Jahr werden millionenfach neue wissenschaftlicher Veröffentlichungen publiziert. Laut einer Studie des National Science Board wurden im Jahr 2020 insgesamt 2,9 Millionen Veröffentlichungen im Bereich der Natur- und Ingenieurswissenschaften in der Datenbank Scopus neu aufgenommen[139]. Mit einer jährlichen Wachstumsrate zwischen 4 % und 5 % nehmen die neu publizierten Veröffentlichungen stetig zu[140]. Um die Vielzahl der verfügbaren wissenschaftlichen Arbeiten sinnvoll eingrenzen zu können, ist ein strukturiertes Vorgehen bei der Literaturrecherche erforderlich. Die Dokumentation zum Recherchevorgehen erfolgt in diesem Abschnitt. Dazu wird zunächst das methodische Vorgehen beschrieben, ehe anschließend die verwendeten Suchparameter definiert und das Rechercheergebnis konsolidiert vorgestellt werden.

---

[137] Andrew Booth, „"Brimful of STARLITE": toward standards for reporting literature searches.“ *JOURNAL OF THE MEDICAL LIBRARY ASSOCIATION* 94, Nr. 4 (2006).

[138] David Moher et al., „Preferred reporting items for systematic reviews and meta-analyses: the PRISMA statement.“ *BMJ (Clinical research ed.)* 339 (2009): 8, doi:10.1136/bmj.b2535.

[139] National Science Foundation, National Science Board, „Publications Output: U.S. Trends and International Comparisons: Science and Engineering Indicators 2022.“ 2021, S. 8; NSB-2021-4, https://ncses.nsf.gov/pubs/nsb20214/.

[140] Ebd., S. 5.

Zur Definition von Suchkriterien wird der von BOOTH beschriebene Ansatz der STARLITE-Methode verwendet[141]. Das Akronym STARLITE setzt sich aus den in Abbildung 3.1 beschriebenen Suchkriterien zusammen.

	Suchkriterien	Beschreibung
S	Sampling strategy	Die Suchstrategie beschreibt den Umfang der Recherche. Einschränkungen können etwa *flächendeckend*, *zweckmäßig* oder *selektiv* sein.
T	Type of studies	Eine Eingrenzung der Recherche kann beispielsweise über die Art der Veröffentlichungen erfolgen (z.B. Zeitschriftenaufsatz, Monographie, Patentschrift).
A	Approaches	Die Vorgehensweise der Recherche kann neben der Stichwortsuche von Datenbanken auch weitere Quellen wie beispielsweise Experteninterviews berücksichtigen
R	Range of years	Anhand der Festlegung des Recherchezeitraums kann die Suche weiter eingegrenzt werden, indem nur bestimmte Zeiträume berücksichtigt werden.
L	Limits	Weitere Einschränkungen sollten vor Beginn der Recherche ebenfalls transparent dokumentiert werden. Als Beispiel sind hier etwa die verwendete Sprache zu erwähnen.
I	Inclusion and exclusion	Im Rahmen der Recherche können Begriffe definiert werden, welche explizit einbezogen bzw. ausgeschlossen werden sollen, um die Suche weiter zu konkretisieren.
T	Terms used	Die Festlegung der verwendeten Suchbegriffe bzw. Schlagworte bildet die Grundlage der Recherche. Dies beinhaltet Abkürzungen, Vereinfachungen sowie Trunkierungen.
E	Electronic sources	Neben der Definition von Suchbegriffen ist die Dokumentation der verwendeten Datenbanken ein ebenso wichtiges Kriterium.

Abbildung 3.1: Beschreibung der Suchkriterien nach der STARLITE-Methode in Anlehnung an BOOTH[142]

Die aufgeführten Suchkriterien stellen keine chronologische Abfolge dar, anhand derer die Recherche durchgeführt werden soll. Vielmehr werden mit der STARLITE-Methode Suchkriterien definiert, die zur Ausgestaltung eines spezifischen Vorgehens genutzt werden können. Eine sinnvolle Ergänzung der STARLITE-Methode kann durch das Phasenmodell der PRISMA-Methode (**P**referred **R**eporting **I**tems for **S**ystematic reviews and **M**eta-**A**nalyses) nach MOHER et al., erfolgen[143]. Dieses Vorgehen beschreibt, wie aus der häufig großen Anzahl identifizierter Einträge aus der Datenbanksuche eine verwendbare Anzahl geeignet eingestufter Einträge selektiert werden kann. Das Recherchevorgehen der PRISMA-Methode lässt sich weiterhin durch die Verwendung von Filterkriterien ergänzen, um die Suche zusätzlich zu präzisieren. Das in dieser Arbeit verwendete Vorgehen zur Identifizierung von relevanten wissenschaftlichen Publikationen ist in der nachstehenden Abbildung 3.2 beschrieben.

[141] Booth, „BOOT06“.
[142] Ebd., S. 424.
[143] Moher et al., „MOHE09,“ S. 1.

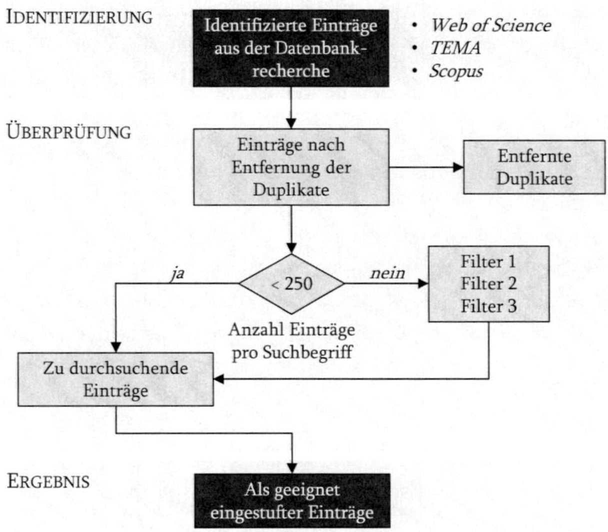

Abbildung 3.2: Recherchevorgehen der Arbeit in Anlehnung an das PRISMA-Phasenmodell[144]

Im ersten Schritt erfolgt die Definition der verwendeten Datenbanken. Aufgrund des thematischen Bezugs und der für die Ergebnisfilterung benötigten Werkzeuge werden die Datenbanken *Web of Science*, *TEMA* und *Scopus* verwendet. Diese lassen bei der Ergebnissuche eine Kombination aus UND- sowie ODER-Verknüpfungen zu und können zusätzlich Trunkierungen[145] verarbeiten. Anschließend erfolgt die Definition der Suchbegriffe unter Berücksichtigung der STARLITE-Kriterien aus Abbildung 3.1. Bei der Recherche werden sowohl deutsche als auch englische Suchbegriffe verwendet. Hinsichtlich des Veröffentlichungsjahrs sowie der Art der Veröffentlichungen werden keine Einschränkungen im Vorfeld getroffen. Insgesamt werden sechs Suchbegriffe sowohl auf Deutsch als auch auf Englisch definiert, welche dem Anhang A1 entnommen werden kann. Da es zu den untersuchten Themengebiete „Tiefziehen von Feinblech“, „Additive Fertigung von Kunststoffkomponenten“ sowie „Werzeugsysteme für das Tiefziehen“ bereits vielfältige Publikationen gibt, die in keinem direkten Zusammenhang zum Themengebiet der Arbeit stehen, werden für die Definition der Suchbegriffe UND-Verknüpfungen verwendet, um den Suchraum sinnvoll

[144] Moher et al., „MOHE09,“ S. 8.

[145] Als Trunkierungen werden Begriffe bezeichnet, die auf einen Wortstamm reduziert werden und typischerweise mit dem Trunkierungszeichen (*) gekennzeichnet sind.

einzugrenzen. Die jeweiligen Suchbegriffe setzten sich aus den Begriffen A und B (vgl. Anhang A1) zusammen und beschreiben das „Was“ (Tiefziehen von Feinblech) und das „Womit“ (additiv gefertigte Kunststoffwerkzeuge). Sowohl für die deutschen als auch für die englischen Begriffe werden sinnvolle Synonyme und Trunkierungen gebildet, die mit einer ODER-Verknüpfung kombiniert werden. Für den ersten Suchbegriff auf Deutsch ergibt sich beispielsweise folgende Suchvorgabe: *tiefzieh* AND (3d druck OR addit* OR kunststoff). Im Anschluss an die Definition aller sechs Suchbegriffe auf Deutsch und Englisch wird die Anzahl der jeweils indentifizierten Einträge aller verwendeten Datenbanken aufgenommen und im nächsten Schritt auf Duplikate untersucht (vgl. Abbildung 3.2). Sofern die Anzahl der Einträge geringer als 250 ist, wird die Relevanz der gefundenen Publikationen anhand des Titels eingeordnet. Werden mehr als 250 Einträge für einen Suchbegriff gefunden, werden schrittweise durch eine UND-Verknüpfung weitere Kriterien als Filter den Suchbegriffen ergänzt, um die Anzahl der Einträge zu reduzieren. Für den Fall, dass die Relevanz einer Publikation aufgrund des Titels gegeben ist, wird die Publikation im Detail untersucht.

Das Ergebnis der beschriebenen strukturierten Literaturrecherche, ist die Identifikation von Publikationen, die für den Themenbereich der Arbeit relevant sind und als Ausgangspunkt zur Herleitung des Forschungsbedarfs und zur Beantwortung der definierten Forschungsfragen dienen. Im nachfolgenden Abschnitt 3.2 erfolgt die Beschreibung und Einordnung der insgesamt 23 identifizierten Ansätze.

3.2 Forschungsaktivitäten im Bereich additiv gefertigter Umformwerkzeuge

Aktuelle Forschungsaktivitäten zeigen vielfältige Ansätze, welche die Reduktion der Fertigungskosten und -zeit bei der Herstellung von Blechteilen in kleinen Stückzahlen oder dem Prototypenbau zum Ziel hat. In diesem Stückzahlbereich stellen die Bereitstellungsaufwände für die Werkzeuge den Großteil der Gesamtaufwände für die Herstellung von Blechteilen dar[146]. Aus diesem Grund werden, anders als in der Großserienproduktion, häufig technische Kunststoffe als Werkzeugwerkstoff eingesetzt, da diese günstiger in der Herstellung sind (vgl. Abschnitt 2.3.2). Der Einsatz von Kunststoff als Werkzeugwerkstoff ist in der Literatur vielfach untersucht und detailliert beschrieben. Zur Herstellung der Kunststoffwerkzeuge kommen für gewöhnlich spanende oder gießtechnische Verfahren zum Einsatz. Bereits Ende der 1990er Jahre wird

[146] Marco Pröhl et al., „Wirtschaftlich fertigen bei sinkenden Stückzahlen.“ *ZWF Zeitschrift für wirtschaftlichen Fabrikbetrieb* 108, Nr. 5 (2013): S. 322, doi:10.3139/104.110935.

der Einsatz von Kunststoff als Werkzeugwerkstoff für das Tiefziehen in verschiedenen Arbeiten untersucht. In der Arbeit von FRANK werden umfassende Untersuchungen unter anderem zu den Verschleiß- und Reibeigenschaften von Kunststoffwerkzeugen während des Tiefziehens von Feinblech durchgeführt[147]. Bei den Versuchen wird der Einfluss verschiedener Blech- und Werkzeugwerkstoffe auf das Tiefziehergebnis untersucht und die Erkenntnisse auf verschiedene Fallbeispiele zur Herstellung von Tiefziehteilen in kleinen Stückzahlen übertragen. Gegenstand der Forschungsarbeit von DEILER ist die Charakterisierung von verschiedenen Kunststoffzusammensetzungen für die Eignung als Werkzeugwerkstoff[148]. Untersucht wird die Auswirkung verschiedener Füllstoffzusammensetzungen in PUR zur Optimierung der mechanischen Kennwerte und Reibeigenschaften für den Einsatz als Werkzeugwerkstoff. Im Gegensatz zu DEILER untersuchen KUO et al. den Einfluss verschiedener Füllstoffgewichtsanteile in Epoxidharz auf die mechanischen Eigenschaften, mit dem Ziel die Verschleißbeständigkeit der Werkzeuge zu erhöhen[149]. Neben der Optimierung der Werkstoffeigenschaften mittels Füllstoffe kann die Werkzeugsteifigkeit nach KOLBE zudem durch den Einsatz einer Faserverstärkung erhöht werden[150]. In der Arbeit von WITULSKI et al. wird die Verschleißbeständigkeit der Kunststoffwerkzeuge durch eine Wolframcarbidschicht, welche mittels Thermisches Spritzen aufgebracht wird, signifikant verbessert[151]. PARK et al. untersuchen den Einsatz von Aluminiumgefülltem PUR als Werkzeugwerkstoff für das Biegen[152] einer V-Geometrie sowie das Tiefziehen[153] einer Napfgeometrie. In beiden Untersuchungen wird der Umformprozess mittels einer 2D-FEM Simulation modelliert, um die Werkzeuge hinsichtlich verschiedener Versagensarten zu analysieren. Durch die Simulation der Umformprozesse in einer zweidimensionalen Ebene lassen sich 3D-Effekte, wie beispielsweise die Entstehung von Falten beim Tiefziehen, nicht berechnen. Weitere Forschungsarbeiten beschäftigen sich beispielsweise mit der

[147] Frank, „FRAN99".

[148] Günter Deiler, „GÜNT05".

[149] Chil-Chyuan Kuo und Ming-Ren Li, „Development of sheet metal forming dies with excellent mechanical properties using additive manufacturing and rapid tooling technologies." *The International Journal of Advanced Manufacturing Technology* 90, 1-4 (2017), doi:10.1007/s00170-016-9371-0.

[150] Kolbe, „KOLB12," S. 167.

[151] J. Witulski et al., „High wear resistant deep drawing tools made of coated polymers." *CIRP Annals* 60, Nr. 1 (2011), doi:10.1016/j.cirp.2011.03.149.

[152] Y. Park und J. S. Colton, „Failure Analysis of Rapid Prototyped Tooling in Sheet Metal Forming—V-Die Bending." *Journal of Manufacturing Science and Engineering* 127, Nr. 1 (2005), doi:10.1115/1.1828053.

[153] Y. Park und J. S. Colton, „Failure Analysis of Rapid Prototyped Tooling in Sheet Metal Forming—Cylindrical Cup Drawing." *Journal of Manufacturing Science and Engineering* 127, Nr. 1 (2005), doi:10.1115/1.1828054.

Verschleißberechnung[154], der Simulation der Werkzeugverformung[155] und der Verformungskompensation[156]. Obwohl die genannten Forschungsarbeiten lediglich einen relevanten Auszug aus der Literatur darstellen, kann hieraus abgeleitet werden, dass der Einsatz von Kunststoff als Werkzeugwerkstoff für das Tiefziehen ausführlich untersucht ist. Neben Grundlagenversuchen zu den Materialeigenschaften oder Verschleißmechanismen bestehen verschiedene Ansätze zur Optimierung des Werkzeugsystems, um den Einsatz von Kunststoffwerkzeugen zu erweitern. Neben der spanenden bzw. gießtechnischen Herstellung von Kunststoffwerkzeugen existieren weitere Ansätze, welche die additive Fertigung im Werkzeugherstellprozess nutzen. Durch diese Vorgehensweise können aufwändige Prozessschritte in der Werkzeugherstellung eingespart und weitere Kostenpotentiale gehoben werden. Insbesondere bei der Einzelteilfertigung oder bei kleinen Bauteilserien ergeben sich hierdurch Vorteile. Inwiefern die additive Fertigung bei der Herstellung von Kunststoffwerkzeugen den Fertigungsprozess vereinfachen kann und welche Ansätze hierzu bestehen, wird nachfolgend beschrieben.

Grundsätzlich ist bei der Nutzung der additiven Fertigung zur Herstellung von Werkzeugen zwischen der direkten und der indirekten Fertigung zu unterscheiden. Während bei der direkten Fertigung die Werkzeugteile ohne Folgeprozesse direkt mittels additiver Fertigung hergestellt werden, erfolgt die Herstellung der Werkzeuge bei der indirekten Fertigung über einen Zwischenschritt. Hierbei wird die additive Fertigung genutzt, ein Urmodell zu fertigen, welche anschließend zur gießtechnischen Herstellung der Werkzeugteile verwendet wird. Gängige Gießverfahren werden von Gebhardt beschrieben, zu denen unter anderem der Vakuumguss und das Polyurethangießen zählt [157]. An einem Fallbeispiel vergleicht Kuo et al. den Verschleiß zwischen Werkzeugen, die zum einen direkt mittels FLM aus dem Material ABS und zum anderen indirekt aus Epoxidharz hergestellt sind[158]. Die Umformversuche an einem 0,6 mm dickem Aluminiumblech zeigen einen höheren Werkzeugverschleiß an den direkt aus

[154] Falko Schäfer, „Untersuchungen zur Verschleißberechnung an Blechumformwerkzeugen aus Kunststoff“ (Dissertation, Leibniz Universität Hannover, 10/2016).

[155] Liewald und Souza, „LIEW08“.

[156] Lorenzo Iorio, Matteo Strano und Michele Monno, „Rapid Tools Compensation in Sheet Metal Stamping Process.“ *MATEC Web of Conferences* 80 (2016), doi:10.1051/matecconf/20168010009.

[157] Gebhardt, *GEBH16*, S. 421–37.

[158] Chil-Chyuan Kuo und Ming-Ren Li, „A cost-effective method for rapid manufacturing sheet metal forming dies.“ *The International Journal of Advanced Manufacturing Technology* 85, 9-12 (2016), doi:10.1007/s00170-015-8139-2.

ABS gefertigten Werkzeugen im Vergleich zu den Werkzeugen aus Epoxidharz[159]. Insgesamt wird bei den Versuchen eine Bauteilgenauigkeit in einem Bereich zwischen - 0,2 mm und 0,6 mm erzielt[160]. Ein Vergleich der Leistungsfähigkeit von direkten und indirekten Verfahren zur Werkzeugherstellung erfolgt bereits im Jahr 2000 von HUI et al.[161]. In dieser Arbeit wird eine Prozesskette vorgestellt, in der die Werkzeuge unter anderem mittels LS und SL indirekt über den Vakuumguss aus Epoxidharz und direkt mit dem additiven Fertigungsverfahren LS aus Edelstahl gefertigt werden. Das Ziel der Nutzung additiver Fertigungsverfahren besteht darin, die Fertigungskosten und -zeiten für kleine Stückzahlen oder den Prototypenbau zu reduzieren. Bei den Umformversuchen wurde eine Geometrie in ein 0,4 mm dickes Aluminiumblech geprägt und insgesamt eine Bauteilserie von 10 Stück hergestellt. Im Anschluss an die Versuchsserie konnte kein signifikanter Verschleiß an den Werkzeugen festgestellt werden. Für einen vergleichbaren Anwendungsfall nutzen CHEAH et al. das additive Fertigungsverfahren LS zur direkten Herstellung der Umformwerkzeuge aus Edelstahl[162]. In einer Versuchsserie wird ein Logo in jeweils 1,5 mm und 2,0 mm dicke Aluminiumbleche geprägt. Im Anschluss an insgesamt 15 Umformungen konnte auch in dieser Versuchsserie kein signifikanter Werkzeugverschleiß festgestellt werden. Durch die Nutzung der additiven Fertigung reduzieren sich die Herstellkosten bei diesem Fallbeispiel um ca. 67 % im Vergleich zur konventionellen Fertigung und die Fertigungszeit konnte mehr als halbiert werden[163]. Die beiden letztgenannten Arbeiten nutzen die metallbasierte additive Fertigung zur direkten Herstellung von Blechumformwerkzeugen. Auch Gebhardt beschreibt, dass der Fokus der direkten additiven Werkzeugfertigung auf der Basis von Metallen und gegebenenfalls Keramiken liegt[164]. Zwar werden auch hier Ansätze beschrieben, welche die kunststoffbasierte additive Fertigung zur Werkzeugherstellung nutzen, allerdings kommen die Werkzeuge primär in der Kunststoffverarbeitung (z.B. Spritzgießen oder Thermoformen) oder dem Metallguss zum Einsatz. Die Verwendung direkt additiv gefertigter Kunststoffwerkzeuge für die Blechumformung wird an dieser Stelle nicht beschrieben.

In der jüngeren Vergangenheit werden verschiedene Ansätze beschrieben, welche auch die kunststoffbasierte additive Fertigung zur direkten Herstellung von Werkzeu-

---

159 Ebd., S. 2655.

160 Ebd., S. 2654.

161 Zhao Du Hui et al., „Advanced Sheet Metal Manufacturing using Rapid Tooling 522." 2000.

162 C. M. Cheah und Chee-Kai Chua, „Rapid Sheet Metal Manufacturing. Part 2: Direct Rapid Tooling." *The International Journal of Advanced Manufacturing Technology*, 2002.

163 Ebd., S. 514.

164 Gebhardt, *GEBH16*, S. 438.

gen für die Blechumformung nutzen. Die grundsätzliche Anwendbarkeit dieser Werkzeugtechnologie für die Blechumformung, insbesondere unter Verwendung des FLM-Verfahrens, konnte in verschiedenen Arbeiten gezeigt werden[165] [166] [167]. Als Umformverfahren werden in erster Linie das Biegen und das Hohlprägen von Bleichteilen untersucht. In der Arbeit von NAKAMURA et al. werden die Umformwerkzeuge mittels FLM aus dem Material PLA gefertigt und zum Biegen einer V-Geometrie eingesetzt[168]. Als Blechwerkstoff kommen je zwei Aluminiumlegierungen und eine höherfeste Stahllegierung jeweils in 1 mm Blechdicke zum Einsatz. Als wesentlicher Nachteil wird die elastische Verformung der additiv gefertigten Werkzeuge hervorgehoben, welche zu geringeren Bauteilgenauigkeiten im Vergleich zu konventionellen Stahlwerkzeugen führt. Eine hierzu vergleichbare Werkzeuggeometrie wird ebenfalls in der Arbeit von AKSENOV et al. untersucht[169]. Insgesamt kommen drei verschiedene Werkzeuge mit unterschiedlichen Biegewinkel für das Umformen von Aluminiumblechen mittels FLM und dem 3D-Druckmaterial ABS zum Einsatz. Wesentliches Ziel der Forschungsarbeit ist die simulative und experimentelle Ermittlung einer maximal möglichen Blechdicke, bei denen die Werkzeuge noch keine plastische Verformung erfahren. Die Ergebnisse zeigen, dass bis zu einer Dicke des Aluminiumblechs von 0,5 mm das Biegen ohne plastische Werkzeugverformung möglich ist. In einer weiteren Arbeit von AKSENOV et al. werden die Umformwerkzeuge aus dem 3D-Druckmaterial Polyethylenterephthalat (PET) mittels FLM hergestellt und für das Umformen von V-förmigen Sickengeometrien in ein 0,1 mm dickes Aluminiumblech verwendet[170]. Auch nach mehreren Umformversuchen kann kein nennenswerter Verschleiß an den Werkzeugen festgestellt werden. Allerdings stellt sich aufgrund der Blechrückfederung eine Formabweichung der Sickenhöhe zwischen 45 % und 65 % der Höhe der Werkzeuge ein[171]. Um die Bauteilgenauigkeit bei der Biegeumformung zu verbessern, untersucht NAKAMURA et al. den Einsatz von Normelementen aus Stahl, welche während oder im Anschluss an den Druckprozess in die Kunststoffwerkzeuge integriert

[165] Veronica G. Zaragoza et al., „Manufacturing and performance of 3D printed plastic tools for air bending applications.“ *Journal of Manufacturing Processes* 66 (2021), doi:10.1016/j.jmapro.2021.04.045.

[166] Matteo Strano et al., „Extrusion-based additive manufacturing of forming and molding tools.“ *The International Journal of Advanced Manufacturing Technology*, 2021.

[167] Georg Bergweiler et al., „Additiv gefertigte Umformwerkzeuge im Prototypenbau.“ *UMFORMtechnik*, Nr. 3 (2019).

[168] Naotaka Nakamura et al., „Bending of sheet metals using plastic tools made with 3D printer.“ *Procedia Manufacturing* 15 (2018), doi:10.1016/j.promfg.2018.07.312.

[169] L. B. Aksenov, I. Y. Kononov und N. G. Kolbasnikov, „Stress State of 3D-Printed Plastic Dies at Thin-Sheet Aluminum Bending.“ *Solid State Phenomena* 316 (2021), doi:10.4028/www.scientific.net/SSP.316.110.

[170] L. B. Aksenov und I. Y. Kononov, „3D Printed Plastic Tool for Al Thin-Sheet Forming.“ *IOP Conference Series: Earth and Environmental Science* 337, Nr. 1 (2019), doi:10.1088/1755-1315/337/1/012053.

[171] Ebd., S. 3.

werden können[172]. In einer ähnlichen Weise werden auch bei SCHUH et al. die Materialeigenschaften der additiv gefertigten Werkzeuge für das Prägen einer individuellen Geometrie verbessert[173]. Eine weiterführende Arbeit von SCHUH et al. untersucht die Werkzeugverformung und die Bauteilgenauigkeit von verschiedenen Sickengeometrien, welche in ein 1 mm dickes Blech aus DC04 geprägt werden[174]. Ähnlich wie bei den Untersuchungen der Biegeumformungen liegen auch hier die Maßabweichung der umgeformten Blechteile oberhalb der angegebenen Zieltoleranz von ± 0,5 mm. In einem weiteren Fallbeispiel untersucht DURGUN den Einsatz von FLM-Werkzeugen aus Polycarbonat (PC) zur Herstellung eines Verstärkungsblechs einer Fahrzeugkarosserie[175]. Das Umformen des Karosserieblechs besteht im Wesentlichen durch eine kombinierte Biege- und Prägeoperation. Insgesamt werden 101 Bauteile aus den Blechwerkstoffen DC04 und S355MC in einer Dicke von 0,8 mm hergestellt. Die Maßabweichungen beider Blechbauteile verändern sich nur unwesentlich im Verlauf der Versuchsserie. Die maximale Maßabweichung der DC04 Blechteile liegt in einem Bereich zwischen ca. – 1,0 mm und 1,3 mm, während die Abweichung für die Bleche aus S355MC in einem Bereich zwischen – 2,5 mm und 1,5 mm liegen[176]. Neben den zum Teil detailliert beschriebenen Ansätzen für das Hohlprägen und das Biegen von Blechteilen existieren vereinzelt auch Arbeiten, die den Einsatz von additiv gefertigten Werkzeugen für das Tiefziehen[177], das Tiefen (Streckziehen)[178] oder das Gummikissen-Pressen[179] untersuchen. NAKAMURA et al. untersuchen das Tiefziehen einer Napfgeometrie aus 0,47 mm dickem Aluminiumblech und 0,5 mm dickem Blech aus dem weichen Tiefziehstahl SPCC (DC01)[180]. Bei den Tiefziehversuchen kommt ein hybrides

[172] Naotaka Nakamura, Ken-ichiro Mori und Yohei Abe, „Applicability of plastic tools additively manufactured by fused deposition modelling for sheet metal forming." *The International Journal of Advanced Manufacturing Technology* 108, Nr. 4 (2020).

[173] Günther Schuh et al., „Sheet Metal Forming Using Additively Manufactured Polymer Tools." *Procedia CIRP* 93 (2020): S. 23–24, doi:10.1016/j.procir.2020.04.013.

[174] G. Schuh et al., „Small Series Production and Geometric Analysis of Sheet Metal Car Body Parts Using Forming Tools Made of Fused Filament Fabricated PLA." In *2020 IEEE International Conference on Industrial Engineering and Engineering Management (IEEM)* (IEEE, 14.12.2020 - 17.12.2020).

[175] Ismail Durgun, „Sheet metal forming using FDM rapid prototype tool." *Rapid Prototyping Journal* 21, Nr. 4 (2015), doi:10.1108/RPJ-01-2014-0003.

[176] Ebd., S. 421.

[177] Nakamura, Mori und Abe, „NAKA20".

[178] Alan Leacock et al., „The Use of Fused Deposition Modelled Tooling in Low Volume Production of Stretch Formed Double Curvature Components." *Procedia Engineering* 183 (2017), doi:10.1016/j.proeng.2017.04.050.

[179] Peter Frohn-Sörensen et al., „3D printed prototyping tools for flexible sheet metal drawing." *The International Journal of Advanced Manufacturing Technology* 115, 7-8 (2021), doi:10.1007/s00170-021-07312-y.

[180] Nakamura, Mori und Abe, „NAKA20".

Werkzeug zum Einsatz, bei dem lediglich die Matrize mittels FLM aus dem Material PLA gefertigt wird und der Stempel sowie der Niederhalter aus Stahl bestehen. Im Verlauf der Versuchsserie von insgesamt 100 tiefgezogenen Näpfen aus dem Aluminiumwerkstoff A 1050-H liegen die Abweichungen des Durchmessers in einem Bereich von ca. – 0,2 mm und 0,3 mm. Auch nach 100 Umformungen kommt es nicht zum Werkzeugbruch der additiv gefertigten Matrize. Als wesentlicher Vorteil bei der Verwendung einer Kunststoffmatrize an Stelle einer Stahlmatrize wird die verbesserte Oberflächenqualität der tiefgezogenen Näpfe herausgestellt. Im Gegensatz zum Tiefziehen, bei dem der Werkzeugsatz aus drei Werkzeugteilen besteht, sind die Umformverfahren Tiefen sowie das Gummikissen-Pressen vorteilhaft hinsichtlich der Werkzeugherstellung, da jeweils nur ein Werkzeugteil benötigt wird. Der reduzierte Aufwand in der Werkzeugherstellung macht die Verfahren besonders interessant für kleine Stückzahlen oder dem Prototypenbau. In diesem Zusammenhang untersuchen LEACOCK et al. den Einsatz von PLA-Werkzeugen, hergestellt mittels FLM für das Tiefen von 3 mm dickem Aluminiumblech[181]. FROHN-SÖRENSEN et al. hingegen nutzen das Gummikissen-Pressen zur Herstellung von Blechteilen aus DC03 in 0,7 mm Dicke[182]. Auch bei diesen Untersuchungen werden die Werkzeuge mittels FLM aus dem Material PLA hergestellt. Im Vorfeld zu den Umformversuchen werden die mechanischen Materialeigenschaften der 3D-Druckmaterialien PETG, ABS und PLA in einem Druckversuch ermittelt und miteinander verglichen. Bei einer Bauteilserie von insgesamt 64 Blechteilen wird eine maximale Verformung an der Ziehrundung des Werkzeugs von 0,15 mm festgestellt. Die maximale Maßabweichung der Blechteile liegt in einem Bereich von ca. 0,3 mm und kann hauptsächlich auf die elastische Blechrückfederung zurückgeführt werden[183].

Die genannten Forschungsarbeiten zeigen die aktuellen Entwicklungstendenzen im Bereich des additiven Werkzeugbaus für die Blechumformung. Neben den wissenschaftlichen Veröffentlichungen existieren auch zahlreiche Artikel, Blogbeiträge oder Whitepaper, welche von verschiedenen Herstellern oder der 3D-Druck-Community

[181] Leacock et al., „LEAC17," S. 344.

[182] Frohn-Sörensen et al., „FROH21," S. 2627.

[183] Frohn-Sörensen et al., „FROH21," S. 2637.

veröffentlicht werden[184] [185] [186]. Auch diese Beiträge verdeutlichen die industrielle Relevanz des Forschungsthemas. Basierend auf den dargestellten Forschungsansätzen wird im nachfolgenden Kapitel der Forschungsbedarf und die Definition der Forschungsfrage hergeleitet.

3.3 Herleitung des Forschungsbedarfs

Die Literatur zeigt bereits vielfältige Anwendungen von Kunststoff als Werkzeugwerkstoff für das Tiefziehen von kleinen bis mittleren Stückzahlen. Die Charakterisierung von Kunststoffen in Bezug auf die Eignung als Werkzeugwerkstoff ist detailliert beschrieben und zählt zum Stand der Technik. Neben der Verwendung von technischen Kunststoffen, vorzugsweise auf Epoxidharz- und Polyurethanbasis, sind in den vergangenen 20 Jahren einige Ansätze zur Optimierung der mechanischen Eigenschaften der Kunststoffe entwickelt worden. Durch die Verwendung von Füllstoffen, Faserverstärkungen oder Oberflächenbeschichtungen sollen die Werkzeuge verschleißbeständiger werden, sodass auch größere Stückzahlbereiche mit dieser Technologie möglich sind. Auch wenn die Fertigungskette zur Herstellung der Kunststoffwerkzeuge sich im Detail unterscheiden können, liegt ihnen immer eine gieß- oder frästechnische Fertigung zugrunde (vgl. Abbildung 2.9). Trotz der Kosten- und Zeitvorteile im Vergleich zu der Fertigung von Stahlwerkzeugen besteht die Fertigungskette häufig aus zeitaufwändigen und manuellen Arbeitsschritten. Dies ist ein wesentlicher Grund, warum in der jüngeren Vergangenheit der Einsatz von additiv gefertigten Kunststoffwerkzeugen zur Reduktion der Bereitstellungsaufwände vermehrt untersucht wurde. Im Vergleich zu der spanenden bzw. gießtechnischen Herstellung von Kunststoffwerkzeugen ist die Verwendung der additiven Fertigung ein verhältnismäßig neues Thema. Ein Großteil der wissenschaftlichen Publikationen in diesem Themenbereich wurden erst ab dem Jahr 2018 veröffentlicht. Übereinstimmend weisen die Arbeiten das große Potential der Werkzeugtechnologie im Hinblick auf die Reduktion von Herstellkosten und -zeiten nach. Trotz des gesteigerten Interesses an der Werkzeugtechnologie in den letzten Jahren bleiben einige zentrale Fragestellung bislang unbeantwortet. Der sich hieraus ergebene Forschungsbedarf wird im Folgenden hergeleitet und soll in der vorliegenden

[184] Wilson Tool Additive, „Welcome to the Future" (Wilson Tool Additive, 2018),

[185] Markforged, „3D-Printed Press-Brake Tooling Cuts Costs." Markforged, zuletzt geprüft am 17.08.2022, https://www.metalformingmagazine.com/article/?/bending/press-brake-tooling/3d-printed-press-brake-tooling-cuts-costs.

[186] Formlabs Inc., „Rapid Tooling für die Blechumformung mit 3D-gedruckten Formwerkzeugen" (formlabs, November 2020),

Arbeit adressiert werden, um den Einsatz der untersuchten Werkzeugtechnologie auch für industrielle Anwendungen zu ermöglichen.

Bisherige Untersuchungen nutzen im Wesentlichen das additive Fertigungsverfahren FLM zur Herstellung der Werkzeuge. Auch in dieser Arbeit beschränken sich die Untersuchungen auf das genannte 3D-Druckverfahren aufgrund vielfältiger Vorteile (vgl. Kapitel 2.2.2) und um auf den Erkenntnissen vergangener Arbeiten aufbauen zu können. Bisherige Untersuchungen vermissen eine systematische 3D-Druckmaterial und -parameterauswahl für den Einsatz in Umformwerkzeugen. Eine Optimierung der Werkzeugmaterialeigenschaften hinsichtlich des in Umformwerkzeugen auftretende spezifischen Belastungskollektivs wird in der Literatur nicht ausreichend behandelt. Die Vielzahl an verfügbaren Materialien und Parametereinstellungen erschweren die Auswahl geeigneter Werkzeugwerkstoffe, sodass einige wichtige Verhaltensarten nicht bekannt sind. So fehlen bislang Erfahrungswerte, wie sich unterschiedliche mechanische Eigenschaften, wie etwa der Druck- und Biegemodul, auf die Genauigkeit der Tiefziehteile sowie den Werkzeugverschleiß auswirken. Diese Gegebenheit erschwert die Charakterisierung neuer Materialen und 3D-Druckverfahren, da in der Literatur keine Vergleichswerte zur Verfügung stehen. Neben der lückenhaften Betrachtung der Materialcharakterisierung wird auch das Tiefziehen, als eines der industriell relevantesten Umformverfahren, nicht ausreichend untersucht. Vergangene Arbeiten untersuchen den Einsatz von additiv gefertigten Kunststoffwerkzeugen schwerpunktmäßig für das Biegen und Hohlprägen. Auch sind Ansätze bekannt, welche die Werkzeugtechnologie für das Streckziehen oder das Gummikissen-Pressen anwenden. Als kombinierte Zug-Druckumformung werden die Werkzeuge beim Tiefziehen besonders hoch beansprucht, sodass die Erkenntnisse aus den Untersuchungen anderer Umformverfahren nur sehr eingeschränkt übertragbar sind. Gerade die industrielle Relevanz des Tiefziehens und das hohe wirtschaftliche Potential der Werkzeugtechnologie machen die Untersuchung additiv gefertigter Kunststoffwerkzeuge für das Tiefziehen besonders interessant. Bei den bisherigen Untersuchungen ist zudem auffallend, dass vermehrt weichere Blechwerkstoffe, wie etwa Aluminium in vergleichsweisen geringen Blechdicken (zwischen 0,4 mm und 0,8 mm), angewendet werden. Die gerade für die Automobilindustrie relevanten weichen und höherfesten Tiefziehstähle werden kaum untersucht, sodass auch für diesen Anwendungsfall nur sehr geringe Erfahrungswerte verfügbar sind. Weiterhin wird die Übertragbarkeit bisheriger Forschungsergebnisse dahingegen eingeschränkt, dass in erster Linie spezifische Fallbeispiele betrachtet werden. In dieser Hinsicht fehlt die Analyse der Werkzeugtechnologie anhand von Standardversuchen, bei denen die Spannungszustände in den Werkzeugen weitestgehend bekannt bzw. berechnet werden können. Zuletzt sind die zum Teil geringen sowie nicht kontrollierbaren Bauteilgenauigkeiten ein wesentliches Kriterium, welches den Einsatz der Werkzeugtechnologie für die Umformung geringer Blechstückzahlen erheblich einschränkt. Die Bauteilgenauigkeit wird hierbei als Resultat der Versuche gesehen und nicht als einstellbare Größe verstanden. Durch die vergleichsweise weichen Werkzeugwerkstoffe und die hohen Umformkräfte unterliegen die Werkzeuge einer elastischen und zum Teil plastischen Werkzeugverformung, welche sich direkt auf die Bauteilgenauigkeiten der umzuformenden Blechteile auswirken. In bisherigen Forschungsarbeiten wird diese Herausforderung vielfach als limitierender Faktor für einen erfolgreichen Einsatz der Werkzeugtechnologie herausgestellt. So liegen die Maßabweichungen der Blechteile aus S355MC in der Arbeit von DURGUN in einem Bereich zwischen – 2,5 mm und 1,5 mm und somit außerhalb der gegebenen Toleranzvorgaben: *"[…] parts stamped with S355MC material were out of the tolerance range for minimum deviation"*[187]. Auch fordert NAKAMURA et al. in seiner Arbeit die Entwicklung eines Ansatzes, um die elastische Werkzeugverformung zu reduzieren: *"It is desirable to develop an approach for reducing the elastic deformation of the plastic tools […]"*[188]. In der Arbeit von SCHUH et al. werden ebenfalls die Bauteilgenauigkeiten als Einschränkung hervorgehoben und es wird herausgestellt, dass die Werkzeugverformung für einen industriellen Einsatz der Werkzeugtechnologie zwingend berücksichtigt werden muss: *"However, the deviation is higher than the +/– 0.5 mm tolerance that is given. […] the influence of the deformation of an AM tool has to be more considered before an industrial application is conceivable"*[189]. Diese Beispiele verdeutlichen, dass die Analyse, Vorhersage und Optimierung von Bauteilgenauigkeiten ein zentraler Baustein für einen erfolgreichen Einsatz der Werkzeugtechnologie für die Blechumformung darstellen.

[187] Durgun, „DURG15," S. 421.

[188] Nakamura et al., „NAKA18," S. 742.

[189] G. Schuh et al., „SCHU20." In *2020 IEEE International Conference on Industrial Engineering and Engineering Management (IEEM)*, 159–60.

4 Eignung additiv gefertigter Kunststoffwerkzeuge für das Tiefziehen

Dieses Kapitel untersucht die Eignung additiv gefertigter Kunststoffwerkzeuge für das Tiefziehen von Feinblech. Ausgehend von dem hergeleiteten Forschungsbedarf erfolgt zunächst eine umfassende Materialcharakterisierung von FLM-Werkzeugen. Dabei werden in einem ersten Schritt die Auswirkungen relevanter 3D-Druckparameter auf die Eigenschaften der Werkzeuge anhand eines vollfaktoriellen Versuchsplans untersucht (Kapitel 4.1.2). Der hieraus empfohlene Parametersatz wird im nächsten Schritt für die Charakterisierung weiterer 3D-Druckmaterialien, insbesondere auch faserverstärkter Materialien, verwendet und zusätzlich die Anisotropie der additiv gefertigten Probekörper untersucht (Kapitel 4.1.3). Die Erkenntnisse aus den Normversuchen werden schließlich in Kapitel 4.1.4 zusammengefasst und eine Materialauswahl für die realen Tiefziehversuche getroffen. Im Anschluss an die Materialcharakterisierung wird anhand einer Simulationsstudie untersucht, welchen Einfluss verschiedene Tiefziehparameter auf die Werkzeugbelastung haben (Kapitel 4.2). Ziel der Simulationsstudie besteht darin den Parameterraum für die nachfolgenden realen Tiefziehversuche zu definieren. Die anschließenden Tiefziehversuche gliedern sich in die Kapitel 4.3 und 4.4, die jeweils den Einfluss der Variation der Werkzeug- sowie der Blechmaterialien auf das Tiefziehergebnis untersuchen. Die Versuchsdurchführung erfolgt an insgesamt fünf verschiedenen Werkzeugwerkstoffen sowie zwei verschiedenen Blechmaterialien, die hinsichtlich der erreichbaren Bauteilgenauigkeiten sowie des Werkzeugverschleißes untersucht werden. Um die Eignung additiv gefertigter Kunststoffwerkzeuge für das Tiefziehen abschließend beurteilen zu können, erfolgt der Vergleich mit konventionellen Werkzeugen aus Werkzeugstahl in Kapitel 4.3.3.

4.1 Materialcharakterisierung von FLM-Werkzeugen

Im Anschluss an die Herleitung der Anforderungen an Werkzeugwerkstoffe für das Tiefziehen erfolgen die Versuche zur Materialcharakterisierung in Anlehnung an DIN

EN ISO 604[190] (Druckeigenschaften), DIN EN ISO 178[191] (Biegeeigenschaften) und DIN EN ISO 868[192] (Eindruckhärte). Die nachfolgenden Ausführungen haben zum Ziel geeignete 3D-Druckparameter und -materialien für die Anwendung als Werkzeugwerkstoff zu ermitteln. Hiermit soll die Basis zur Beantwortung der ersten Teilforschungsfrage *„Welche FLM 3D-Druckparameter und -materialien eignen sich zur Herstellung von Tiefziehwerkzeugen?“* geschaffen werden.

4.1.1 Anforderung an Werkzeugwerkstoffe für das Tiefziehen

Während des Tiefziehens unterliegen die Werkzeuge einer Reihe verschiedener Belastungsarten. Der Kontaktbereich zwischen Matrize, Niederhalter und Blechwerkstoff ist geprägt von hohen Relativbewegungen bei vergleichsweise geringen Kontaktnormalspannungen. An der Ziehkantenrundung und der Stempelkante treten hingegen die höchsten Kontaktspannungen auf, wobei die Ziehkantenrundung zusätzlich durch eine hohe Relativbewegung des Blechwerkstoffs belastet wird (vgl. Abbildung 2.3). Die Reaktionskräfte der Werkzeuge werden entweder direkt über die Pressenkraft oder mittelbar über den Blechwerkstoff in den Werkzeugen hervorgerufen. Im Wesentlichen werden die Werkzeuge durch eine Druckbelastung beansprucht, sodass die Druckeigenschaften der Werkzeugwerkstoffe (z.B. Druckfestigkeit, Druckmodul, Druckfließspannung) für die Charakterisierung von zentraler Bedeutung sind. In Abhängigkeit von der Werkzeuggeometrie werden zusätzlich Querkräfte in den Werkzeugen induziert, die lokale Biegebelastungen hervorrufen. Aus diesem Grund stellt die Ermittlung der Biegeeigenschaften (z.B. Biegefestigkeit, Biegemodul) ebenfalls ein wichtiges Kriterium zur Charakterisierung der Werkzeugwerkstoffe dar. Weitere Werkstoffeigenschaften, die im Rahmen der Charakterisierung untersucht werden, sind die Oberflächenhärte (Shore D) und die Dichte der Probekörper. Die Oberflächenhärte stellt ein Maß für den Widerstand der Werkzeugoberfläche gegenüber dem Eindringen von härteren Körpern wie beispielsweise Schmutzpartikel oder Blechgrade dar. Während die Oberflächenhärte bei Serienwerkzeugen ein wichtiger Parameter für den Werkzeugverschleiß darstellt, ist dieser Wert bei Prototypenwerkzeugen aufgrund des deutlich geringeren Stückzahlbereichs von untergeordneter Rolle. Auch die Dichte der Werkzeugwerkstoffe ist weniger bedeutsam für den Einsatz bei geringen Stückzahlen im Vergleich zu den Druck- und Biegeeigenschaften der Werkzeuge. Die Dichte wird allerdings in der Literatur häufig als Kennwert für Werkzeugwerkstoffe

[190] DIN Deutsches Institut für Normung e.V., *DIN03: Kunststoffe* (2003), Nr. 604.

[191] DIN Deutsches Institut für Normung e. V., *DIN19* (Berlin: Beuth Verlag GmbH, 2019), Nr. 178.

[192] DIN Deutsches Institut für Normung e. V., *DIN03: Kunststoffe und Hartgummi* (Berlin: Beuth Verlag GmbH, 2003) 83.060; 83.080.01, Nr. 868.

angegeben, sodass diese auch für die untersuchten Werkstoffe ermittelt wird. Auf die Ermittlung der Reibeigenschaften wird an dieser Stelle verzichtet, da diese sich nur geringfügig auf die Werkzeugbelastung auswirken (vgl. Abbildung 4.18 und Abbildung 4.19) und für Kunststoffwerkstoffe in der Regel als sehr gut ($\mu \approx 0{,}1$) angegeben werden[193]. Für eine detaillierte Beschreibung der Reibeigenschaften von verschiedenen additiv gefertigten Kunststoffwerkzeugen kann auf die Arbeit von BICKENDORF verwiesen werden[194]. Zusammengefasst ergeben sich folgende Eigenschaften, die nachfolgend im Rahmen der Materialcharakterisierung näher untersucht werden:

- Druckeigenschaften (Druckfestigkeit, Druckfließspannung, Druckmodul)
- Biegeeigenschaften (Biegefestigkeit, Biegemodul)
- Oberflächenhärte (Shore D)
- Dichte

Neben den aufgelisteten technischen Eigenschaften spielen auch wirtschaftliche Faktoren bei der Charakterisierung der Werkzeugwerkstoffe eine Rolle. Für die untersuchten Werkstoffe werden daher ebenfalls die spezifischen Materialkosten ermittelt.

4.1.2 Ermittlung geeigneter Druckparameter zur Werkzeugherstellung

Die mechanischen Eigenschaften additiv gefertigter Bauteile sind für gewöhnlich stark von den eingestellten Druckparametern abhängig. Im folgenden Kapitel werden geeignete Druckparameter für die Anwendung zur Werkzeugherstellung hergeleitet und durch experimentelle Normversuche ermittelt.

Einen wesentlichen Einfluss auf die mechanischen Eigenschaften von additiv gefertigten Bauteilen stellt das Füllvolumen dar, welches prozentual beschreibt, mit wie viel Material die innere Struktur des Bauteils gefüllt ist. Der Einstellbereich für FLM-Anlagen liegt in der Regel zwischen 5 % und 100 %. Grundsätzlich kann mit zunehmenden Füllvolumen auch mit einer Steigerung der mechanischen Eigenschaften, wie beispielsweise der Druckfestigkeit, ausgegangen werden. Aus diesem Grund wird der Parameter für die nachfolgenden Untersuchungen auf den Maximalwert 100 % eingestellt. Hierbei gilt es jedoch zu beachten, dass bei gleichbleibender Druckgeschwindigkeit auch die Druckzeit mit einer Steigerung des Füllvolumens zunimmt. Je nach An-

193 Frank, „FRAN99," S. 65.

194 Philipp Bickendorf, *Tribologische und geometrische Auslegung von additiv hergestellten Werkzeugeinsätzen zur Feinblechumformung*, 1. Auflage, Ergebnisse aus der Produktionstechnik 42/2022 (Aachen: Apprimus Verlag, 2023), S. 83–118.

wendungsfall und Belastungskollektiv lässt sich auch ein geringeres Füllvolumen begründen, um die Herstellkosten und -zeit zu verringern. An dieser Stelle liegt jedoch der Fokus auf der Maximierung der mechanischen Eigenschaften, damit die Anwendungsbreite der vorgestellten Werkzeugtechnologie für den Einsatz von Tiefziehwerkzeugen aufgezeigt werden kann. Als komplementärer Parameter zum Füllvolumen ist das Füllmuster ebenfalls von Bedeutung in Bezug auf die Einstellung der mechanischen Eigenschaften. Je nach eingesetztem Füllmuster kann insbesondere auf die Richtungsabhängigkeit der mechanischen Eigenschaften Einfluss genommen werden. Beispielsweise stellt ein Dreiecks-Füllmuster gute Eigenschaften in Druckaufbaurichtung dar, wohingegen das Würfel-Füllmuster, bestehend aus gestapelten und geneigten Würfeln, auch senkrecht zur Druckrichtung verbesserte mechanische Eigenschaften mit sich bringt. Mit zunehmenden Füllvolumen nimmt auch der Einfluss des Füllmusters auf die mechanischen Eigenschaften ab und kann bei einem Füllvolumen von 100 % ansatzweise vernachlässigt werden. Für die nachfolgenden Versuche wird daher das Füllmuster nicht variiert, sondern als konstante Eingangsgröße festgelegt. Hierbei wird das Dreiecks-Füllmuster ausgewählt, welches insbesondere durch das kreuzweise Ablegen des Filaments vorteilhaft im Vergleich zu einem konzentrischen Füllmuster ist.

Mit der Herleitung der Druckparameter Füllvolumen und Füllmuster sind bereits zwei wesentliche Einflussgrößen auf die mechanischen Eigenschaften der additiv gefertigten Bauteile definiert. Durch die Festlegung dieser Parameter reduziert sich der Faktorraum für die Versuchsplanung erheblich. Zwei weitere relevante Druckparameter, die sich auf die mechanischen Eigenschaften des Bauteils auswirken, sind die Anzahl der Wandungen und die Schichthöhe. Die Größe der Auswirkung auf die mechanischen Eigenschaften lässt sich nicht direkt aus theoretischen Überlegungen definieren, sodass diese als variable Eingangsgrößen in die Versuchsplanung eingehen. Die Wechselwirkung dieser Druckparameter mit verschiedenen 3D-Druckmaterialien ist ebenfalls eine unbekannte Größe. Aus diesem Grund ist eine isolierte Betrachtung von Druckparametern und Materialien wenig zielführend, sodass neben der Variation der genannten Parameter auch verschiedene Materialien verwendet werden, um den Einfluss der Parametervariation auf verschiedene Materialien sichtbar zu machen.

Abbildung 4.1 zeigt schematisch das untersuchte System zur Ermittlung geeigneter Druckparameter für die Werkzeugherstellung. Die zuvor hergeleiteten Eingangsgrößen, welche im Rahmen der statistischen Versuchsplanung auch Faktoren genannt werden, setzen sich aus der Variation von 3D-Druckmaterialen sowie den Druckparametern Schichthöhe und Anzahl der Wandungen zusammen. Die Qualitätsmerkmale, welche die messbaren Ergebnisse der Versuche darstellen, wurden bereits in Kapitel

4.1.1 als Anforderungen an die Werkzeugwerkstoffe hergeleitet. Diese setzen sich aus den Druckeigenschaften Druckfestigkeit und Druckmodul, den Biegeeigenschaften Biegefestigkeit und Biegemodul sowie der Oberflächenhärte zusammen.

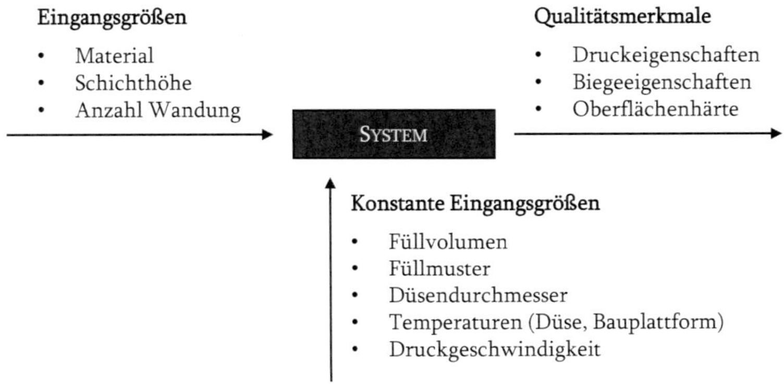

Abbildung 4.1: Auswahl von Eingangsgrößen und Qualitätsmerkmale zur Ermittlung geeigneter Druckparameter für die Werkzeugherstellung

Neben den bereits definierten konstanten Eingangsgrößen Füllvolumen und Füllmuster ist der Düsendurchmesser ein weiterer relevanter Parameter. Dieser bestimmt in erster Linie die mögliche Austragsrate und die abbildbaren Schichthöhen. Für den eingesetzten 3D-Drucker stehen Düsendurchmesser von 0,25 mm bis 0,8 mm zur Verfügung. Je kleiner der Düsendurchmesser, desto kleinere Schichthöhen und somit genauere Bauteile sind abbildbar. Als Teil der Maschinenparameter und nicht der Prozessparameter wird der Düsendurchmesser für die Versuchsplanung ebenfalls konstant gehalten und auf 0,4 mm gesetzt. Mit diesem Düsendurchmesser lassen sich die für die Werkzeugherstellung relevanten Schichthöhen bzw. Genauigkeitsanforderungen abbilden, sodass dieser Wert als geeignet definiert wird. Zusätzlich zu den genannten Parametern spielen auch die Temperaturen der Düse und der Bauplattform sowie die Druckgeschwindigkeit eine Rolle. Diese Werte sind zum Teil abhängig vom eingesetzten Material und werden in der Regel von den Herstellern in einem empfohlenen Bereich angegeben, sodass diese Parameter ebenfalls als konstante Eingangsgrößen in die Versuche eingehen.

Tabelle 1 zeigt eine Übersicht der einzelnen Ausprägungen der Faktorstufen sowie der konstanten Eingangsgrößen. Als 3D-Druckmaterialien werden insgesamt vier gängige Kunststoffe, PLA, PC, PETG und PA, ausgewählt. Die prinzipielle Eignung dieser Materialien als Werkzeugwerkstoff wurde bereits in einigen Untersuchungen gezeigt, bzw. lässt sich aus den Herstellerangaben sowie Normen herleiten. Als ein weit verbreitetes Material mit sehr guten mechanischen Eigenschaften wurde PLA beispielsweise von BERGWEILER et al. [195] sowie von NAKAMURA at al. [196] als Werkzeugwerkstoff eingesetzt. Das Material PETG wurde von FROHN-SÖRENSEN et al. [197] und PC von DURGUN [198] untersucht. Der Einsatz von PA zur additiven Fertigung von Umformwerkzeugen ist hingegen weniger bekannt. PA gilt jedoch prinzipiell als geeigneter Werkstoff zur Herstellung von Prototypenwerkzeugen, sodass eine nähere Untersuchung an dieser Stelle ebenfalls sinnvoll ist[199].

Tabelle 1: Übersicht der Faktorstufen sowie der konstanten Eingangsgrößen

Eingangsgrößen	**Einstellung**				**Einheit**
Material	PLA	PC	PETG	PA	-
Schichthöhe	0,1	0,2		0,3	mm
Anzahl Wandung	1	3		5	-
Füllvolumen		100			%
Füllmuster		Dreiecksmuster			-
Düsendurchmesser		0,4			mm
Temperatur Bauplattform		80			°C
Temperatur Düse	205 (PLA)	270 (PC)	235 (PETG)	245 (PA)	°C
Druckgeschwindigkeit		45			mm/s

Die Schichthöhe ist insgesamt in drei Faktorstufen eingeteilt. Die Werte 0,1 mm, 0,2 mm und 0,3 mm sind daher gewählt, da diese sich gut mit dem bereits definierten Düsendurchmesser fertigen lassen und in etwa im Bereich der Genauigkeitsanforderungen von Prototypenblechteilen liegen (vgl. Abbildung 2.4). Hierbei ist zu berücksichtigen, dass die Schichthöhe ungefähr proportional zur benötigten Druckzeigt steht. Aus diesem Grund ist eine weitere Reduktion der Schichthöhe unter 0,1 mm nicht zu empfehlen, da sich bereits für kleinere Bauteile (z.B. 120 cm^3) eine Druckzeit von mehreren Tagen ergeben kann. Eine weitere Erhöhung der Schichthöhe über 0,3 mm ist hingegen aus Genauigkeitsgründen ebenfalls nicht empfehlenswert. Die Stufen des Faktors „Anzahl Wandungen“ werden auf den Minimalwert eins und davon ausgehend in Zweier-Abständen auf die Werte drei und fünf festgelegt. Diese Werte stellen eine

195 Bergweiler et al., „BERG21“.
196 Nakamura, Mori und Abe, „NAKA20“.
197 Frohn-Sörensen et al., „FROH21“.
198 Durgun, „DURG15“.
199 VDI-Gesellschaft Produktion und Logistik, *VDI-12* (2012) 25.100.01, 25.120.10, Nr. 3388, S. 26.

für FLM-Bauteile gängige Spanne dar. Alle weiteren Werte für die konstanten Eingangsparameter können ebenfalls der Tabelle 1 entnommen werden.

Im Anschluss an die Definition des untersuchten Systems samt Herleitung der Eingangsgrößen und Qualitätskriterien sowie dem Aufspannen des Faktorraums erfolgt die Definition der Versuche, um die Qualitätskriterien quantifizieren zu können. Zur Bestimmung der Druckeigenschaften werden die Versuche in Anlehnung an DIN EN ISO 604 durchgeführt[200]. In dieser Norm werden definierte Prüfbedingungen festgelegt, um die Druckeigenschaften verschiedener Kunststoffe vergleichbar zu ermitteln. Zur Definition der Probengeometrie können unter anderem zylindrische Probekörper verwendet werden, welche folgende Ungleichung erfüllen müssen:

$$\varepsilon_c^* \leq 0{,}4 \frac{x^2}{l^2}$$

ε_c^* bezeichnet hierbei die maximale nominelle Stauchung, die während des Versuches auftritt und wird auf 0,3 festgelegt. Da Tiefziehwerkzeuge für gewöhnlich weniger hoch als breit bzw. tief sind, wird der Durchmesser x auf 30 mm sowie die Höhe l auf 20 mm eingestellt, sodass die Ungleichung erfüllt ist. Zur Bestimmung der Biegeeigenschaften als weiterem Qualitätskriterium erfolgt die Prüfung in Anlehnung an DIN EN ISO 178[201]. Hierbei kommt die in der Norm vorgeschlagene bevorzugte Probengeometrie zum Einsatz. Abbildung 4.2 zeigt die jeweils verwendeten Probengeometrien sowie den schematischen Versuchsaufbau zur Bestimmung der Druck- und Biegeeigenschaften.

[200] DIN Deutsches Institut für Normung e.V., *DIN03: Kunststoffe* (2003), Nr. 604.

[201] DIN Deutsches Institut für Normung e. V., *DIN19* (Berlin: Beuth Verlag GmbH, 2019), Nr. 178.

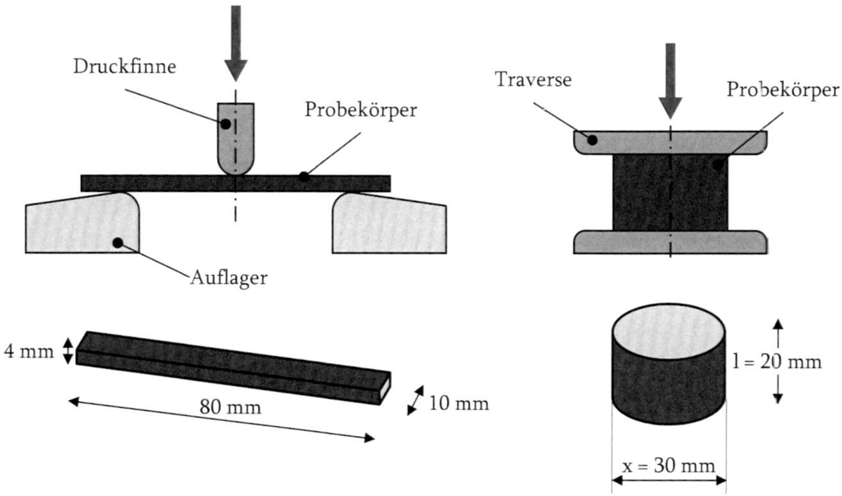

Abbildung 4.2: Dimensionen der Probekörper sowie schematischer Versuchsaufbau

Für anisotrope Werkstoffe empfehlen die genannten Normen das Prüfen in den relevanten Hauptrichtungen. Für einfache Werkzeuggeometrien kann allerdings von einer näherungsweisen Lastrichtung in Druckrichtung ausgegangen werden, sodass für die nachfolgenden Versuche die Prüfung ebenfalls in Druckrichtung erfolgt. Eine genauere Untersuchung der richtungsabhängigen mechanischen Eigenschaften erfolgt im nachfolgenden Kapitel 4.1.3. Die Ermittlung der Eindruckhärte erfolgt in Anlehnung an DIN EN ISO 868[202]. Hierbei wird die Shore-D Härte mittels handgeführtem Durometer ermittelt.

Die Versuchsplanung und -durchführung wurde in einer Kooperation gemeinsam mit dem Lehrstuhl für Umformtechnik der Universität Siegen durchgeführt und die Ergebnisse in FRÖHN-SÖRENSEN et al. veröffentlicht[203]. Die Ergebnisse der Versuche sind im Folgenden visualisiert aufbereitet und zusammengefasst. Die Rohdaten können hierbei einem gemeinschaftlich veröffentlichen Repository entnommen werden[204]. Um die vollständige Wechselwirkung sämtlicher variabler Druckparameter auf die

[202] DIN Deutsches Institut für Normung e. V., *DIN03: Kunststoffe und Hartgummi* (Berlin: Beuth Verlag GmbH, 2003) 83.060; 83.080.01, Nr. 868.

[203] Peter Frohn-Sörensen et al., „Design for 3D Printed Tools: Mechanical Material Properties for Direct Polymer Additive Tooling." *Polymers* 14, Nr. 9 (2022), doi:10.3390/polym14091694.

[204] Peter Frohn-Sörensen et al., „Measurements of mechanical material properties under compressive and bending load of additive manufactured polymers" (2022),

verschiedenen Druckmaterialien abbilden zu können, werden die Versuche in einem vollfaktoriellen Versuchsplan durchgeführt. Hierbei werden alle möglichen Kombinationen der variablen Eingangsgrößen aus Tabelle 1 miteinander kombiniert. Gemäß den verwendeten Normen werden für jede Parameterkombination sowohl fünf Druck- als auch fünf Biegeproben geprüft und die Ergebniswerte im Anschluss gemittelt. Für die Bestimmung der Shore-D Härte werden je drei Messpunkte an einer Druckprobe ausgewertet, sodass der Härtewert aus insgesamt 15 Messstellen je Parameterkombination gemittelt wird. Durch den vollfaktoriellen Versuchsplan ergeben sich 36 Parameterkonfigurationen, die jeweils fünfmal sowohl für die Druck- als auch für die Biegeversuche benötigt werden, sodass insgesamt 360 Prüfkörper gefertigt werden. Die Fertigung der Proben erfolgt hierbei an einem ULTIMAKER S5 gemäß der in Tabelle 1 definierten Parametereinstellungen.

Abbildung 4.3 zeigt die Ergebnisse der Druckeigenschaften aufgeteilt in die Druckfestigkeit (links) und dem Druckmodul (rechts). Bereits ohne statistische Auswertung der Ergebnisse lassen sich wichtige Erkenntnisse aus den Graphen ableiten. Zunächst ist festzustellen, dass je nach Parameterkonfiguration sowohl die Druckfestigkeit als auch der Druckmodul stark voneinander abweichen können. Die maximale Spanne von der höchsten Druckfestigkeit (PLA; 0,1 mm Schichthöhe; 1 Wandung) zur niedrigsten (PA, 0,3 mm Schichthöhe; 5 Wandungen) beträgt – 0,54 %. Bei den Messwerten des Druckmoduls ergibt sich eine noch größere Differenz von insgesamt – 66 % von dem höchsten (PLA; 0,2 mm Schichthöhe; 1 Wandung) zum niedrigsten (PA; 0,3 mm Schichthöhe; 5 Wandung) gemessenen Druckmodul.

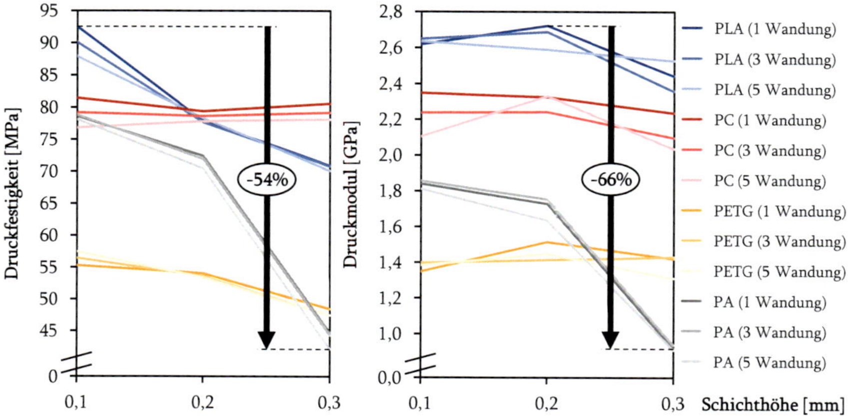

Abbildung 4.3: Zusammenfassung der Druckeigenschaften bestehend aus Druckfestigkeit (links) und Druckmodul (rechts) des vollfaktoriellen Versuchsplans[205]

Weiterhin zeigen die gemessenen Druckeigenschaften tendenziell eine höhere Sensitivität gegenüber einer Variation der Schichthöhe als einer Änderung der Wandungen. Die höchste Sensitivität in Bezug auf die Variation der Schichthöhe ist sowohl bei den Werten der Druckfestigkeit als auch bei den Druckmodulen bei dem Material PA zu beobachten. Das Material PC zeigt beispielsweise eine nur sehr geringe Druckfestigkeitsänderung bei einer Variation der Schichthöhe zwischen 0,1 mm und 0,2 mm. Weiterhin kann festgestellt werden, dass sich die Druckmodulwerte bei einer Schichthöhen von 0,1 mm und 0,2 mm nur geringfügig ändern und bei den Materialien PLA, PC und PETG sich zum Teil bei einer Erhöhung der Schichthöhe auf 0,2 mm vergrößern. Abschließend lässt sich festhalten, dass die höchsten Druckfestigkeits- und Druckmodulwerte jeweils von dem Material PLA und niedrigsten von dem Material PA bestimmt wurden.

Die Ergebnisse zu den Biegeeigenschaften können der Abbildung 4.4 entnommen werden. Aufgeteilt in die Biegefestigkeit (links) und dem Biegemodul (rechts) sind die Ergebniswerte ebenfalls entlang der Schichthöhe aufgetragen.

[205] Frohn-Sörensen et al., „FROH22“.

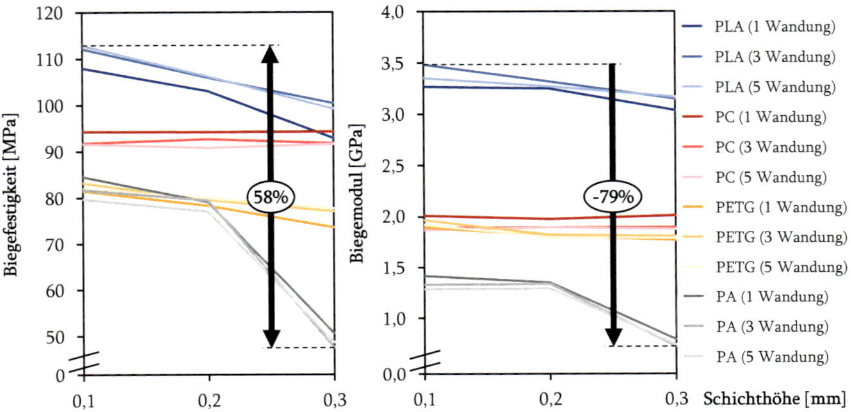

Abbildung 4.4: Zusammenfassung der Biegeeigenschaften bestehend aus Biegefestigkeit (links) und Biegemodul (rechts) des vollfaktoriellen Versuchsplans[206]

In Bezug auf die Biegefestigkeit ergeben sich qualitativ ähnliche Verläufe verglichen mit der Druckfestigkeit. Auch bei der Biegefestigkeit werden die höchsten Werte von dem Material PLA erreicht. Die Materialien PC und PETG zeigen, ähnlich den Werten der Druckfestigkeit, eine geringere Abhängigkeit von der Schichthöhe als die anderen beiden Materialien. Das Material PA hingegen zeigt auch für die Biegefestigkeit einen starken Abfall von einer Schichthöhe von 0,2 mm auf eine Höhe von 0,3 mm. Bei den Werten des Biegemoduls kann eine etwas geringere Sensitivität gegenüber einer Änderung der Wandungen festgestellt werden als bei den Messwerten des Druckmoduls. Auch hier werden wieder die höchsten Werte von dem Material PLA und die niedrigsten von PA erreicht. Von allen gemessenen Eigenschaftswerten ist die größte Spanne zwischen dem höchsten und dem niedrigsten Wert mit – 79 % bei den Biegemodulwerten festzustellen. Insgesamt kann an dieser Stelle bereits festgehalten werden, dass die Wahl der Materialien und der Druckparameter einen starken Einfluss auf die mechanischen Eigenschaften haben. Diese Erkenntnis ist vor allem vor dem Hintergrund, dass das Füllvolumen bereits mit 100 % maximiert und bei allen Parameterkonfigurationen konstant gehalten wurde, hervorzuheben.

Eine weniger starke Abhängigkeit von den untersuchten Druckparametern zeigen die Messergebnisse der Shore-D Härte wie auch der Dichtemessungen. Aus diesem Grund sind in Tabelle 2 lediglich die Mittelwerte sämtlicher Messungen sowie die Angabe der

[206] Frohn-Sörensen et al., „FROH22".

Standardabweichung dargestellt. Darüber hinaus zeigt Tabelle 2 die spezifischen Kosten für die jeweiligen Materialien. Eine geringe Varianz zeigen insbesondere die Messwerte der Materialien PC und PETG. Die größte Varianz ist wiederum bei dem Material PA sowohl bei den Härte- als auch bei den Dichtewerten festzustellen. Auch hier zeigen die Werte einen größeren Sprung zwischen den Stufen der Schichthöhe 0,2 mm und 0,3 mm, wodurch die insgesamt größere Varianz zustande kommt.

Tabelle 2: Messwerte der Shore-D Härte und der Dichte gemittelt über alle Parameterkonfigurationen mit Angabe der Standardabweichung sowie die Materialkosten

	PLA	PC	PETG	PA
Härte (Shore-D)	81,7 ± 3,3	82,3 ± 2,5	78,6 ± 1,9	75,5 ± 4,4
Dichte [kg/m³]	1199 ± 26	1179 ± 10	1235 ± 17	1070 ± 50
Kosten[207] [€/kg]	50,64	82,14	59,52	83,02

Statistische Betrachtung der Versuchsergebnisse

In Ergänzung zu den Diagrammen aus Abbildung 4.3 und Abbildung 4.4 lassen sich verschiedene statistische Kenngrößen aus den Versuchsergebnissen ableiten, die zur Interpretation der Messwerte hinzugezogen werden können. Durch die statistische Auswertung kann der Einfluss der Eingangsgrößen (Material, Schichthöhe, Anzahl Wandung) auf die Qualitätsmerkmale (Druckeigenschaften, Biegeeigenschaften, Härte) bestimmt werden. Ausgehend von einem Signifikantsniveau von 5 % lässt sich berechnen, welche Parameter hinsichtlich der Qualitätsmerkmale statistisch signifikant sind. Die Auswertung zeigt, dass die Änderung sämtlicher Eingangsgrößen bzw. Faktoren einen statistisch signifikanten Einfluss sowohl auf die Druckfestigkeit als auch den Druckmodul haben. Im Gegensatz dazu kann keine statistische Signifikanz bei der Anzahl der Wandungen in Bezug auf die Biegeeigenschaften nachgewiesen werden. Lediglich eine Änderung des Materials und der Schichthöhe wirkt sich signifikant auf die Biegefestigkeit und den Biegemodul aus. Die Größe des Einflusses einer Änderung der Faktoren auf die Qualitätsmerkmale lässt sich visuell anhand der Haupteffektdiagramme darstellen. Diese geben für jede Faktorstufe den Mittelwert der jeweiligen Qualitätsmerkmale an. Je größer die Mittelwerte eines Faktors voneinander abweichen, desto größer ist der Effekt der jeweiligen Änderung auf das Qualitätsmerkmal. In Abbildung 4.5 sind die Haupteffekte der Druckeigenschaften Druckfestigkeit und Druckmodul dargestellt.

[207] Die Kostenermittlung wurde im Oktober 2022 durchgeführt. Aus insgesamt fünf Anbietern wurden die drei günstigsten Angebote gemittelt.

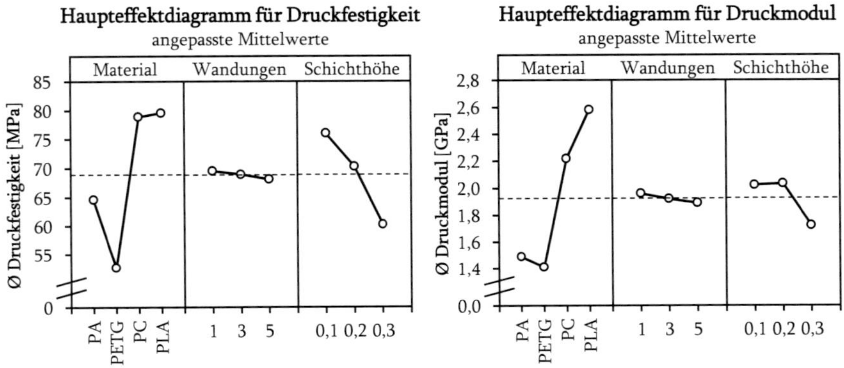

Abbildung 4.5: Haupteffektdiagramm der Faktoren Material, Wandungen und Schichthöhe hinsichtlich der Qualitätskriterien Druckfestigkeit und Druckmodul

Aus den Haupteffektdiagrammen lässt sich ableiten, dass sowohl für die Druckfestigkeit als auch für den Druckmodul die Änderung des Materials den größten Einfluss auf die Druckeigenschaften haben. Bei der Anzahl der Wandungen zeigt sich eine nur geringe Abweichung zum Mittelwert (gestrichelte Linie), was auf einen kleinen Effekt hindeutet. Auch wenn dieser Effekt klein ausfällt, ist dieser dennoch statistisch signifikant, sodass mit zunehmender Anzahl der Wandungen mit einer Abnahme der Druckeigenschaften gerechnet werden kann. Einen deutlich größeren Einfluss auf die Druckeigenschaften hat die Änderung der Schichthöhe. Mit Zunahme der Schichthöhe nehmen auch die Druckeigenschaften ab. Ausgenommen hiervon ist die Änderung der Schichthöhe von 0,1 mm auf 0,2 mm bei dem Druckmodul. An dieser Stelle zeigt sich ein nahezu unveränderter Mittelwert des Druckmoduls. Dieser Zusammenhang lässt sich unter wirtschaftlichen Gesichtspunkten zu Nutze machen, indem die Werkzeuge mit einer Schichthöhe von 0,2 mm gedruckt werden können ohne einen nennenswerten Verlust des Druckmoduls hinnehmen zu müssen. Eine Verdopplung der Schichthöhe reduziert die Fertigungszeit um etwa die Hälfte, was sich wiederum vorteilhaft auf die Herstellkosten auswirkt.

Da die Zweifachwechselwirkung von den Faktoren zum Teil statistisch signifikant ausfallen, sollte zur Interpretation der Haupteffektdiagramme ebenfalls die Wechselwirkungsdiagramme hinzugezogen werden. Diese können für die Druckfestigkeit und den Druckmodul dem Anhang A2 entnommen werden. Parallel verlaufende Linien in dem Wechselwirkungsdiagramm verweisen auf keine bzw. geringe Wechselwirkung. Verlaufen die Linien hingegen nicht parallel, wie dies insbesondere bei den Faktoren Material und Schichthöhe der Fall ist, besteht eine Wechselwirkung, welche berücksichtigt werden muss.

Eine weitere interessante statistische Betrachtung besteht in der Auswertung der Korrelation von Druck- und Biegeeigenschaften. Ist eine starke Korrelation zwischen den jeweiligen Eigenschaften gegeben, ließe sich vereinfacht durch Interpolation von einer Eigenschaft auf die andere Eigenschaft schließen. In diesem Fall kann auf die Ermittlung einer dieser Eigenschaften verzichtet werden, wodurch sich der Testaufwand zur Qualifizierung weiterer Materialien reduziert. Abbildung 4.6 zeigt die Korrelation von Druck- und Biegefestigkeit sowie von Druck- und Biegemodul.

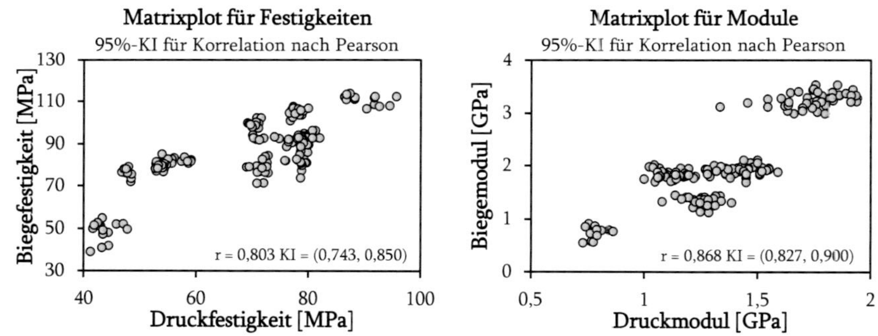

Abbildung 4.6: Korrelation von Druck- und Biegeeigenschaften nach Pearson

Mit einem Bestimmtheitsmaß von r ≈ 0,80 bis 0,87 zeigen sowohl die Druck- und Biegefestigkeit als auch der Druck- und Biegemodul eine positive Korrelation. D. h. höhere Druckeigenschaften weisen tendenziell auch höhere Biegeeigenschaften auf. Weiterhin lassen sich anhand des Matrixplots aus Abbildung 4.6 vereinzelte Anhäufungen von Messpunkten beobachten. Diese stellen die Wiederholungen von einer oder mehrerer ähnlicher Ausprägungen eines Materials dar. Während eine signifikante Korrelation unter Berücksichtigung sämtlicher Messwerte besteht, zeigt sich bei der separaten Betrachtung der jeweiligen Materialien ein undifferenziertes Bild. So weisen die Materialien PLA hinsichtlich der Festigkeiten und PA sowohl für die Festigkeiten als auch für die Module eine hohe Korrelation innerhalb der Parametervariation auf. Für die anderen Materialien PETG und PC kann eine nur geringe bzw. keine Korrelation zwischen den Eigenschaften festgestellt werden. Aus diesem Grund ist für die Qualifikation weiterer Materialien sowohl die Ermittlung der Druckeigenschaften als auch der Biegeeigenschaften zu empfehlen.

Parameterauswahl für die nachfolgenden Versuche

In Abhängigkeit von den gewählten Materialien und Parameterkonfigurationen ergeben sich zum Teil deutlich unterschiedliche mechanische Eigenschaften. Für die nachfolgenden Materialversuche ist die Auswahl geeigneter Druckparameter daher von großer Bedeutung. Zunächst kann festgehalten werden, dass insbesondere in Bezug auf die Druckeigenschaften eine geringe Wandungsanzahl mit höheren Werten verbunden ist. Aus diesem Grund werden für die Materialversuche die Anzahl der Wandungen auf 1 gesetzt. Eine etwas differenziertere Betrachtung muss bei der Wahl der Schichthöhe getroffen werden, da diese direkt mit der Druckzeit und somit mit den Fertigungskosten zusammenhängt. Zwar zeigen die Versuchsergebnisse, dass mit geringeren Schichthöhen auch tendenziell die mechanischen Eigenschaften gesteigert werden, jedoch ist dieser Effekt sowohl bei den Druck- als auch Biegemodulen zwischen einer Schichthöhe von 0,1 mm und 0,2 mm weniger stark und zum Teil gar nicht ausgeprägt. Sofern die Spannungen in den Werkzeugen während des Tiefziehens unterhalb der entsprechenden Festigkeitswerten bleiben, ist davon auszugehen, dass es nicht zu einem Werkzeugbruch kommt. In diesem Fall wirkt sich die Höhe der Festigkeiten nicht direkt auf das Ziehergebnis aus. Im Gegensatz dazu sind die Druckmodulwerte ein Maß für die Steifigkeit der Werkzeuge, die sich auch bei geringen Werkzeugbeanspruchungen direkt auf die Bauteilgenauigkeiten auswirken. Vor diesem Hintergrund stellen die Modulwerte den wichtigeren Parameter dar, sodass für die nachfolgenden Versuche eine Schichthöhe von 0,2 mm genutzt werden kann, ohne eine Reduktion der Module in Kauf zu nehmen. Insbesondere für größere Werkzeuge stellen die Maschinenkosten den Großteil der Fertigungskosten dar[208]. Eine Halbierung der Schichthöhe würde in etwa eine Verdopplung der Maschinenkosten bewirken.

4.1.3 Untersuchung verschiedener 3D-Druckmaterialien zur Werkzeugherstellung

Additiv gefertigte Bauteile weisen für gewöhnlich ein stark anisotropes Materialverhalten auf (vgl. Kapitel 2.2.2). Die Anisotropie ist in erster Linie durch den Schichtaufbau des 3D-Druckprozesses begründet. Die mechanischen Eigenschaften weichen demnach entlang einer Schicht von den Eigenschaften senkrecht zu den Schichten ab. In der Parameterstudie des vorangegangenen Kapitels wurden die mechanischen Eigenschaften lediglich senkrecht zu den Schichten geprüft. Dies kann damit begründet werden, dass vor allem für einfache und symmetrische Werkzeuggeometrien die

[208] In dem Fallbeispiel aus Abbildung 6.2 betragen die Materialkosten 138 €, wohingegen die Maschinenkosten 414 € betragen.

Hauptbelastungsrichtung in den Werkzeugen auch entlang der Richtung der Pressenkraft verläuft. Zudem wurde durch das Festlegen der Druckrichtung der Prüfaufwand reduziert, sodass auch ein vollfaktorieller Versuchsplan umgesetzt werden konnte. Das Ergebnis dieser Versuche ist die Definition von geeigneten Druckparametern für die Werkzeugherstellung sowie ein Vergleich der Eignung verschiedener 3D-Druckmaterialien. Mit diesen bereits definierten Parametern werden im folgenden Kapitel weitere Materialien sowie die Richtungsabhängigkeit der mechanischen Eigenschaften dieser Materialien untersucht. In Abhängigkeit von der Werkzeuggeometrie können durch die Pressenkraft auch Querkräfte in den Werkzeugen induziert werden, die sowohl Druck- als auch Biegekräfte parallel zu den Schichten hervorrufen. Insbesondere bei asymmetrischen Werkzeuggeometrien kann daher nicht mehr von einer Belastungsrichtung parallel zur Pressenkraft ausgegangen werden, sodass das Prüfen der Richtungsabhängigkeit an dieser Stelle notwendig ist. Neben den bereits geprüften Materialien PLA und PA wird ein weiteres Standard FLM-Material ABS sowie zwei Kohlenstofffaserverstärkte PA Materialien getestet. Kurzfaserverstärkte Materialien lassen sich in der Regel mit gängigen FLM-Anlagen verarbeiten und versprechen verbesserte mechanische Eigenschaften. Aus diesem Grund ist eine Untersuchung dieser Materialien hinsichtlich der Eignung als Werkzeugwerkstoffe ebenfalls sinnvoll. Tabelle 3 gibt eine Übersicht der eingestellten Druckparameter zur Fertigung der Probekörper.

Tabelle 3: Übersicht der Druckparameter zur Fertigung der Probekörper

Eingangsgrößen	ABS	PLA	PA	PA-CF	PA6-CF	Einheit
Schichthöhe			0,2			mm
Anzahl Wandung			1			-
Füllvolumen			100			%
Füllmuster			Dreiecksmuster			-
Düsendurchmesser			0,4			mm
Temperatur Bauplattform	85	60	70	45	70	°C
Temperatur Düse	245	200	245	275	280	°C
Druckgeschwindigkeit			30			mm/s

Die Ermittlung der Druck- bzw. Biegeeigenschaften sowie die Ermittlung der Härte erfolgt analog zu dem vorangegangenen Kapitel 4.1.2 gemäß den internationalen Normen DIN EN ISO 604, 178 und 868. Die Orientierung im Bauraum bzw. die Druckrichtung der einzelnen Prüfkörper ist in der nachstehenden Abbildung 4.7 dargestellt. Aufgrund der Symmetrie werden die zylindrischen Prüfkörper für die Druckversuche in zwei Hauptrichtungen hergestellt. DL kennzeichnet dabei den *liegenden* DruckProbekörper und DS den *stehenden*. Für die BiegeProbekörper werden insgesamt drei Druckrichtungen hergestellt und anschließend geprüft. Gemäß der Orientierung im Bauraum ergeben sich die Druckrichtungen BL (liegend), BS (stehend) und BH (hochkant). Durch die jeweilige Orientierung im Bauraum werden die Prüfkörper im Anschluss sowohl senkrecht als auch parallel zur Druckrichtung geprüft.

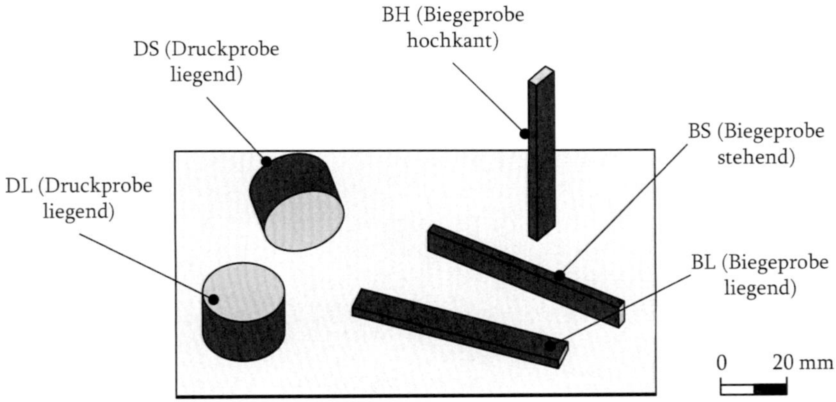

Abbildung 4.7: Orientierung im Bauraum bzw. Druckrichtung der Probekörper für die Druck- und Biegeversuche

Neben der quantitativen Ermittlung der Qualitätsmerkmale aus Abbildung 4.1 werden im Nachfolgenden zusätzlich die Spannungs-Stauchungskurven aus den Druckversuchen aufgezeichnet und analysiert. Hierdurch lassen sich weitere Rückschlüsse auf das Verformungsverhalten der Kunststoffproben ziehen und die Ergebnisse besser interpretieren. Abbildung 4.8 zeigt charakteristische Spannungs-Stauchungskurven verschiedener Kunststoffe.

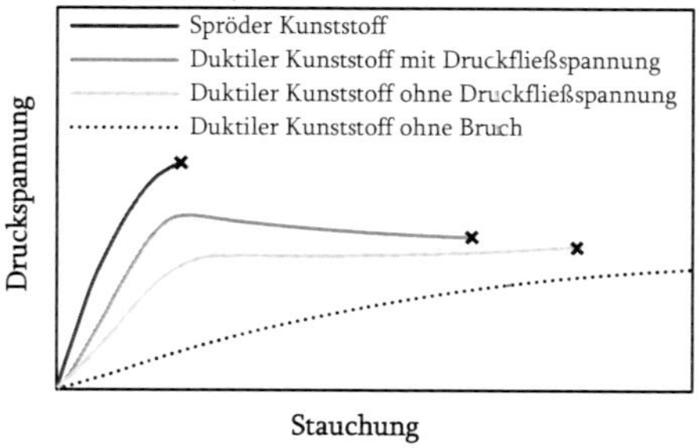

Abbildung 4.8: Charakteristische Spannungs-Stauchungskurven verschiedener Kunststoffe[209]

Unterschieden wird zwischen spröden Kunststoffen, welche innerhalb einer kurzen Stauchungsphase brechen, und duktilen Kunststoffen mit einer ausgeprägten Stauchungsphase. Unter den duktilen Kunststoffen wird weiterhin differenziert zwischen Kunststoffen mit einer Druckfließspannung, die ein lokales Spannungsmaximum kennzeichnet, und Kunststoffen ohne Druckfließspannung. Zusätzlich kann bei sehr duktilen Kunststoffen auch der Bruch innerhalb der Stauchungsphase ausbleiben, was eine weitere Charakteristik darstellt.

Ergebnisse der Druckprüfung nach DIN EN ISO 604

Sowohl für die Druckversuche als auch für die Biegeversuche wurden jeweils fünf Probekörper eines Materials und einer Druckrichtung geprüft und die Ergebnisse zur Bestimmung der Kennwerte- bzw. kurven gemittelt. Abbildung 4.9 zeigt hierbei die über die fünf Messungen gemittelte Spannungs-Stauchungskurve der geprüften Materialien, welche in Druckrichtung DL gefertigt wurden. Bei keinem der getesteten Materialien ist es zu einem abrupten Spannungsabfall und somit zu einem Bruch im Verlauf der Prüfung gekommen. Lediglich konnten bei den faserverstärkten Materialien vereinzelt Risse am Rand des Probekörpers am Ende der Prüfung beobachtet werden. Hieraus lässt sich schlussfolgern, dass sämtliche geprüften Materialien ein ausgeprägtes duktiles Materialverhalten aufweisen.

[209] Wolfgang Grellmann und Sabine Seidler, Hrsg., *Polymer Testing*, 3rd edition (München: Hanser, 2022) Volker Altstädt, Monika Bauer und Christian Bierögel, https://www.sciencedirect.com/science/book/9781569908068, S. 130.

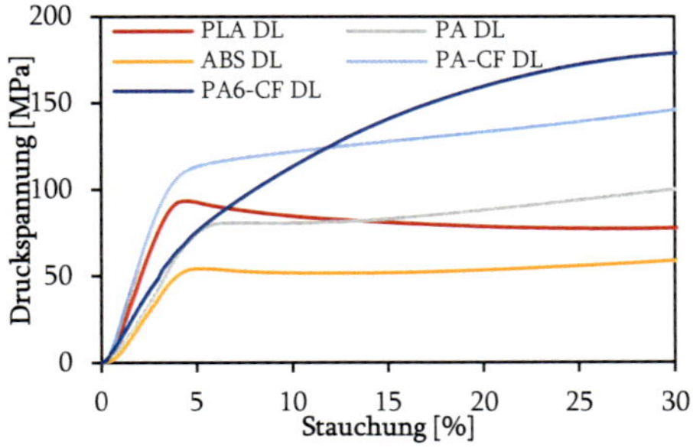

Abbildung 4.9: Spannungs-Stauchungsdiagramm der Druckprüfung mit Materialien der Druckrichtung DL

Neben den genannten Gemeinsamkeiten sind auch einige charakteristische Unterscheide bei den Kurvenverläufen festzustellen. So zeigen die Materialien PLA, PA und ABS jeweils ein lokales Spannungsmaximum und demnach eine Druckfließspannung. Die Kurvenverläufe der faserverstärkten Materialien PA-CF und PA6-CF zeigen hingegen einen kontinuierlichen Anstieg der Druckspannung, sodass keine Druckfließspannung definiert werden kann. Auch wenn die Spannungswerte bis zu einer Stauchung von 30 % aufgenommen wurden, sind vor allem die Kurvenverläufe im linearelastischen Bereich bzw. bei einer Stauchung unterhalb von ca. 5 % für die Werkzeugauslegung relevant. Dies ist damit begründet, dass bei einer Stauchung oberhalb von 5 % bereits von einer signifikanten teils plastischen Verformung der Werkzeuggeometrie ausgegangen werden kann.

Die maximalen Spannungswerte, welche mit Ausnahme des Materials PLA auch bei einer maximalen Stauchung von 30 % gemessen wurden, sind demnach weniger als Qualitätsmerkmal geeignet als die charakteristischen Kurvenverläufe zu Beginn der Messung. Abbildung 4.10 zeigt die Kurvenverläufe der Druckprüfung für den Stauchungsbereich bis 5 % sowohl für die Druckrichtung DL als auch für die Druckrichtung DS. Auf der linken Seite der Abbildung sind die Verläufe der faserverstärkten Materialien und auf der rechten die Verläufe der Materialien ohne Füllstoff dargestellt. Die grau hinterlegten Pfeile deuten in die Richtung des Optimums. Demnach wirkt sich ein steiler Anstieg der Kurvenverläufe vorteilhaft hinsichtlich einer geringen Werkzeugverformung und somit einer verbesserten Bauteilgenauigkeit aus.

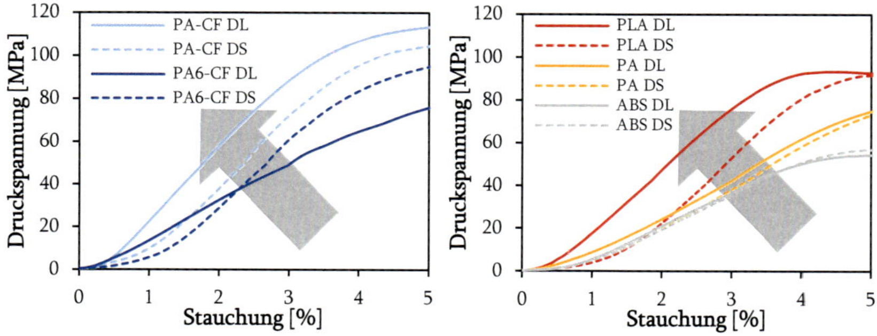

Abbildung 4.10: Spannungs-Stauchungsdiagramm der Druckprüfung mit faserverstärkten Materialien (links) und Materialien ohne Füllstoff (rechts) der Druckrichtungen DL und DS

Zunächst kann festgestellt werden, dass jeweils die Kurvenverläufe der Materialien PA und ABS für beide Druckrichtungen nur geringfügig voneinander abweichen. Hinsichtlich der Druckeigenschaften kann man bei diesen Materialien daher von einem näherungsweisen isotropen Materialverhalten ausgehen. Hingegen sind die Kurvenverläufe der faserverstärkten Materialien sowie des Materials PLA von der Druckrichtung deutlich stärker abhängig. Bei diesen Materialien zeigt sich zu Beginn der Stauchung (< 1 %) ein deutlich flacherer Kurvenverlauf bei einer Lastrichtung parallel zu den Schichten (Druckrichtung DS) im Vergleich zu einer Lastrichtung senkrecht zu den Schichten (Druckrichtung DL). Hierbei ist zu beachten, dass bei der Druckprüfung bereits sämtliche Probekörper mit einer Vorlast von 150 N (ca. 0,2 MPa) beaufschlagt wurden, um die für Kunststoffe typische Anlaufphase zu verkürzen. Diese, etwas flachere Anlaufphase bei der Druckrichtung DS zeigt bei den Materialien PA-CF und PLA einen näherungsweisen parallelverschobenen Kurvenverlauf hin zu höheren Stauchungen im Vergleich zu dem Kurvenverlauf der Druckrichtung DL. Lediglich bei dem Material PA6-CF weichen die Kurvenverläufe qualitativ deutlich voneinander ab. Während die PA6-CF Proben mit der Druckrichtung DL in Abbildung 4.10 einen ansatzweisen linearen Verlauf zeigen, ist der Verlauf bei demselben Material mit der Druckrichtung DS von einer stark abgeflachten Anlaufphase und einer abnehmenden Steigung hin zu größeren Stauchungen geprägt.

Zusammengefasst sind insbesondere die Materialien, deren Kurvenverläufe in Pfeilrichtung ausgedehnt sind, für den Einsatz als Werkzeugwerkstoff interessant. Derartige Materialien weisen bei einer hohen Druckspannung eine vergleichsweise geringe Stauchung bzw. Verformung auf, was sich günstig auf die Bauteilgenauigkeit auswirkt. Bei den untersuchten Materialien sind in dieser Hinsicht insbesondere die Materialien

PA-CF und PLA hervorzuheben, die vor allem für die Druckrichtung DL genannten Kriterien am besten erfüllen.

Eine Quantifizierung der Kurvenverläufe aus Abbildung 4.10 ist über die Bestimmung des Druckmoduls möglich. Dieser beschreibt den proportionalen Zusammenhang zwischen der Druckspannung und der Stauchung im linearelastischen Bereich. Gemäß der DIN EN ISO 604 wird der Druckmodul bei Kunststoffen zwischen den Stauchungswerten 0,05 % und 0,25 % ermittelt[210]. Da dieser Stauchungsbereich lediglich den unmittelbaren Beginn und nicht den restlichen Verlauf der Spannungs-Stauchungskurve berücksichtigt, ist die Berechnung des Druckmoduls gemäß der Norm zur Charakterisierung des Kurvenverlaufs an dieser Stelle wenig zielführend. Hinzu kommt, dass bei einer späteren Anwendung als Werkzeugwerkstoff während des Tiefziehprozesses deutlich höheren Spannungswerte auftreten, als dies bei einer Stauchung von 0,25 % (ca. 1,7 MPa bei PA-CF in Druckrichtung DL) der Fall ist. Aus diesem Grund erfolgt die Bestimmung des Druckmoduls in Abhängigkeit von den Materialien in dem Bereich der Spannungs-Stauchungskurve, die eine ausgeprägte Linearität aufweist. Je nach Material und Druckrichtung liegt dieser Bereich zwischen ca. 1,5 % und 3 % Stauchung. Die hieraus berechneten Druckmodule sind für die untersuchten Materialien in Abhängigkeit von der Druckrichtung in Abbildung 4.11 dargestellt. Als Vergleichswerte sind ebenfalls die Druckmodule für die Materialien PLA und PA mit der entsprechenden Parameterkonfiguration, welche in der Parameterstudie aus Kapitel 4.1.2 bestimmt wurden, dargestellt. Die abweichenden Messwerte des Materials PLA in der Druckrichtung DL können in erster Linie durch das verwendete Messprinzip aus Kapitel 4.1.2 erklärt werden, bei dem die Druckmodule über eine Hysterese bestimmt wurden. Die Druckmodule des Materials PA in der Druckrichtung DL stimmen trotz des abweichenden Messprinzips gut überein.

---

[210] DIN Deutsches Institut für Normung e.V., *DIN03: Kunststoffe* (2003), Nr. 604, S. 15.

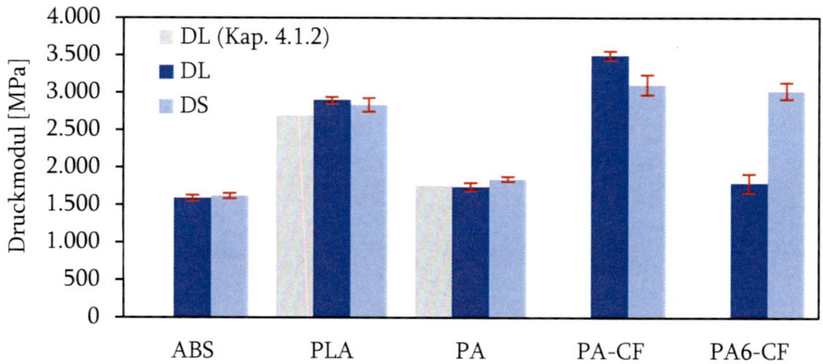

Abbildung 4.11: Druckmodule der untersuchten Materialien in Abhängigkeit von der Druckrichtung sowie die ermittelten Druckmodule der Materialien PLA und PA aus Kapitel 4.1.2

Die über fünf Einzelmessungen gemittelten Druckmodule aus Abbildung 4.11 zeigen insbesondere für die Materialien ABS, PLA und PA eine nur geringfügige Abweichung untereinander. Etwas größere Standardabweichungen können bei den faserverstärkten Materialien festgestellt werden, die dennoch eine hinreichende Reproduzierbarkeit der Messungen zeigen. Die höchsten Druckmodule für die bevorzugte Druckrichtung DL werden von den Materialien PA-CF mit 3497 MPa und PLA mit 2898 MPa erreicht. Die niedrigsten Druckmodule für beide Druckrichtungen können bei den Materialien ABS und PA sowie für die Druckrichtung DL des Materials PA6-CF festgestellt werden. Abgesehen von dem Material PA6-CF weichen die Druckmodule zwischen den beiden Druckrichtungen nur geringfügig voneinander ab. Obwohl diese Beobachtung ein Hinweis für ein isotropes Materialverhalten hinsichtlich der Druckeigenschaften ist, lässt sich dies unter Berücksichtigung der Spannungs-Stauchungskurven aus Abbildung 4.10 lediglich für die Materialien ABS und PA bestätigen. Die ähnlich hohen Druckmodulwerte beider Druckrichtungen für die Materialien PLA und PA-CF deuten vielmehr auf eine Parallelverschiebung der Spannungs-Stauchungskurven in Richtung höherer Stauchungen hin. Zusammenfassend lässt sich feststellen, dass die berechneten Druckmodule eine weitere wichtige Kenngröße zur Quantifizierung der Druckeigenschaften darstellen. Aufgrund der teils langen Einlaufphase der Spannungs-Stauchungskurven, die bei der Berechnung der Druckmodule unberücksichtigt bleiben, können die Druckmodule jedoch zur Interpretation der Druckeigenschaften nicht isoliert betrachtet werden. Vielmehr ist es wichtig, die Druckmodulwerte als Ergänzung zu den qualitativen Kurvenverläufen aus Abbildung 4.10 zu sehen. Hierbei zeigen die Materialien PLA und PA-CF insbesondere für die Druckrichtung DL die kürzesten

Einlaufphasen bei den Spannungs-Stauchungskurven und die höchsten Druckmodulwerte, sodass diese Materialien für den Einsatz als Werkzeugwerkstoff unter Berücksichtigung der bisherigen Analysen am geeignetsten sind.

Ergebnisse der Biegeprüfung nach DIN EN ISO 178

Analog zu den Spannungs-Stauchungsdiagrammen aus den Druckversuchen sind in Abbildung 4.12 die Spannungsdehnungskurven der Biegeversuche dargestellt. Die Ermittlung der Biegespannung und -dehnung erfolgt mit Hilfe der digitalen Bildkorrelation (DIC), welche in Anhang A3 genauer beschrieben ist. Die Kurvenverläufe der Materialien ohne Füllstoff sind auf der linken Seite und die Verläufe der faserverstärkten Materialien auf der rechten Seite dargestellt. Im Gegensatz zu den Druckversuchen, bei denen nur zwei Druckrichtungen untersucht wurden, werden die Biegeeigenschaften gemäß Abbildung 4.7 in insgesamt drei Hauptrichtungen geprüft.

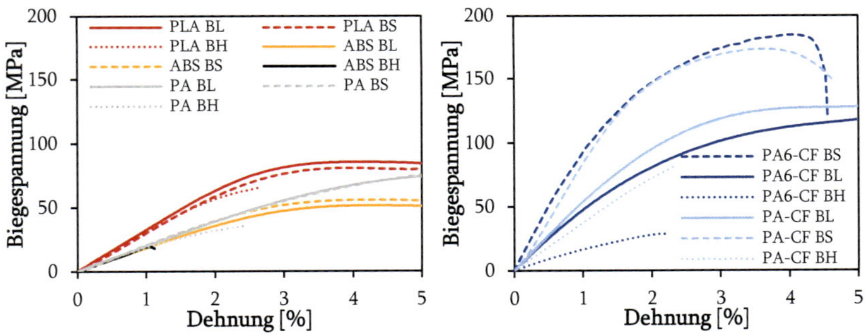

Abbildung 4.12: Spannungs-Dehnungsdiagramm der Biegeprüfung mit faserverstärkten Materialien (rechts) und Materialien ohne Füllstoff (links) der Druckrichtungen BL, BS und BH

Aus den Kurvenverläufen der Materialien PLA, ABS und PA kann zunächst abgeleitet werden, dass die qualitativen Biegeeigenschaften in den Druckrichtungen BL und BS näherungsweise übereinstimmen, sodass quasi von einer Richtungsunabhängigkeit der Eigenschaften in diesen Hauptrichtungen ausgegangen werden kann. Hingegen deuten die Verläufe der Druckrichtung BH auf ein deutlich spröderes Biegeverhalten hin. Während die Probekörper der Druckrichtung BL und BS bis zum Versuchsende bei einer maximalen Dehnung von 5 % nicht versagen, kommt es bei den Probekörpern BH bereits bei einer Dehnung zwischen ca. 1 % und 3 % zum Bruch. Im Gegensatz zu den Spannungs-Stauchungsdiagrammen aus den Druckversuchen kann bei den Biegeversuchen keine signifikante Anlaufphase mit abgeflachten Kurvenverläufen festgestellt werden. Dies deutet darauf hin, dass bereits bei geringer Dehnung der Widerstand gegenüber der Verformung groß ist. Die Kurvenverläufe der faserverstärken Materialien in den Druckrichtungen BL und BS steigen zu Beginn steiler an als die Verläufe der Materialien ohne Füllstoff und erreichen höhere Biegespannungswerte. Hingegen zeigt sich bei den faserverstärkten Materialien eine stärkere Richtungsabhängigkeit in Bezug auf die Druckrichtungen. Hierbei zeigt sich, dass die Proben mit der Druckrichtung BH ähnlich wie bei den Materialien ohne Füllstoff bereits bei einer geringen Dehnung zwischen ca. 2 % und 3 % versagen und somit nur geringe Spannungswerte erreichen. Die höchsten Spannungswerte werden hingegen bei den faserverstärkten Materialien in der Druckrichtung BS erreicht, wobei es hierbei ebenfalls zwischen einer Dehnung von ca. 4 % und 5 % zum Bruch kommt. Die Druckrichtung BL zeigt ein etwas duktileres Verhalten, da es im Verlauf der Versuche nicht zu einem Versagen der Probekörper kommt.

Der Biegemodul kann als Maß für die Steifigkeit der Materialien im linearelastischen Bereich gesehen werden und stellt eine wichtige Kenngröße für die Biegeeigenschaften dar. Die Bestimmung des Biegemoduls erfolgt anhand der Biegelinientheorie, welche im Wesentlichen die Probengeometrie, die aufgebrachte Kraft und die Durchbiegung hinzuzieht. Die Durchführung des 3-Punkt-Biegeversuchs sowie die Berechnungsvorschriften zur Ermittlung der Kennwerte sind im Anhang A3 genauer beschrieben. Die Biegemodule der untersuchten Materialien sind in Abhängigkeit von der jeweiligen Druckrichtung in Abbildung 4.13 dargestellt. Zunächst kann festgestellt werden, dass die Biegemodulwerte für die Materialien ABS, PLA und PA nahezu unabhängig von den Druckrichtungen sind. Für die faserverstärkten Materialien PA-CF und PA6-CF ergibt sich eine deutlich stärkere Abhängigkeit von den Druckrichtungen. Die höchsten Biegemodulwerte werden jeweils in der Druckrichtung BS von den faserverstärkten Materialien erreicht. Es zeigt sich zudem, dass die Biegemodule der faserverstärkten Materialien für die Druckrichtung BH in einem ähnlichen Bereich liegen wie die Werte der Materialien ohne Füllstoff. Hieraus lässt sich schließen, dass die verstärkende Wirkung der Fasern sich im Wesentlichen entlang einer Druckschicht und kaum zwischen den Schichten bemerkbar macht.

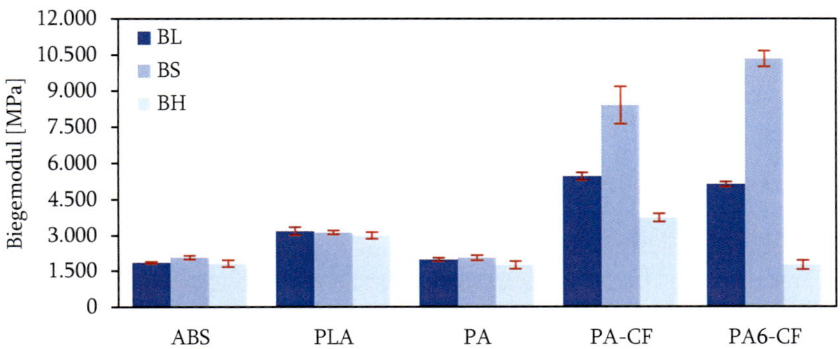

Abbildung 4.13: Biegemodule der untersuchten Materialien in Abhängigkeit von der Druckrichtung

Ein ähnliches Bild ergibt sich bei der Betrachtung der Werte der Biegefestigkeit, welche in Abbildung 4.14 dargestellt sind. Auch hier werden die höchsten Biegefestigkeiten in der Druckrichtung BS der faserverstärkten Materialien erreicht. In dieser Druckrichtung werden von den faserverstärkten Materialien in etwa doppelt so hohe Biegefestigkeiten erreicht wie bei dem Material PLA.

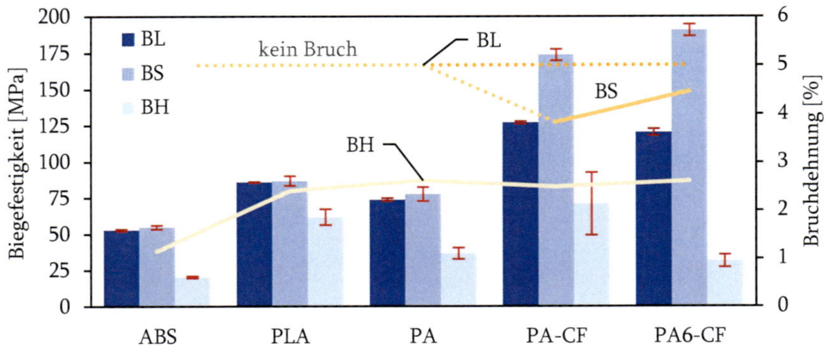

Abbildung 4.14: Biegefestigkeit und Bruchdehnung der untersuchten Materialien in Abhängigkeit von der Druckrichtung

Neben der Angabe der Biegefestigkeit ist in Abbildung 4.14 zusätzlich die Bruchdehnung dargestellt, sofern es im Verlauf des Versuches zu einem Bruch der Probekörper gekommen ist. Dies stellt eine weitere wichtige Kenngröße dar, die zeigt, wie zäh die

Materialien in den jeweiligen Druckrichtungen sind. Hierbei ist vor allem hervorzuheben, dass es bei sämtlichen Materialien der Druckrichtung BH und zusätzlich bei den faserverstärkten Materialien der Druckrichtung BS bereits vor Prüfende zum Bruch der Probekörper gekommen ist. Dies deutet auf ein spröderes Materialverhalten in den entsprechenden Druckrichtungen hin.

Zusammenfassend lässt sich feststellen, dass die faserverstärkten Materialien in den Druckrichtungen BL und BS deutlich höhere Biegefestigkeiten und -module erreichen als die Materialien ohne Füllstoff. Unter den nicht faserverstärkten Materialien ABS, PLA und PA weist das Material PLA in dieser Hinsicht die höchsten Werte auf. Ein signifikanter Vorteil der faserverstärkten Materialien in der Druckrichtung BH gegenüber den Materialien ohne Füllstoff lässt sich in Bezug auf die Biegeeigenschaften jedoch nicht feststellen. Werden die Werkzeuge im Wesentlichen in den Hauptrichtungen BL und BS auf Biegung beansprucht, kann der Einsatz der Materialien PA-CF und PA6-CF vorteilhaft sein. Ist hingegen die Isotropie bei einer Biegebeanspruchung der Werkzeuge von Bedeutung, kann auch der Einsatz des Materials PLA begründet werden.

Neben den dargestellten Druck- und Biegeeigenschaften wurden für die untersuchten Materialien ebenfalls die Shore-D Härte und die Dichte bestimmt. Die Messungen erfolgen an den Druckproben der Druckrichtung DL. In Tabelle 4 sind die entsprechenden Mittelwerte der Messungen mit Angabe der Standardabweichung sowie die Materialkosten dargestellt. Im Gegensatz zu den Messergebnissen der Parameterstudie aus Tabelle 2 erfolgen die Messungen an dieser Stelle an Materialproben, bei denen die Druckparameter nicht variiert wurden. Dies könnte ein Grund für die geringere Standardabweichung der Messergebnisse und die geringfügig abweichenden Werte der Materialien PLA und PA, die ebenfalls in Abschnitt 4.1.2 untersucht wurden, sein. Die höchsten Härtewerte werden bei den faserverstärkten Materialien und dem Material PLA erreicht. Die dichtesten Materialien sind PLA mit 1218 kg/m^3 und PA-CF mit 1213 kg/m^3.

Tabelle 4: Messwerte der Shore-D Härte und der Dichte mit Angabe der Standardabweichung sowie Materialkosten

	ABS	PLA	PA	PA-CF	PA6-CF
Härte (Shore-D)	72,7 ± 1,2	80,3 ± 1,1	74,2 ± 1,2	83,7 ± 1,1	82,0 ± 1,1
Dichte [kg/m^3]	1116 ± 5,4	1218 ± 9,7	1095 ± 2,7	1213 ± 11,3	1092 ± 18,8

	ABS	PLA	PA	PA-CF	PA6-CF
Kosten[211] [€/kg]	54,43	50,64	83,02	174,95	94,25

4.1.4 Zwischenfazit für die Materialauswahl

Die Eigenschaften eines additiv gefertigten Werkzeugs werden maßgeblich durch das Material und den eingestellten Druckparameter bestimmt. Um eine möglichst zielgerichtete Material- und Parameterauswahl treffen zu können, werden zu Beginn von Kapitel 4 die relevanten mechanischen Anforderungen an Tiefziehwerkzeuge hergeleitet. Diese setzten sich aus den Druck- und Biegeeigenschaften sowie der Härte und Dichte als auch den Materialkosten zusammen, die anhand von Normversuchen ermittelt werden. Aufgrund der Vielzahl möglicher Material- und Parameterkonfigurationen werden zunächst geeignete Druckparameter ermittelt. Aus theoretischen Überlegungen lässt sich bereits das Füllvolumen auf den Maximalwert von 100 % festlegen, da mit zunehmendem Füllvolumen auch von einer Steigerung der mechanischen Eigenschaften ausgegangen werden kann. Die Auswirkungen der Schichthöhe und der Anzahl der Wandung auf die mechanischen Eigenschaften erfolgt anhand eines vollfaktoriellen Versuchsplans. Während die Härte und Dichte weniger stark auf eine Parametervariation reagiert, zeigt sich eine zum Teil deutliche Auswirkung dieser Parameter auf die Druck- und Biegeeigenschaften. Anhand der Haupteffektdiagramme wird deutlich, dass mit geringen Schichthöhen und geringer Wandungsanzahl tendenziell höhere Druck- und Biegeeigenschaften erzielt werden können. Da dieser Effekt bei den Druckmodul- und Biegemodulwerten zwischen einer Schichthöhe von 0,1 mm und 0,2 mm kaum auftritt, ist aus wirtschaftlichen Gesichtspunkten eine Schichthöhe von 0,2 mm zu empfehlen, solange es nicht zu einem Werkzeugbruch kommt. Die Anzahl der Wandungen hängt vernachlässigbar mit den Fertigungskosten zusammen, sodass dieser Wert auf 1 gesetzt werden kann, um die mechanischen Eigenschaften zu erhöhen. Tabelle 5 fasst den empfohlenen Parametersatz für die Werkzeugherstellung zusammen.

Tabelle 5: Empfohlene Druckparameter zur Werkzeugherstellung

Parameter	Wert	Einheit
Schichthöhe	0,2	mm
Anzahl Wandung	1	-
Füllvolumen	100	%
Füllmuster	Dreiecksmuster	-

[211] Die Kostenermittlung wurde im Oktober 2022 durchgeführt. Aus insgesamt fünf Anbietern wurden die drei günstigsten Angebote gemittelt.

Ausgehend von dem ermittelten Druckprofil werden weitere Materialien, insbesondere auch faserverstärkte Materialien, charakterisiert und zusätzlich die Anisotropie der Eigenschaften bestimmt. Neben der Ermittlung der Festigkeits- und Modulwerte werden zusätzlich die qualitativen Stauchungs- und Dehnungskurven analysiert, aus denen weitere Erkenntnisse gewonnen werden können. Alle geprüften Materialien verfügen über ein ausgeprägtes duktiles Materialverhalten unter einer Druckbeanspruchung, was sich vorteilhaft hinsichtlich einer Werkzeuganwendung auswirkt, da ein plötzlicher Werkzeugbruch unwahrscheinlich ist. In Bezug auf eine Drucklast weisen die Materialien PA und ABS ansatzweise ein isotropes Materialverhalten auf. Die faserverstärkten Materialien PA-CF und PA6-CF sowie das Material PLA sind zu Beginn einer Druckbeanspruchung senkrecht zu den Schichten steifer als bei einer Lastrichtung parallel zu den Schichten. Insgesamt zeigen die Materialien PLA und PA-CF einen vorteilhaften Kurvenverlauf im relevanten Stauchungsbereich (< 5 %), da bei vergleichsweise hohen Spannungen geringe Verformungen auftreten. Dieses Verformungsverhalten wirkt sich günstig hinsichtlich der erreichbaren Bauteilgenauigkeiten tiefgezogener Blechteile aus, sodass diese beiden Materialien bzgl. einer Drucklast hervorzuheben sind. Die verstärkende Wirkung der Kohlenstofffaser zeigt sich insbesondere bei den Biegeeigenschaften. Die höchsten Biegefestigkeiten und -module werden von den Materialien PA-CF und PA6-CF erreicht, wobei die Werte je nach Druckrichtung stark voneinander abweichen. Hieraus lässt sich ein ausgeprägtes anisotropes Materialverhalten schlussfolgern.

Basierend auf den ermittelten Eigenschaften aus den Normversuchen ist zunächst das Material PLA für den Einsatz als Werkzeugwerkstoff hervorzuheben. Unter den nicht faserverstärkten Materialien weist PLA die höchsten Druck- und Biegeeigenschaften auf, verfügt über eine hohe Härte und ist zusätzlich das kostengünstigste Material (50,64 €/kg)[212]. Deutlich höhere Kosten müssen bei den faserverstärkten Materialien PA-CF (174,95 €/kg) und PA6-CF (94,25 €/kg) aufgewendet werden[202]. Demgegenüber verfügen diese Materialien je nach Druckrichtung über deutlich höhere Biegeeigenschaften. Die höchsten Druckmodulwerte und -festigkeiten werden von dem faserverstärkten Material PA-CF erreicht. Hingegen ist das Material PA6-CF kostengünstiger und zeichnet sich durch eine bessere Verarbeitbarkeit aus, sodass dieses Material für die Werkzeugherstellung ebenfalls interessant ist. Hinsichtlich der erzielten mechanischen Eigenschaften sind die Materialien PLA, PA-CF und PA6-CF für die Werkzeugherstellung zu empfehlen.

[212] Die Kostenermittlung wurde im Oktober 2022 durchgeführt. Aus insgesamt fünf Anbietern wurden die drei günstigsten Angebote gemittelt.

4.2 Untersuchung des Einflusses von Tiefziehparametern auf die Werkzeugbelastung

Während des Tiefziehens wird die Werkzeugbelastung von einer Vielzahl verschiedener Parameter beeinflusst. Neben der Geometrie des Blechteils wirken sich insbesondere auch die Blechdicke und der Blechwerkstoff auf die Werkzeugbelastung aus. Im folgenden Kapitel wird anhand einer Simulationsstudie untersucht, welchen Einfluss verschiedene Tiefziehparameter auf die Werkzeugbelastung haben. Das Ziel besteht darin, den Parameterraum für die nachfolgenden realen Tiefziehversuche so zu definieren, dass der Anwendungsbereich der Werkzeugtechnologie aufgezeigt werden kann. Hierfür ist es wichtig Tiefziehparameter zu identifizieren, deren Variation einen großen Einfluss auf die Werkzeugbelastung haben. Neben der Herleitung der weiterführenden Versuchsplanung wird zudem ein besseres Verständnis über die Parametervariation geschaffen, sodass eine Abschätzung des Anwendungsbereichs auf verschiedene Tiefziehaufgaben ermöglicht wird. Das Kapitel adressiert basierend auf der Simulationsstudie die zweite Teilforschungsfrage: *Welche Tiefziehaufgaben können mittels der untersuchten Werkzeugtechnologie umgesetzt werden?*

4.2.1 Herleitung des Napfziehversuchs als geeigneter Standardversuch der Arbeit

Im Vorfeld der Simulationsstudie wird im folgenden Abschnitt ein Standardversuch hergeleitet, welcher die charakteristischen Eigenschaften des Tiefziehprozesses vollständig abbildet. In Verbindung mit einem standardisierten Auswerteschema soll die Vergleichbarkeit der Versuche untereinander sowohl bei den Simulationen als auch bei den Realversuchen sichergestellt werden. In der VDI Richtlinie 3388 werden verschiedene Werkstoffen genannt, die für die Herstellung von Umformwerkzeugen genutzt werden können[213]. Die Richtlinie zeigt eine Übersicht geeigneter Werkzeugwerkstoffe mit Legierungszusammensetzung, mechanischen Eigenschaften und Verwendungszweck, wie etwa für den Prototypenbau oder die Großserie. Technische Kunststoffe werden ebenfalls für die Verwendung als Werkzeugwerkstoff im Prototypenbau beschrieben. Die Qualifizierung von neuen Werkstoffen, bzw. Fertigungsverfahren, für die Werkzeugherstellung sind nicht Teil der Richtlinie, sodass diese für den Standardversuch der Arbeit nicht im Fokus steht. Neben der VDI-Richtlinie sind in der Literatur weitere verschiedene Tiefziehprüfverfahren sowie Prüfnormen beschrieben[214]. Einige wichtige Prüfverfahren sind in der nachfolgenden Tabelle aufgezeigt.

---

[213] VDI-Gesellschaft Produktion und Logistik, *VDI-12* (2012) 25.100.01, 25.120.10, Nr. 3388.

[214] Gerhard Oehler und Fritz Kaiser, *Schnitt-, Stanz- und Ziehwerkzeuge*, 7. unveränderte Auflage (Berlin, Heidelberg: Springer Berlin Heidelberg, 1993), S. 420–23.

Tabelle 6: Tiefziehprüfverfahren mit zugehörigem Kennwert und Prüfnorm

Verfahrensbezeichnung	Kennwert	Prüfnorm
Napfziehversuch nach Swift[215]	Grenzziehverhältnis	-
Tiefungsversuch nach Erichsen[216]	Erichsen-Tiefung IE	DIN EN ISO 20482
Engelhardt Test[217]	Tiefziehsicherheit T	-
Grenzformänderungskurve[218]	Grenzformänderung	DIN EN ISO 12004-1
Zipfelprüfung[219]	Zipfligkeit	ISO 11531

Diese Verfahren werden in erster Linie zur Ermittlung von mechanischen Eigenschaften von Blechwerkstoffen, wie beispielsweise die Tiefziehfähigkeit, verwendet. Hierbei wird weiterhin zwischen verfahrensgebundenen und verfahrensungebundenen Prüfungen unterschieden[220]. Die verfahrensungebundenen Prüfungen sind als Standardversuch dieser Arbeit weniger relevant, da diese häufig keine Werkzeuge für die Ermittlung der Kennwerte erfordern. Unter den verfahrensgebundenen Prüfverfahren ist der Napfziehversuch in besonderem Maße als Standardversuch geeignet, da dieser die wesentlichen Charakteristika des Tiefziehprozesses vollständig abbildet. Aus diesem Grund wird der Napfziehversuch als Grundlage der praktischen Versuche innerhalb der Arbeit genutzt. Abbildung 4.15 zeigt den schematischen Versuchsaufbau des Napfziehversuchs samt relevanter Geometrieparameter.

[215] Doege und Behrens, *DOEG16*, S. 288–89.
[216] DIN Deutsches Institut für Normung e.V., *DIN14* (2014), Nr. 20482.
[217] Doege und Behrens, *DOEG16*, S. 292–93.
[218] DIN Deutsches Institut für Normung e. V., *DIN21* (2021), 12004-1.
[219] INTERNATIONAL STANDARD, *INTE15* (2015), Nr. 11531.
[220] Doege und Behrens, *DOEG16*, S. 288.

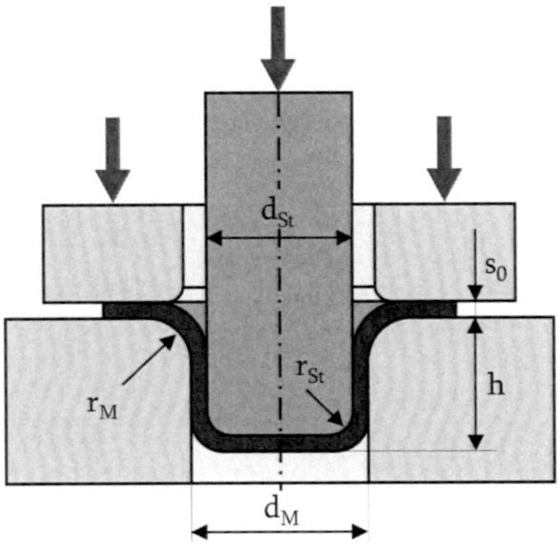

Bezeichnung	Parameter
Stempeldurchmesser	d_{St}
(Rondendurchmesser)	D_0
(Ziehspalt)	u_z
Blechdicke	s_0
Ziehtiefe	h
Matrizendurchmesser	d_M
Ziehkantenradius	r_M
Stempelkantenradius	r_{St}

Abbildung 4.15: Schematischer Versuchsaufbau des Napfziehversuchs

Im eigentlichen Sinne wird der Napfziehversuch nach Swift zur Ermittlung des Grenzziehverhältnisses verwendet, indem der Rondendurchmesser sukzessiv erhöht wird, bis es zu Fehlern im Napf kommt. Dieser Kennwert bildet demnach das maximal mögliche Verhältnis aus Rondendurchmesser zu Stempeldurchmesser ab, welches ohne Versagen tiefziehbar ist.

$$\beta_{0,max} = \frac{D_0}{d_{St}}$$

Bei sonst gleichbleibenden Parametern kann angenommen werden, dass bei Erhöhung des Ziehverhältnisses auch die Belastungen an den Werkzeugen zunehmen. Um bei den Versuchen eine maximale Belastung an den Werkzeugen hervorzurufen, wird das Ziehverhältnis auf das Grenzziehverhältnis oder teilweise darüber hinaus gesetzt. Bei weiterer Erhöhung des Ziehverhältnisses und somit der Werkzeugbelastung ist der Blechwerkstoff der limitierende Faktor. Durch diese Vorgehensweise kann beim Napfziehversuch ein Grenzfall konstruiert werden. Weiterhin ist bei der Verwendung eines kreiszylindrischen Napfes vorteilhaft, dass verschiedene Kennwerte, wie beispielsweise die Niederhalterkraft, Ziehkraft oder Zieharbeit, auch analytisch berechnet werden können. Durch die Symmetrie des Napfes kann bei den Simulationen zusätzlich Rechenleistung eingespart werden, indem beispielsweise nur ein Viertelkreis berechnet wird. Abschließend lassen sich folgende Vorteile bei der Verwendung einer Napfgeometrie für die Versuche innerhalb der Arbeit herausstellen:

- Einfache Geometrie, die analytisch berechnet werden kann
- Reduzierte Rechenleistung bei den Simulationen
- Abbildung eines Grenzfalls durch Verwendung des Grenzziehverhältnisses

- Dreiteiliges Werkzeug mit Niederhalter

4.2.2 Simulationsstudie zur Quantifizierung von Tiefziehparametern auf die Werkzeugbelastung

Zur Prozesssimulation in der Umformtechnik haben sich verschiedene auf den Umformprozess zugeschnittene Softwarelösungen etabliert. Eine dieser Softwarelösungen, welche insbesondere in der Automobilindustrie eine weite Verbreitung findet, ist die Software AUTOFORM. Diese zeichnet sich durch eine einfache Benutzeroberfläche aus, welche auf die Bedürfnisse der Umformtechnik angepasst ist und so dem Nutzer die Durchführung der Simulation vereinfacht. Die vereinfachte Bedienbarkeit geht folglich mit einer Einschränkung auf die Einstellmöglichkeiten des Simulationsmodells einher. So wird bei der Umformsimulation mit AUTOFORM beispielsweise mit starren Werkzeugen gerechnet, die insbesondere bei weichen Werkzeugmaterialien die Realität nicht vollständig abbildet. Obwohl dieser Nachteil bei der Anwendung additiv gefertigter Polymerwerkzeuge nicht unerheblich ist, kann durch eine geeignete Interpretation der Simulationsergebnisse diesem Nachteil entgegengewirkt werden. Da die nachfolgende Simulationsstudie zunächst eine grobe Einordnung verschiedener Tiefziehparameter auf die Werkzeugbelastung zum Ziel hat, kann die Verwendung der Software AUTOFORM als hinreichend genau betrachtet werden.

Zu Beginn der Simulationsstudie werden die Parameter definiert, welche den Tiefziehprozess maßgeblich beeinflussen. Einen wesentlichen Einfluss auf den Tiefziehprozess hat die Beschaffenheit des Bleches. Diese wird hauptsächlich von dem Blechmaterial, der Blechdicke, dem Reibungskoeffizent zwischen Blech und Werkzeug und dem Rondendurchmesser bestimmt. Genannte Blechparameter sollen als veränderliche Faktoren in die Versuchsplanung aufgenommen werde. Weitere Faktoren, welche die Geometrie der Werkzeuge bzw. des Napfes bestimmen, sind der Stempelkantenradius, der Ziehkantenradius sowie die Ziehtiefe bzw. die Höhe des Napfes (vgl. Abbildung 4.15). Als ein weiterer veränderlicher Faktor wird die Ziehgeschwindigkeit mit in die Versuchsplanung aufgenommen. Der Stempeldurchmesser wird auf 25 mm festgelegt und soll im Rahmen der Simulationsstudie nicht verändert werden. Insgesamt ergeben sich acht verschiedene Faktoren, deren Einfluss auf die Werkzeugbelastung in der Simulationsstudie untersucht werden soll. Tabelle 7 zeigt die veränderlichen Faktoren, die konstanten Eingangsgrößen sowie die Stufen der Faktoren.

Tabelle 7: Übersicht der Faktoren, der Stufen sowie der konstanten Eingangsgrößen

Faktoren/Parameter		Stufen		Einheit
Stempelkantenradius	r_{St}	3	7	mm
Ziehkantenradius	r_M	2,5	7,5	mm
Ziehtiefe	h	10	16	mm
Ziehgeschwindigkeit	v	3,5	235	mm/s
Blechmaterial		DC04	HX380LAD-Z	-
Blechdicke	s_0	0,5	2	mm
Reibungskoeffizent	μ	0,05	0,2	-
Rondendurchmesser	D_0	50	56	mm
Stempeldurchmesser	d_{St}	25		mm

Die Stufen grenzen dabei einen für die Werkzeuggeometrie sinnvollen oberen und unteren Bereich der Faktoren ein. Durch die Wahl der Stufen soll die Werkzeugbelastung in einem möglichst großen Bereich variiert werden. Dies hat zum Ziel den Anwendungsbereich der Werkzeugtechnologie zu bestimmen und die weitere Versuchsplanung der realen Tiefziehversuche abzuleiten.

Um die Anzahl an Versuchsdurchläufen bzw. Simulationen zu reduzieren, wird mit der Software MINITAB ein teilfaktorieller Versuchsplan erstellt. Bei der vergleichsweisen hohen Anzahl an acht Faktoren würde ein vollfaktorieller Versuchsplan insgesamt 256 einzelne Simulationen erfordern. Der teilfaktorielle Versuchsplan reduziert die Anzahl benötigter Versuche, indem nur eine Teilmenge des vollfaktoriellen Versuchsplans analysiert wird. Tabelle 8 zeigt den teilfaktoriellen Versuchsplan mit insgesamt 16 Versuchen. Dieser stellt eine 1/16-Fraktion des vollfaktoriellen Versuchsplans mit der Auflösung IV dar. Durch diesen Versuchsplan lassen sich sämtliche Haupteffekte sicher bestimmen[221].

Tabelle 8: Teilfaktorieller Versuchsplan mit acht Faktoren auf zwei Stufen und 16 Versuchen

Versuch	Blechmaterial	r_{St} [mm]	r_M [mm]	h [mm]	v [mm/s]	s_0 [mm]	μ [-]	D_0 [mm]
1	DC04	7	2,5	10	235	2,0	0,20	50
2	HX380LAD-Z	7	2,5	10	235	0,5	0,05	56
3	HX380LAD-Z	3	7,5	16	3,5	0,5	0,05	56
4	DC04	3	7,5	10	235	0,5	0,20	56
5	DC04	3	2,5	16	235	2,0	0,05	56
6	DC04	7	7,5	16	235	0,5	0,05	50

[221] Karl Siebertz, David van Bebber und Thomas Hochkirchen, *Statistische Versuchsplanung* (Berlin, Heidelberg: Springer Berlin Heidelberg, 2010). doi:10.1007/978-3-642-05493-8, S. 29.

Versuch	Blechmaterial	r_{St} [mm]	r_M [mm]	h [mm]	v [mm/s]	s_0 [mm]	μ [-]	D_0 [mm]
7	HX380LAD-Z	3	2,5	10	3,5	2,0	0,20	56
8	DC04	3	2,5	10	3,5	0,5	0,05	50
9	HX380LAD-Z	7	7,5	16	235	2,0	0,20	56
10	DC04	7	2,5	16	3,5	0,5	0,20	56
11	HX380LAD-Z	3	7,5	10	3,5	2,0	0,20	50
12	HX380LAD-Z	7	7,5	10	3,5	0,5	0,20	50
13	DC04	7	7,5	10	3,5	2,0	0,05	56
14	DC04	3	7,5	16	3,5	2,0	0,20	50
15	HX380LAD-Z	3	2,5	16	235	0,5	0,20	50
16	HX380LAD-Z	7	2,5	16	3,5	2,0	0,05	50

In einem ersten Schritt werden für jeden Versuch die entsprechenden Geometrieparameter der Werkzeuge bzw. des Blechmaterials konstruiert, um diese anschließend in AUTOFORM importieren zu können. Die Eigenschaften des Blechmaterials können aus der Materialdatenbank der Software übernommen werden. Die Ziehgeschwindigkeit sowie der Reibungskoeffizient sind weitere Parameter, die über die Eingabemaske der Software eingestellt werden können. Die Niederhalterkraft wird mittels der Software optimiert und so eingestellt, dass das Risiko für das Auftreten von Tiefziehfehlern gering ist. Somit stellt auch die Niederhalterkraft einen variablen Tiefziehparameter dar, der jedoch nicht von der Versuchsplanung aus vorgegeben wird, sondern je nach Versuch individuell eingestellt wird. Die Werkzeuge werden in AUTOFORM als 2D-Wirkflächen abgebildet und somit als Starrkörper idealisiert. Das Meshing erfolgt mittels Dreieckelemente und einer minimalen Elementgröße von 0,31 mm sowie einer adaptiven Netzverfeinerung an besonders kritischen Bereichen, die eine hohe Auflösung erfordern.

Im Anschluss an die Vernetzung und das Einstellen sämtlicher Parameter gemäß Tabelle 8 erfolgt die Durchführung der Simulation. Zunächst wird anhand der Formbarkeitssimulation untersucht, ob das Auftreten von Tiefziehfehlern an dem Blechbauteil wahrscheinlich ist. Sofern die grundsätzliche Umformbarkeit gegeben ist und beispielsweise keine Bodenreißer auftreten, erfolgt die Analyse der Spannungszustände, die als Reaktionskräfte an den Werkzeugen auftreten. Abbildung 4.16 zeigt beispielhaft die Ergebnisse der Simulation des zehnten Versuchs.

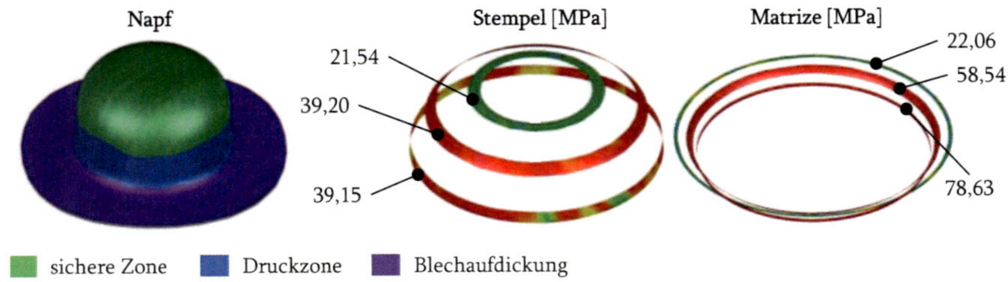

Ver-such	Blechmaterial	r_{St} [mm]	r_M [mm]	h [mm]	v [mm/s]	s_0 [mm]	μ [-]	D_0 [mm]
10	DC04	7	2,5	16	3,5	0,5	0,20	56

Abbildung 4.16: Ergebnis der Simulation des Versuchs 10: Simulation der Formbarkeit (links) sowie der Kontaktnormalspannung an der Stempelkantenrundung (Mitte) und an der Ziehkantenrundung (rechts)

Die Analyse der Kontaktnormalspannung erfolgt an der Stempel- und Ziehkantenrundung anhand von jeweils drei konzentrischen Kreisen, an denen die Spannungswerte gemittelt werden. Die Kreise kennzeichnen sowohl an dem Stempel als auch an der Matrize näherungsweise den Beginn und das Ende der Rundung sowie die Mitte der Rundung. Durch dieses Vorgehen soll ein Vergleich der Bauteil- und Werkzeugvermessung aus den Realversuchen mit den Ergebnissen der Simulation ermöglicht werden[222]. Die Breite der Kreise der gemittelten Spannungswerte entspricht der Größe eines Elements an der entsprechenden Stelle.

Die Berechnung der Spannungsmittelwerte der Kreise aus Abbildung 4.16 erfolgt durch den Export einer CSV-Datei aus AUTOFORM, welche die Knotenkoordinaten samt den maximal auftretenden Spannungswerten beschreibt. Durch die Selektion der entsprechenden Knotenkoordinaten, welche Teil der definierten Kreise sind, können die einzelnen Spannungswerte ausgewählt und anschließend gemittelt werden. Bei den Spannungswerten handelt es sich um die im Verlauf der Umformung auftretenden Maximalwerte. Die Berechnung des arithmetischen Mittels von einer Vielzahl von Knoten ist insofern relevant, da es durch die Abbildung der Werkzeuge als Starrkörper zu hohen Spannungsspitzen während der Umformsimulation kommt. Vergleichsweise weiche Werkzeugwerkstoffe, wie beispielsweise die untersuchten additiv gefertigten Kunststoffwerkzeuge, verhindern durch lokale Werkzeugverformung das Auftreten

[222] Die Position der jeweiligen Kreise entspricht in etwa der Position der charakteristischen Messstellen B, C und D der Maßabweichungsverläufe der Näpfe bzw. der Matrizen aus Abbildung 4.27 und Abbildung 4.30.

von hohen Spannungsspitzen. Aus diesem Grund ist der Spannungsmittelwert ein geeigneteres Maß für die Werkzeugbelastung als die lokal auftretenden Maximalspannungen der Simulation. Für den Versuch 10 aus Abbildung 4.16 ergibt sich eine maximale gemittelte Spannung von 78,63 MPa am Auslauf der Ziehkantenrundung der Matrize und von 39,20 MPa in der Mitte der Stempelkantenrundung. Der ca. doppelt so hohe Spannungswert an der Matrize könnte durch den geringen Ziehkantenradius von 2,5 mm im Vergleich zum Stempelkantenradius von 7 mm hervorgerufen werden. Die maximal auftretende gemittelte Spannung liegt mit 78,63 MPa dennoch deutlich unter der Druckfließspannung von PLA der Druckrichtung DL mit 93,45 MPa aus Abbildung 4.10. Aus diesem Grund sollte die Kombination der Tiefziehparameter von Versuch 10 ohne Werkzeugversagen mit dem 3D-Druckmaterial PLA tiefziehbar sein. Gemäß dem Spannungs-Stauchungs-Diagramm aus Abbildung 4.10 ergibt sich bei dem Material PLA bei einer Spannung von 78,63 MPa eine Stauchung von 3,12 %. Da die auftretende Scherspannung an den Werkzeugen über den Reibungskoeffizienten mit der Kontaktnormalspannung verknüpft ist, wird diese an der Stelle nicht gesondert betrachtet. Bei einem Reibungskoeffizienten zwischen 0,05 und 0,20 fällt die Scherspannung demnach um etwa eine Größenordnung geringer aus als die Kontaktnormalspannung.

Die Durchführung und Auswertung der Simulationen aller weiteren Versuche des Versuchsplans aus Tabelle 8 erfolgt analog zu dem beschriebenen Vorgehen des Versuchs 10. Abbildung 4.17 fasst die wesentlichen Ergebnisse aller 16 Simulationen zusammen. Abgebildet sind die Kontaktnormalspannungen der Stempel- und Ziehkantenrundung, welche durch die Mittelung der drei Auswertekreise gebildet werden (vgl. Abbildung 4.16).

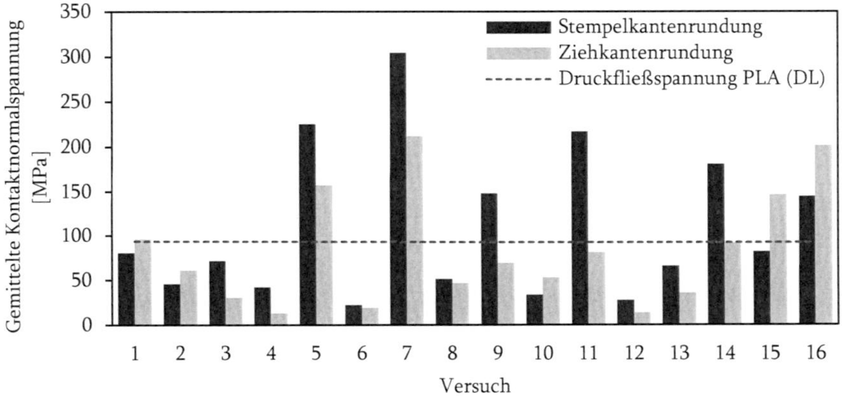

Abbildung 4.17: Gemittelte Kontaktnormalspannung aller drei Auswertekreise jeweils an der Stempel- und Ziehkantenrundung. Als Referenzwert ist zusätzlich die Druckfließspannung von PLA der Druckrichtung DL angegeben

Die dargestellten Werte der Kontaktnormalspannungen können als Maß für die im Mittel auftretenden Spannungen an den Rundungen von Stempel und Matrize interpretiert werden. Als Referenzwert ist in Abbildung 4.17 zudem die aus den Normversuchen bestimmte Druckfließspannung des 3D-Druckmaterials PLA der Druckrichtung DL dargestellt (vgl. Abbildung 4.10). Sofern die simulierte Kontaktnormalspannung an den Rundungen eine gute Annäherung an die real auftretenden Spannungen an den Werkzeugen darstellt, ist eine signifikante Verformung der Werkzeuge bei den Versuchen, die oberhalb der Druckfließspannung liegen, wahrscheinlich. Dieses Verhalten ist in etwa bei der Hälfte der Versuche bei mindestens einem Werkzeugteil zu beobachten. Bei der anderen Hälfte der Versuche ist die gemittelte Kontaktnormalspannung geringer als die Druckfließspannung, sodass bei diesen Versuchen von einer nur geringen Werkzeugverformung ausgegangen werden kann. Insgesamt bestätigt die hohe Spanne der Kontaktnormalspannungen der Versuche, die sowohl deutlich unter- als auch oberhalb der Druckfließspannung von PLA liegt, die geeignete Wahl der Faktorstufen. Hierdurch lassen sich Szenarien abbilden, welche die Werkzeuge vergleichsweise hoch bzw. niedrig belasten.

Um die Auswirkungen der einzelnen Faktorstufen auf die Werkzeugbelastung analysieren zu können, werden nachfolgend die standardisierten Effekte im Pareto-Diagramm dargestellt. Abbildung 4.18 zeigt das Pareto-Diagramm der standardisierten Effekte der jeweiligen Faktoren auf die Kontaktnormalspannung an der Stempelkantenrundung.

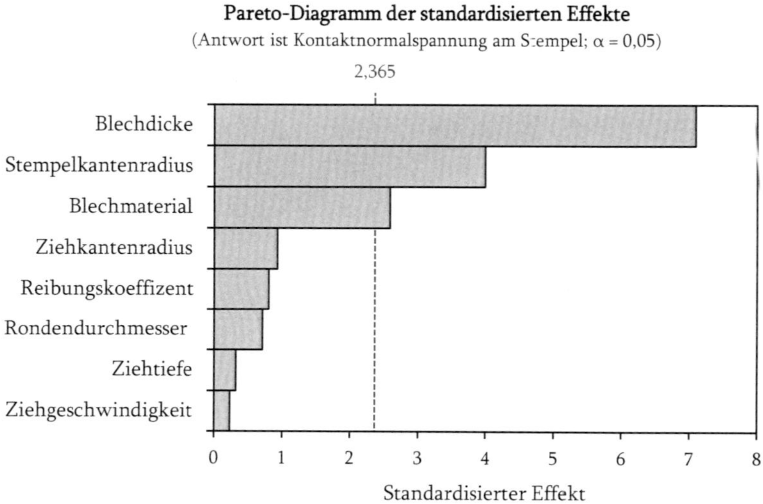

Abbildung 4.18: Pareto-Diagramm der standardisierten Effekte der jeweiligen Faktoren auf die Kontaktnormalspannung an der Stempelkantenrundung

Neben den Absolutwerten der standardisierten Effekte ist zudem eine Referenzlinie dargestellt. Diese gibt an, welche Effekte, bei dem gewählten Signifikantsniveau von 5 %, statistisch signifikant sind. Für die Kontaktnormalspannung an der Stempelkantenrundung bedeutet dies, dass die Faktoren Blechdicke, Stempelkantenradius und Blechmaterial statistisch signifikant sind. Der größte Effekt auf die Kontaktnormalspannung zeigt sich bei einer Blechdickenänderung von 0,5 mm auf 2,0 mm. Auch die Änderung des Stempelkantenradius von 7 mm auf 3 mm sowie der Einsatz des hochfesten Blechwerkstoffs HX380LAD-Z bewirkt eine signifikante Erhöhung der Kontaktnormalspannung an der Stempelkantenrundung. Einen nur geringen Einfluss auf die Kontaktnormalspannung haben mit abnehmender Bedeutung die Faktoren Ziehkantenradius, Reibungskoeffizient, Rondendurchmesser, Ziehtiefe und Ziehgeschwindigkeit.

Analog zu der Stempelkantenrundung sind in Abbildung 4.19 die standardisierten Effekte auf die Kontaktnormalspannung an der Ziehkantenrundung im Pareto-Diagramm dargestellt.

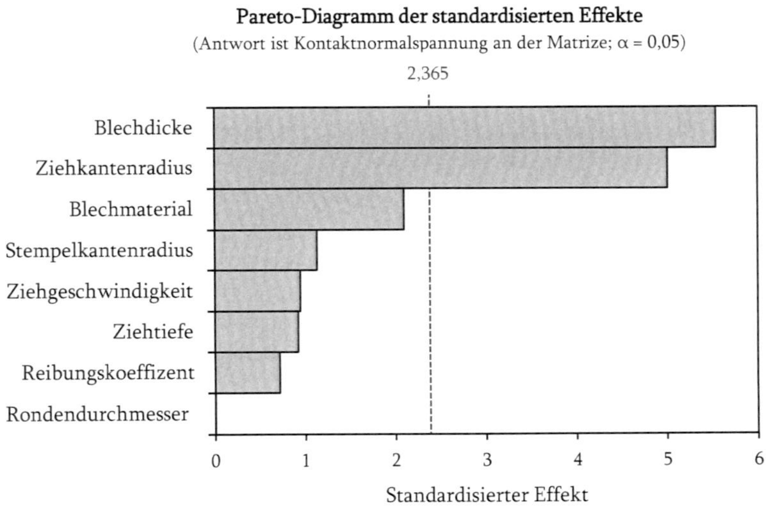

Abbildung 4.19: Pareto-Diagramm der standardisierten Effekte der jeweiligen Faktoren auf die Kontaktnormalspannung an der Ziehkantenrundung

Als statistisch signifikant stellen sich die Faktoren Blechdicke und Ziehkantenradius heraus. Im Gegensatz zu der Stempelkantenrundung zeigt sich das Blechmaterial bei den Kontaktnormalspannungen an der Matrize als statistisch nicht signifikant. Insbesondere kann der Einfluss des Rondendurchmessers auf die Kontaktnormalspannung der Ziehkantenrundung vernachlässigt werden.

Zusammengefasst lässt sich feststellen, dass die Werkzeugbelastung insbesondere von der Dicke des verwendeten Blechwerkstoffs abhängig ist. Dieser Faktor hat gleichsam am Stempel und der Matrize den größten Einfluss auf die Kontaktnormalspannungen. An dieser Stelle sei angemerkt, dass der untersuchte Blechdickenbereich von 0,5 mm bis 2,0 mm einen vergleichsweisen großen Bereich darstellt. Dieser Bereich deckt bereits einen Großteil der in einer Fahrzeugkarosserie vorkommenden Blechdicken ab. Nach BIRKERT kommen in einer Karosserie typischerweise Blechdicken zwischen

0,6 mm und 2,5 mm zum Einsatz[223]. Einen weiteren großen Einfluss auf die Werkzeugbelastung haben die an den jeweiligen Werkzeugteilen auftretenden Radien. So hängt die Kontaktnormalspannung an dem Stempel von der Größe des Stempelkantenradius und an der Matrize von der Größe des Ziehkantenradius ab. Die Änderung des Blechmaterials von dem weichen kaltgewalzten Stahl DC04 auf den hochfesten Stahl HX380LAD-Z (Zugfestigkeit > 500 MPa) hat sowohl bei der Matrize als auch bei dem Stempel einen weniger starken Einfluss auf die Werkzeugbelastung als die Änderung der Faktorstufen Blechdicke und Radius. Dies ist im Hinblick auf den Einsatz der Werkzeugtechnologie für die prototypische Bauteilherstellung einer Fahrzeugkarosserie insofern interessant, da für Strukturteile im Wesentlichen Stähle mit höheren Festigkeiten eingesetzt werden. Der Anwendungsbereich der Werkzeugtechnologie innerhalb einer Fahrzeugkarosserie würde sich in diesem Sinne deutlich erweitern. Neben den statistisch signifikanten Faktoren ist die Erkenntnis der Faktoren, die sich als statistisch nicht signifikant herausgestellt haben, gleichsam bedeutend. Eine Änderung der Faktoren Reibungskoeffizient, Rondendurchmesser, Ziehtiefe und Ziehgeschwindigkeit in dem angegebenen Bereich ist statistisch nicht signifikant und wirkt sich somit weniger stark auf die Kontaktnormalspannung aus. Hieraus lässt sich schlussfolgern, dass eine Änderung der genannten Faktoren in der Praxis nur zu einer unwesentlichen Änderung der Bauteilgenauigkeit sowie dem Werkzeugverschleiß bzw. der Werkzeugverformung führen sollte.

Die gewonnenen Erkenntnisse aus der Simulationsstudie sollen im nachfolgenden Abschnitt genutzt werden, die praktischen Tiefziehversuche zu definieren, um den Anwendungsbereich der Werkzeugtechnologie unter realen Bedingungen aufzuzeigen.

4.2.3 Auswahl von Parametern zur Definition der realen Tiefziehversuche

Ausgehend von den Erkenntnissen der Simulationsstudie erfolgt in diesem Abschnitt die Definition der realen Tiefziehversuche. Um den Anwendungsbereich der Werkzeugtechnologie auch unter praxisnahen Bedingungen aufzuzeigen, ist es sinnvoll einen Versuch zu definieren, bei dem die Werkzeuge nicht bzw. nur geringfügig verschleißen und einen weiteren Versuch, bei dem die Werkzeugbelastung gerade so hoch ist, dass es zu einer signifikanten plastischen Verformung an den Werkzeugen kommt. Aus den Pareto-Diagrammen der Simulationsstudie (Abbildung 4.18 und Abbildung 4.19) ist bekannt, dass die Blechdicke den größten Einfluss auf die Werkzeugbelastung hat. Die Auswertungen der gemittelten Kontaktnormalspannungen zeigen weiterhin, dass bei einer Verwendung einer Blechdicke von 2,0 mm die simulierte

[223] Birkert, Haage und Straub, *BIRK13*, S. 29.

Spannung größtenteils deutlich oberhalb und bei einer Blechdicke von 0,5 mm deutlich unterhalb der Druckfließspannung von PLA liegen (vgl. Abbildung 4.17 und Tabelle 8). Um einen Versuch zu definieren, bei dem die Kontaktnormalspannungen nur geringfügig unter- bzw. oberhalb der Druckfließspannung von PLA liegen, ist es sinnvoll eine Blechdicke zu wählen, die zwischen der genannten Blechdickenspanne liegt. Aus diesem Grund wird für die nachfolgenden Versuche eine Blechdicke von 1,0 mm verwendet. Der Rondendurchmesser wird so gewählt, dass sich bei dem gegebenen Stempeldurchmesser das maximal zulässige Tiefziehverhältnis ergibt. Weiterhin wird der Reibkoeffizient für die vorliegende Materialkombination aus Literaturwerten abgeschätzt und die Ziehtiefe auf 16 mm festgelegt. Alle weiteren Geometrieparameter für die Versuche werden anhand von Simulationen iterativ bestimmt, sodass sich die gewünschten Grenzfälle ergeben. Sämtliche Parameter der Tiefziehversuche eins und zwei sind in Tabelle 9 zusammengefasst.

Tabelle 9: Übersicht der definierten Parameter für die realen Tiefziehversuche

Versuch	Blechmaterial	r_{St} [mm]	r_M [mm]	h [mm]	v [mm/s]	s_0 [mm]	μ [-]	D_0 [mm]
1	DC04	5	2,5	16	3,5	1,0	0,10	53,1
2	HX380LAD-Z	5	2,5	16	3,5	1,0	0,10	53,1

Beide Versuche unterscheiden sich lediglich anhand des verwendeten Blechmaterials. Hierdurch ergibt sich der Vorteil, dass dieselben Werkzeuggeometrien zum Einsatz kommen. Der erste Versuch stellt hierbei den unteren Grenzfall dar, da die gemittelten Kontaktnormalspannungen größtenteils unterhalb der Druckfließspannung von PLA liegen. Das Ziel des zweiten Versuchs besteht darin, die Werkzeugbelastung durch die Verwendung des hochfesten Blechmaterials HX380LAD-Z über die Druckfließspannung von PLA zu bringen. Zur Einordnung der auftretenden Werkzeugbelastung der Tiefziehversuche werden die Versuche analog zu der vorangegangenen Simulationsstudie mit der Software AUTOFORM modelliert. Die Ergebnisse der Simulation des ersten Versuchs mit dem Blechmaterial DC04 sind in der nachstehenden Abbildung 4.20 dargestellt.

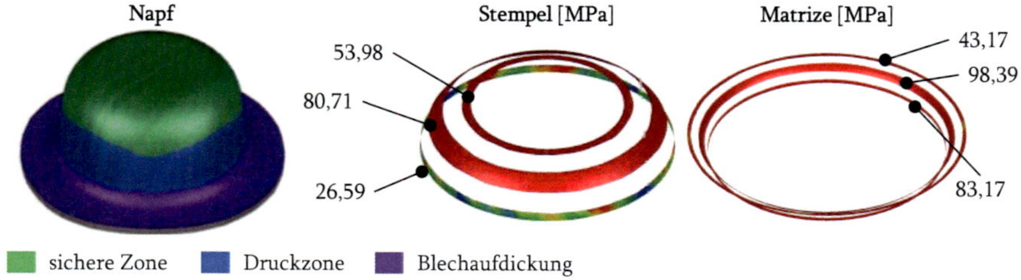

Abbildung 4.20: Simulation der Formbarkeit (links) sowie Kontaktnormalspannung an der Stempelkantenrundung (Mitte) und an der Ziehkantenrundung (rechts) mit dem Blechmaterial DC04 (Versuch 1)

Vergleichbar mit den Simulationen aus dem teilfaktoriellen Versuchsplan zeigt sich bei der Umformung des Napfes aus Abbildung 4.20 eine gute Formbarkeit ohne erhöhtes Risiko für das Auftreten von Tiefziehfehlern. Die höchsten Kontaktnormalspannungen sind bei diesem Versuch mit 98,39 MPa in der Mitte der Ziehkantenrundung an der Matrize zu beobachten. Die maximale Kontaktnormalspannung am Stempel tritt ebenfalls in der Mitte der Rundung auf und beträgt 80,71 MPa. Mit Ausnahme der mittleren Messstelle an der Matrize liegen sämtliche gemittelten Spannungswerte unterhalb der Druckfließspannung des Materials PLA von 93,45 MPa (Druckrichtung DL), sodass dieser Versuch den unteren Grenzfall definiert.

Die Ergebnisse der Simulation des zweiten Tiefziehversuchs mit dem Blechmaterial HX380LAD-Z sind in Abbildung 4.21 dargestellt.

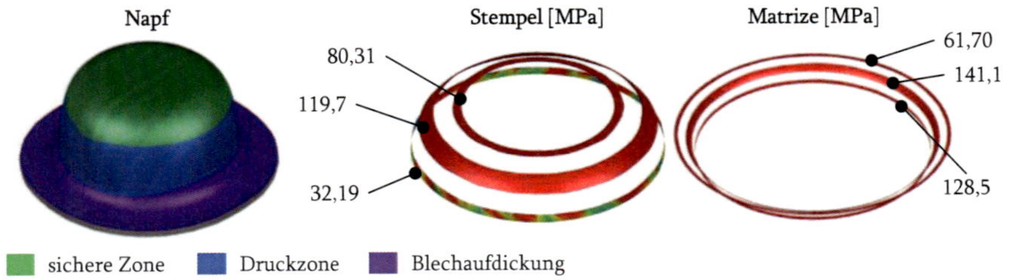

Abbildung 4.21: Simulation der Formbarkeit (links) sowie der Kontaktnormalspannung an der Stempelkantenrundung (Mitte) und an der Ziehkantenrundung (rechts) mit dem Blechmaterial HX380LAD-Z (Versuch 2)

Auch hier zeigt die Simulation der Formbarkeit ein ähnliches Ergebnis wie bei der Verwendung des Blechwerkstoffs DC04. Das Risiko für das Auftreten von Tiefziehfehlern kann als gering eingestuft werden. Verglichen mit der Simulation mit DC04 zeigt sich bei der Verwendung des hochfesten Blechwerkstoffs HX380LAD-Z jedoch eine deutliche Erhöhung der Kontaktnormalspannungen an Stempel- und Ziehkantenrundung. Die maximal gemittelte Spannung tritt auch bei dem Blechwerkstoff HX380LAD-Z an der Matrize mit 141,1 MPa auf. An dem Stempel zeigt sich eine maximal gemittelte Spannung von 119,7 MPa. Beide Spannungswerte liegen somit deutlich oberhalb der Druckfließspannung des 3D-Druckmaterials PLA von 93,45 MPa (Druckrichtung DL). Aus diesem Grund stellt der zweite Versuch einen sinnvollen oberen Grenzfall dar, der die Werkzeuge an ihre Belastungsgrenze bringen soll.

Die hergeleiteten Tiefziehversuche aus Tabelle 9 werden in den nachfolgenden zwei Kapiteln durchgeführt und beschrieben. Für den ersten Versuch mit dem Blechmaterial DC04 werden zur Werkzeugherstellung insgesamt vier verschiedene 3D-Druckmaterialien verwendet, um deren Eignung als Werkzeugwerkstoffe zu bestimmen. Der erste Versuch erfolgt in Kapitel 4.3 – Tiefziehversuche mit Variation der Werkzeugmaterialien. Der zweite Versuch mit dem Blechwerkstoff HX380-LAD-Z ist in Kapitel 4.4 – Tiefziehversuche mit Variation des Blechmaterials – beschrieben. Für das Tiefziehen des hochfesten Blechmaterials werden die zwei Werkzeugwerkstoffe, die in Kapitel 4.3 zu den besten Tiefziehergebnissen führen, eingesetzt und miteinander verglichen.

4.3 Tiefziehversuche mit Variation der Werkzeugmaterialien

Im folgenden Kapitel werden die Erkenntnisse der Materialcharakterisierung und der Simulationsstudie auf reale Tiefziehversuche übertragen. Das Ziel besteht darin die prinzipielle Eignung additiv gefertigter Werkzeugwerkstoffe für das Tiefziehen zu demonstrieren. Neben dem Nachweis der Machbarkeit sollen auch Leistungskriterien wie etwa die erreichbaren Bauteilgenauigkeiten und der auftretende Werkzeugverschleiß in Abhängigkeit der Werkzeugmaterialien bestimmt werden. Durch dieses Vorgehen sollen die dritte und vierte Teilforschungsfrage adressiert und beantwortet werden: *„Welcher Stückzahlbereich kann durch die Werkzeugtechnologie abgebildet werden bzw. wie hoch ist der Werkzeugverschleiß?“* sowie *„Welche Bauteilgenauigkeit kann durch den Einsatz additiv gefertigter Kunststoffwerkzeuge erreicht werden?“*.

4.3.1 Konstruktion und Fertigung der Werkzeuge für die Versuchsdurchführung

In den Tiefziehversuchen mit Napfgeometrie werden insgesamt vier verschiedene Materialien, PA, PLA, PA-CF und PA6-CF, als Werkzeugwerkstoff eingesetzt und miteinander verglichen. Zunächst wird hierfür der dreiteilige Werkzeugsatz bestehend aus Stempel, Matrize und Niederhalter konstruiert. Als Blechwerkstoff für die Versuche kommt der kaltgewalzte Stahl DC04 mit 1 mm Blechdicke zum Einsatz. Die Eigenschaften sowie die chemischen Bestandteile des Blechwerkstoffs sind in der DIN EN 10130 genormt[224]. Dieser unlegierter Blechwerkstoff wird in der Industrie als weicher Tiefziehstahl eingesetzt und gilt im Allgemeinen als gut tiefziehbar. Nach DIETRICH lässt sich für DC04 ein maximal zulässiges Ziehverhältnis von $\beta_{0,zul} = 2{,}125$ berechnet[225]. Neben der Verwendung des maximal zulässigen Ziehverhältnisses werden die Radien der Stempel- und Ziehkante klein gehalten um die Belastungen der Werkzeuge zusätzlich zu erhöhen. Alle weiteren Geometrieparameter der Tiefziehversuche sind in Tabelle 10 dargestellt.

Tabelle 10: Geometrieparameter des Werkzeugsatzes für die Tiefziehversuche

Bezeichnung	Parameter	Wert
Stempeldurchmesser	d_{St}	25 mm
Rondendurchmesser	D_0	53,1 mm
Ziehverhältnis	β	2,125

[224] DIN Deutsches Institut für Normung e.V., *DIN07: Technische Lieferbedingungen* (2007) 77.140.50, Nr. 10130.

[225] Dietrich, *DIET18*, S. 171.

Bezeichnung	Parameter	Wert
Blechdicke	s_0	1 mm
Ziehtiefe	h	16 mm
Ziehspalt	u_z	1,69 mm
Matrizendurchmesser	d_M	28,38 mm
Ziehkantenradius	r_M	2,5 mm
Stempelkantenradius	r_{St}	5,0 mm

Die Material- sowie die Parameterauswahl erfolgt hierbei unter Berücksichtigung der gewonnenen Erkenntnisse aus Abschnitt 4.1 (siehe auch Abschnitt 4.1.4 „Zwischenfazit für die Materialauswahl"). Aufgrund der hohen mechanischen Eigenschaften kommen die faserverstärkten Materialien PA-CF und PA6-CF sowie das Material PLA, welches die vielversprechendsten Eigenschaften aller untersuchten und nicht faserverstärkten Materialien besitzt, zum Einsatz. Als Vergleichsversuch soll zudem das Material PA untersucht werden. Die Einstellungen der Druckparameter werden bei den nicht faserverstärkten Materialien so gewählt, dass sich die größte Spanne der Druckfestigkeiten aus Abbildung 4.3 ergibt. Durch dieses Vorgehen soll aufgezeigt werden, welchen Einfluss die Material- und Parameterauswahl auf das Tiefziehergebnis haben. Die Parameter der faserverstärkten Materialien werden gemäß dem empfohlenen Parametersatz aus Tabelle 5 eingestellt. Zusammengefasst ergeben sich die in Tabelle 11 aufgezeigten Parametereinstellungen für die Werkzeugherstellung. Sämtliche Werte liegen dabei in den Bereichen, die von den Materialherstellern empfohlen werden. Die Druckaufbaurichtung der Werkzeuge erfolgt in Richtung der Pressenkraft, sodass das Dreiecks-Füllmuster entlang der Hauptkraftrichtung ausgerichtet ist und für eine gute Kraftübertragung sorgt. Die Notwendigkeit einer Stützstruktur kann durch diesen Aufbau ebenfalls entfallen. Der Treppenstufeneffekt, hervorgerufen durch den Schichtaufbau, ist hauptsächlich in den Bereichen von Stempel- und Ziehkantenradius ausgebildet. An diesen Stellen kann die Maßabweichung im ungünstigsten Fall zusätzlich um ± eine halbe Schichthöhe vergrößert werden.

Tabelle 11: Druckparameter der Druckmaterialien PA, PLA, PA-CF und PA6-CF

Druckparameter	PA	PLA	PA-CF	PA6-CF	Einheiten
Schichthöhe	0,3	0,1	0,2	0,2	mm
Anzahl Wandung	5	1	1	1	-
Füllvolumen	100				%
Füllmuster	Dreiecksmuster				-
Düsendurchmesser	0,4				mm
Temperatur Düse	245	205	275	280	°C
Temperatur Bauplattform	80	80	45	70	°C

Druckparameter	PA	PLA	PA-CF	PA6-CF	Einheiten
Druckgeschwindigkeit	45	45	30	30	mm/s

Um den Schrumpfungseffekten während des Druckprozesses entgegenzuwirken werden Schrumpfungskompensationen zu den Werkzeugflächen hinzugefügt. Die Größe der Schrumpfung ist dabei nicht nur von der Geometrie der Werkzeuge, sondern auch von den Druckparametern und Materialien abhängig. Aus diesem Grund werden die Schrumpfungskompensationen individuell für die verwendeten Druckmaterialien angepasst und zum Teil iterativ durch erneutes Anpassen der Geometrie ermittelt. Beispielhaft für das Ergebnis der Schrumpfungskompensation ist in Abbildung 4.22 die Maßabweichung der PLA Werkzeuge im Vergleich zur CAD-Sollgeometrie dargestellt.

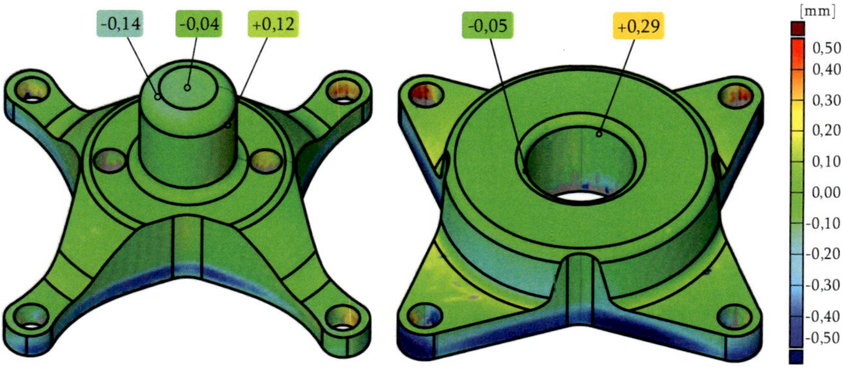

Abbildung 4.22: Maßabweichung der PLA-Werkzeuge im Vergleich zur CAD-Sollgeometrie

Die Sollgeometrie des Stempels ist hierbei um 0,5 % in der X-Y-Ebene und um 0,2 % entlang der Z-Achse skaliert. Da die geometriegebende Kontur der Matrize lediglich von Ziehkantenradius und Durchmesser abhängt, ist eine Skalierung in z-Achse nicht erforderlich. In einer zweiten Iteration wird der Durchmesser der Matrize um 0,2 mm vergrößert. Durch die Schrumpfungskompensationen zeigen die PLA-Werkzeuge eine im Vergleich zu den anderen Materialien hohe Maßhaltigkeit und eine gute Oberflächenbeschaffenheit. Dies kann zum einen auf die im Allgemeinen sehr gute Verarbeitbarkeit von PLA, aber auch auf die geringe Schichthöhe von 0,1 mm zurückgeführt werden. Insgesamt liegen die maximalen Maßabweichungen an dem Stempel in einem Bereich zwischen – 0,14 mm und 0,12 mm und an der Matrize zwischen – 0,05 mm und 0,29 mm. Hierbei wurden nur die Kontaktzonen der Werkzeuge mit dem Blechwerkstoff analysiert, da nur diese sich auf die Bauteilgenauigkeit der Tiefziehteile auswirken. Der Oberflächenvergleich zeigt weiterhin vereinzelte Fehlstellen, an denen das Material punktförmig von der Soll-Geometrie abweicht (z.B. Abweichungsfähnchen + 0,29 mm der Matrize). Dieser Effekt ist insbesondere bei FLM-Bauteilen mit hohem Füllvolumen zu beobachten. Durch die hohen Flächenpressungen während des Umformprozesses kann davon ausgegangen werden, dass die punktförmigen Abweichungen geglättet werden und sich so weniger stark auf die Genauigkeiten der tiefgezogenen Bauteile auswirken. Abgesehen von diesen punktförmigen Abweichungen liegt der Großteil der Maßabweichung in der Kontaktzone der PLA-Werkzeuge mit dem Blechwerkstoff in einem Bereich zwischen ± 0,10 mm.

Die Maßabweichungen der initialen Werkzeuggeometrie im Vergleich zur CAD-Sollgeometrie der Materialien PA, PA-CF und PA6-CF sind im Anhang A4 dargestellt. Diese weisen zum Teil höhere Maßabweichungen im Vergleich zu den PLA-Werkzeugen auf. Ein Grund für die verringerte Werkzeuggenauigkeit kann durch die größeren Schichthöhen von 0,3 mm bei den PA-Werkzeugen und 0,2 mm bei den faserverstärkten Werkzeugen bedingt sein. Zudem weisen die faserverstärkten Materialien eine größere Neigung zum Materialverzug (eng. „Warping“) auf. Das Warping ist insbesondere an den Stempelwerkzeugen so groß, dass keine ebene Auflagefläche gewährleistet werden kann und die Geometrie durch das Weglassen der Befestigungsarme angepasst wird. Durch diese Vorgehensweise kann das Warping auf ein Minimum reduziert werden. Ein weiterer Effekt, der sich negativ auf die Werkzeuggenauigkeit auswirkt, kann auf die Verarbeitbarkeit der Materialien zurückgeführt werden. Während die Werkzeuge aus PA6-CF eine vergleichsweise gute Oberflächenqualität aufweisen, sind die Oberflächen der PA-Werkzeuge und insbesondere der PA-CF-Werkzeuge sichtlich rauer. Die Verarbeitbarkeit des PA-CF Materials ist insofern eingeschränkt, dass die Düse zum Teil verstopft oder das Filament während der Zuführung reißt, sodass der Druckprozess abricht. Die Oberflächenbeschaffenheit der Werkzeuge kann ebenfalls dem Flächenvergleich aus Anhang A4 entnommen werden. Zudem sind die verwendeten Skalierungen, die zur Schrumpfungskompensation verwendet wurden, an dieser Stelle beschrieben.

Die Kenntnis über die Maßabweichungen der initialen Werkzeuggeometrie ist insofern relevant, da diese die Form und somit auch die Maßabweichungen der tiefgezogenen Bauteile bestimmen. Hierbei bezeichnen werkzeuggebundene Form- und Maßabweichungen die Toleranzen im Blechbauteil, die durch die Form- und Maßabweichung eines Werkzeugteils, beispielsweise des Stempels, hervorgerufen werden. Ist das

Zusammenspiel der Werkzeugteile während des Tiefziehens optimal, kann davon ausgegangen werden, dass die Maßabweichungen der Blechbauteile mindestens in dem Bereich der Maßabweichung der initialen Werkzeuggeometrie liegen. Die Optimierung des Druckprozesses und die dadurch verbesserte Maßhaltigkeit von additiv gefertigten Werkzeugen stellt somit eine Stellgröße dar, die Genauigkeit der tiefgezogenen Bauteile zu erhöhen.

4.3.2 Vermessung der Bauteilgenauigkeit und der Werkzeugverformung

Für die Tiefziehversuche werden die additiv gefertigten Werkzeuge in ein Säulenführungsgestell einer einfach wirkenden hydraulischen Presse montiert. Die Niederhalterkraft wird hierbei über Druckfedern aufgebracht. Der Werkzeugsatz und das Säulenführungsgestell sind in der nachfolgenden Abbildung 4.23 dargestellt.

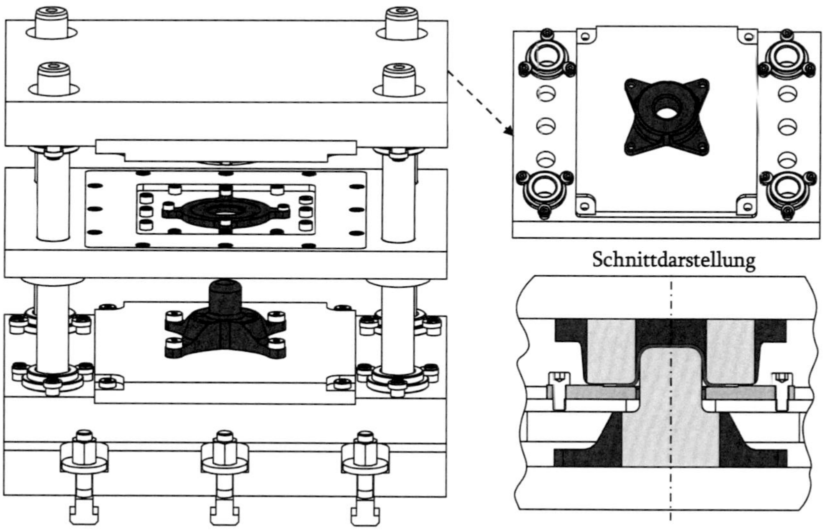

Abbildung 4.23: Werkzeugsatz mit Säulenführungsgestell

In der Versuchsserie werden mit jedem Werkzeugsatz insgesamt 30 Blechbauteile aus dem Werkstoff DC04 hergestellt und sowohl die Bauteilgenauigkeit als auch der Werkzeugverschleiß mit einem optischen Messsystem erfasst. In einem ersten Schritt soll gezeigt werden, welche Bauteilgenauigkeiten sich mit den untersuchten Werkzeugwerkstoffen prinzipiell abbilden lassen. Hierzu wird der erste tiefgezogene Napf mit der CAD-Sollgeometrie verglichen. Der Flächenvergleich der einzelnen Näpfe ist in

Abbildung 4.24 dargestellt. Für die Messstrategie wird das Polygonnetz der gescannten Oberfläche im Anschluss an eine Vorausrichtung mit einem lokalen Best-Fit an der Seiten- und Flanschfläche mit der CAD-Sollgeometrie ausgerichtet. Die Messfähnchen zeigen jeweils die Abweichung der Höhe des Napfes sowie die globalen Maximal- und Minimalabweichungen.

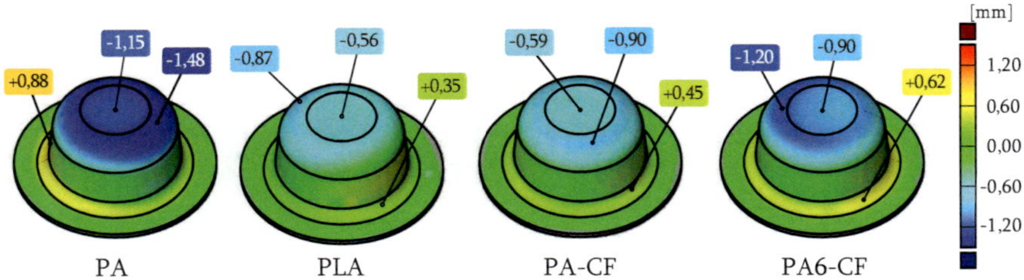

Abbildung 4.24: Maßabweichung des ersten tiefgezogenen Napfes im Vergleich zur CAD-Sollgeometrie hergestellt mit den Werkzeugen aus PA, PLA, PA-CF und PA6-CF

Die geringsten Maßabweichungen können an dem Napf, hergestellt mit dem Material PLA, festgestellt werden. Geringfügig höhere Maßabweichungen im Vergleich zu dem PLA-Napf treten an dem PA-CF-Napf auf. Die höchsten Maßabweichungen hingegen können an dem Napf, der mit dem PA-Werkzeug hergestellt ist, beobachtet werden. Im Vergleich zu dem PA-Napf sind die Genauigkeiten bei dem PA6-CF-Napf höher.

Gemäß DIETRICH betragen die erreichbaren Genauigkeiten für die untersuchte Napfgeometrie ± 0,3 mm für die Napfhöhe und ± 0,15 mm für den Napfdurchmesser (vgl. Abschnitt 2.1.3)[226]. Die Maßabweichungen des PLA-Napfes liegen demnach um etwa das 2-fache über den Toleranzen, die für konventionelle Werkzeuge im Allgemeinen gültig sind. Insgesamt werden die Toleranzen der Tiefziehteile von einer Reihe von Einflussfaktoren bestimmt, die in ähnlicher Weise auch bei konventionellen Werkzeugwerkstoffen auftreten. An dieser Stelle sind vor allem die prozessbedingen Einflussfaktoren, wie etwa die Positionierung der Blechronde auf dem Niederhalter, sowie die Rückfederung der Blechbauteile zu nennen. Zwei weitere Faktoren, die bei additiv gefertigten Kunststoffwerkzeugen im Vergleich zu konventionellen Werkzeugen verstärkt auftreten, sind die Fertigungstoleranzen der initialen Werkzeuggeometrie (vgl. Abbildung 4.22 und Anhang A4) sowie die elastische und gegebenenfalls plastische Werkzeugverformung aufgrund der auftretenden Prozesskräfte. Unter Berücksichtigung der Fertigungstoleranzen der Werkzeuge und der Bauteilgenauigkeit der Näpfe

[226] Dietrich, *DIET18*, S. 187.

aus Abbildung 4.24 kann davon ausgegangen werden, dass die Werkzeugverformung bei den Werkzeugwerkstoffen PLA und PA-CF geringer ausfällt als bei den Materialien PA und PA6-CF. Da die Werkzeugverformung unter Druckspannung im elastischen Bereich im Wesentlichen von dem Druckmodul abhängig ist, lässt sich an dieser Stelle bereits eine Korrelation der vergleichsweise hohen Druckmodulwerte der Materialien PLA und PA-CF mit den entsprechenden Bauteilgenauigkeiten der Näpfe vermuten.

Neben der Maßabweichung der initialen Napfgeometrie im Vergleich zur Sollgeometrie, die ein Maß dafür ist, welche maximalen Genauigkeiten mit der Werkzeugtechnologie erreichbar sind, spielt die Reproduzierbarkeit der tiefgezogenen Näpfe im Verlauf einer Serie eine ebenso wichtige Rolle. Zur Darstellung der Reproduzierbarkeit ist in Abbildung 4.25 der Flächenvergleich des 30. tiefgezogenen Napfes im Vergleich zum ersten Napf in Abhängigkeit der verwendeten Werkzeugwerkstoffe abgebildet.

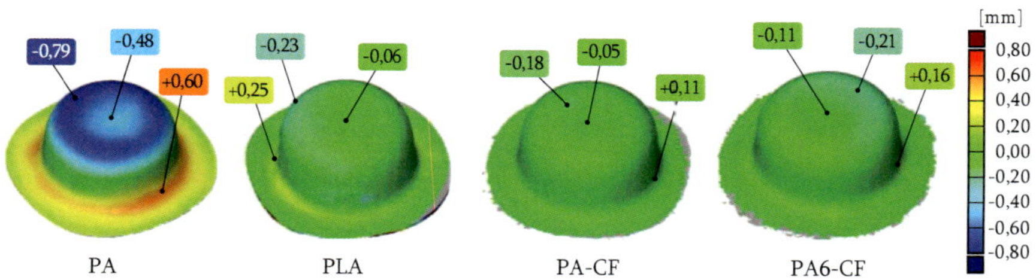

Abbildung 4.25: Flächenvergleich des 30. Napf im Vergleich zum ersten tiefgezogenen Napf

Auffallend hierbei ist insbesondere die vergleichsweise hohe Maßabweichung der Näpfe, die mit dem Material PA tiefgezogen wurden. Die höchsten Abweichungen liegen hierbei im Bereich der Radien zwischen – 0,79 mm und 0,60 mm. Die Höhe des Napfes hat sich im Verlauf der Versuchsserie um ca. 0,5 mm reduziert. Im Vergleich fallen die Maßabweichung der Näpfe, hergestellt mit den Materialien PLA, PA-CF und PA6-CF, im Verlauf von 30 Umformungen signifikant geringer aus. Dieser Sachverhalt spricht für eine bessere Reproduzierbarkeit der hergestellten Näpfe. In dieser Hinsicht ist insbesondere der Flächenvergleich der PA-CF-Näpfe hervorzuheben. Abgesehen von den gekennzeichneten minimalen und maximalen Maßabweichungen, die zum einen auf eine Fehlstelle während der Fertigung an der Oberseite des Stempelwerkzeugs und zum anderen auf eine geringe Bildung von Falten 2. Art hindeuten, liegt der übrige Messbereich in der Größenordnung von Messungenauigkeiten und Ausrichtungsfehler. Aus diesem Grund kann bei dem Werkzeugwerkstoff PA-CF von einer guten Reproduzierbarkeit ausgegangen werden, sodass die Herstellung einer 30er-Serie ohne signifikante Genauigkeitsverluste möglich ist. Der Flächenvergleich der PLA-

und PA6-CF-Näpfe deutet auf eine etwas geringere Reproduzierbarkeit hin. Während sich die Napfhöhe des PLA-Napfes zwischen dem ersten und 30. Napf nur geringfügig verändert hat, fällt die maximale Maßabweichung an dem Radius des Flansches mit + 0,25 mm größer aus. Im Gegensatz zu dem PLA-Napf zeigt sich die betragsmäßig größte Maßabweichung an dem oberen Radius des PA6-CF-Napfes. Aufgrund der vergleichsweise hohen Maßabweichungen des PA-Napfes kann an dieser Stelle bereits von einer signifikanten plastischen Verformung der Werkzeuge im Verlauf der Versuchsserie ausgegangen werden.

Der Verlauf von verschiedenen charakteristischen Messstellen an den tiefgezogenen Näpfen ist in Abbildung 4.26 in Abhängigkeit von den verwendeten Werkzeugwerkstoffen dargestellt. Die Messstellen definieren die Maßabweichungen auf der Napfoberseite (A), die Mitte der oberen und unteren Rundungen (B, D) sowie der Seitenfläche (C). Hierbei zeigen die dargestellten Messwerte die Mittelung einer konzentrischen Linie, die auf der Höhe der einzelnen Messstellen liegen. Durch dieses Vorgehen fallen einzelne Messausreißer weniger stark ins Gewicht. In Ergänzung zu den charakteristischen Messstellen werden zusätzlich die globalen Maxima und Minima des Flächenvergleichs ausgewertet und dargestellt.

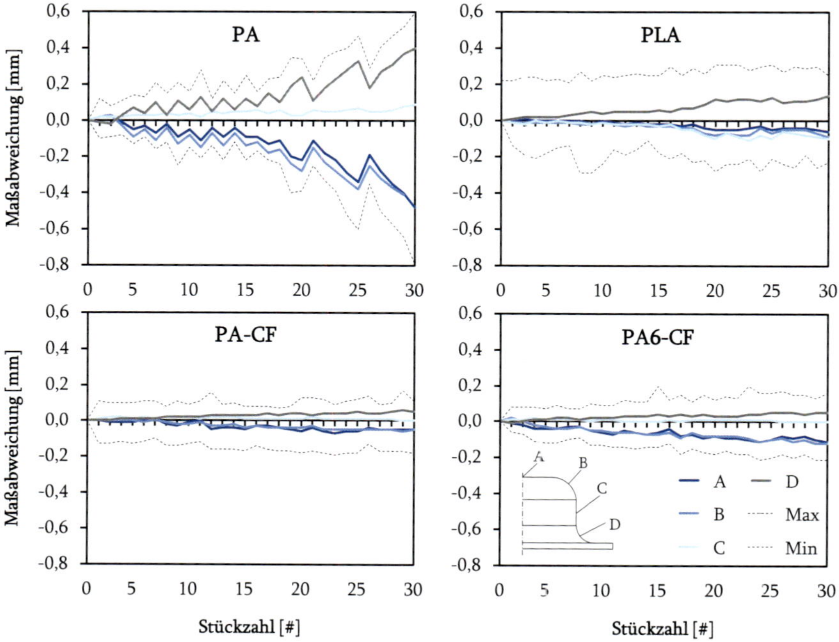

Abbildung 4.26: Verlauf der Maßabweichungen von charakteristischen Messstellen der tiefgezogenen Näpfe in Bezug auf den ersten Napf in Abhängigkeit der verwendeten Werkzeugwerkstoffe PA, PLA, PA-CF und PA6-CF

Es zeigt sich ein Trend zu betragsmäßig größer werdenden Maßabweichungen an allen Messstellen mit Ausnahme der Seitenfläche der Näpfe, die mit den faserverstärkten Materialien hergestellt sind. Die Abweichungsverläufe der PA-Näpfe sind steiler und weisen einen zum Teil progressiven Verlauf bei den Messstellen A, B und D auf. Weiterhin ist auffallend, dass die Maßabweichungen der Messstellen A, B und C, welche die obere Hälfte des Napfes beschreiben, bei den PLA-Näpfen bis zu einer Umformung von etwa 15 Näpfen nahezu unverändert sind. Während bei den PA-CF-Näpfen dieser Trend bei allen Messstellen bis zu einer Umformung von ungefähr 10 Näpfen ebenfalls zu beobachten ist, nehmen die Maßabweichungen der Messstellen A und B der PA6-CF-Näpfe bereits zu Beginn der Umformserie zu. Zur Beurteilung der Reproduzierbarkeit der Umformserie sind die dargestellten Abweichungsverläufe und die gemittelten Messstellen, die eine Vielzahl verschiedener Auswertepunkte miteinbeziehen, essenziell. Es zeigt sich insbesondere bei den PLA-Näpfen, dass die Maximal- und Minimalabweichungen zum Teil deutlich von den charakteristischen Messstellen abweichen. Dieser Sachverhalt kann unter anderem auf Messfehler oder einzelne punktförmige Ausreißer, die z.B. durch Verunreinigungen an der Oberfläche der Näpfe verursacht werden können, erklärt werden. Insgesamt liegen die betragsmäßig größten Maßabweichungen des PLA-Napfes nach der 30. Umformung an den Messstellen C und D in einem Bereich zwischen – 0,10 mm und 0,14 mm, was wiederum für eine vergleichsweise geringe Verringerung der Bauteilgenauigkeit spricht. Im Gegensatz dazu liegt der maximale Bereich der charakteristischen Messstellen der PA-Näpfe nach der 30. Umformung zwischen – 0,48 mm und 0,40 mm und ist somit um mehr als das 3,5-fache größer als die Spanne der PLA-Näpfe.

Das Rauschen der einzelnen Verläufe der Messstellenabweichungen kann unter anderem mit der Auflösung des Messsystems, welche im Bereich von ca. 0,05 mm liegt, und mit der Ausrichtung der Näpfe untereinander erklärt werden.

Die Vergrößerung der Maßabweichung im Verlauf der Versuchsserie kann zum einen Teil auf die plastische Werkzeugverformung zurückgeführt werden. Im Gegensatz zum Anteil der elastischen Verformung kann die plastische Verformung, als bleibender Verformungsanteil, zwischen den einzelnen Umformungen messtechnisch erfasst werden. In der nachfolgenden Abbildung 4.27 ist der plastische Verformungsanteil der Stempelwerkzeuge nach der 30. Umformung im Vergleich zur initialen Werkzeuggeometrie der untersuchten Werkzeugwerkstoffe dargestellt.

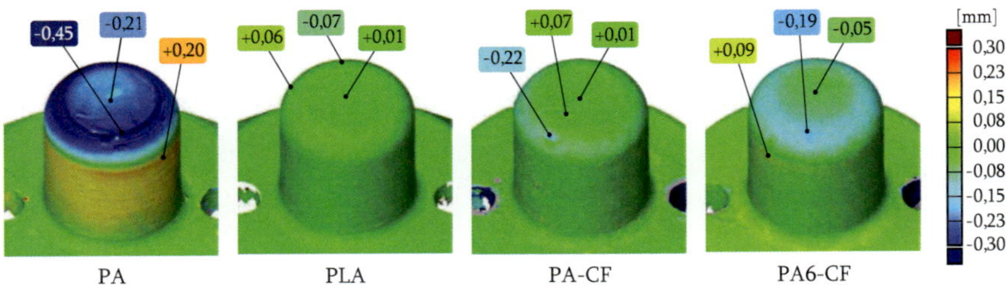

Abbildung 4.27: Flächenvergleich des plastischen Verformungsanteils (Verschleiß) der Stempelwerkzeuge nach dem 30. Tiefziehversuch im Vergleich zur initialen Stempelgeometrie

Die größte plastische Verformung nach der 30. Umformung kann bei dem PA-Stempelwerkzeug beobachtet werden, dessen maximale Verformung in einem Bereich zwischen – 0,45 mm und 0,20 mm liegt. Hierbei zeigt sich ein negativer Verformungsanteil an der Stempelkantenrundung und ein positiver Anteil unmittelbar unterhalb der

Rundung an der Seitenfläche des Stempels. Dieser Zusammenhang kann auf eine Art Querexpansion (negative Querkontraktion) des Stempels unter Druckbelastung hindeuten. Keine signifikante plastische Verformung ist an dem PLA-Stempel nach 30 Umformungen zu erkennen. Die maximal gemessenen Maßabweichungen des PLA-Stempels liegen zwischen – 0,07 mm und 0,06 mm und sind damit in einem Bereich, der auch mit Mess- und Ausrichtungsfehler zu erklären ist. Eine etwas höhere Verformung kann an der Stempelkantenrundung des PA-CF-Stempels gemessen werden. Die größtenteils punktförmigen Maßabweichungen sind bis auf eine Fehlstelle geringer als – 0,10 mm, sodass hier eher von einer Glättung der vergleichsweisen rauen Oberfläche als von einer signifikanten Verformung der Stempelkantenrundung ausgegangen werden kann. Hingegen zeigt die Stempelkantenrundung des PA6-CF-Stempels eine Verformung, die überwiegend größer ist als – 0,10 mm und auf einen Minimalwert von – 0,19 mm ansteigt. Bei einem Vergleich der plastischen Verformung der Stempelkante mit den Maßabweichungen der Näpfe am Ende der Umformserie (Messstelle A und C aus Abbildung 4.26) lässt sich eine hohe Korrelation zwischen den jeweiligen Werten feststellen. Das Bestimmtheitsmaß einer linearen Regression zwischen den Abweichungswerten der Napf- und Stempeloberseite beträgt 98 % und zwischen den entsprechenden Rundungen 96 %. Aus diesem Zusammenhang lässt sich vermuten, dass die Maßabweichungen der oberen Hälfte der Näpfe im Verlauf der Versuchsserie im Wesentlichen von der plastischen Verformung der Stempelwerkzeuge verursacht werden.

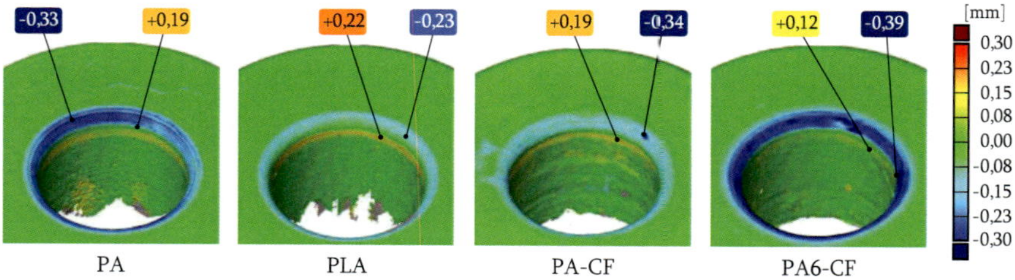

Abbildung 4.28: Flächenvergleich des plastischen Verformungsanteils (Verschleiß) der Matrizenwerkzeuge nach dem 30. Tiefziehversuch im Vergleich zur initialen Matrizengeometrie. Die Abweichungsfähnchen zeigen die lokalen maximalen und minimalen Maßabweichungen

Die auftretenden Verformungen an den Werkzeugen lassen sich mit den simulierten Spannungen aus Abschnitt 4.2.2 vergleichen. Bei den Werkzeugen aus dem Material PLA tritt an dem Stempel auch nach 30 Umformungen keine wesentliche plastische

Verformung auf. Hingegen zeigt sich an der Matrize nach 30 Umformungen eine maximale Verformung in einem Bereich zwischen – 0,23 mm und 0,22 mm. Diese Beobachtung deckt sich mit den Ergebnissen aus der Simulation unter Berücksichtigung der Druckfließspannung von PLA mit 93,45 MPa (Druckrichtung DL). Die simulierte maximale Spannung am Stempel, bei dem in den Versuchen keine plastische Verformung erkennbar ist, liegt mit 80,71 MPa unterhalb der Druckfließspannung. Demgegenüber liegt mit 98,39 MPa die simulierte Spannung an der Matrize oberhalb der Druckfließspannung und eine plastische Verformung der Matrize ist zu beobachten. An dieser Stelle sei angemerkt, dass die Bestimmung der Elastizitätsgrenze für Kunststoffe im Gegensatz zu Metallen komplexer ist. Die Druckfließspannung stellt nur eine Möglichkeit dar, den irreversiblen Stauchungsbereich abzuschätzen. Die tatsächliche Elastizitätsgrenze kann von der Streckgrenze (Druckfließspannung) abweichen[227]. Eine weitere Unsicherheit bei einem Vergleich der Druckfließspannung mit den simulierten Spannungen stellt eine geeignete Mittelung der maximal auftretenden Spannungen an den Knoten dar. Einzelne Spannungsspitzen fallen so weniger stark ins Gewicht.

In Ergänzung zu Abbildung 4.28 ist in Abbildung 4.29 der Verlauf der Verformung von charakteristischen Messstellen über die Versuchsserie dargestellt. Die größten Verformungen treten bei den Materialien PA und PA6-CF auf, deren Maßabweichungen am Ende der Versuchsserie in einem Bereich zwischen – 0,26 mm und 0,10 mm liegen. Vor allem der negative Verformungsanteil fällt bei den Werkzeugwerkstoffen PLA und PA-CF geringer aus. Die plastische Verformung dieser Materialien liegt überwiegend in einem Bereich zwischen – 0,10 mm und 0,10 mm am Ende der Serie und ist damit wesentlich höher als bei den entsprechenden Stempelwerkzeugen.

[227] Johannes Kunz, „Reversibilität als Auslegungskriterium." *Kunststoffe*, Nr. 2 (2018): S. 67.

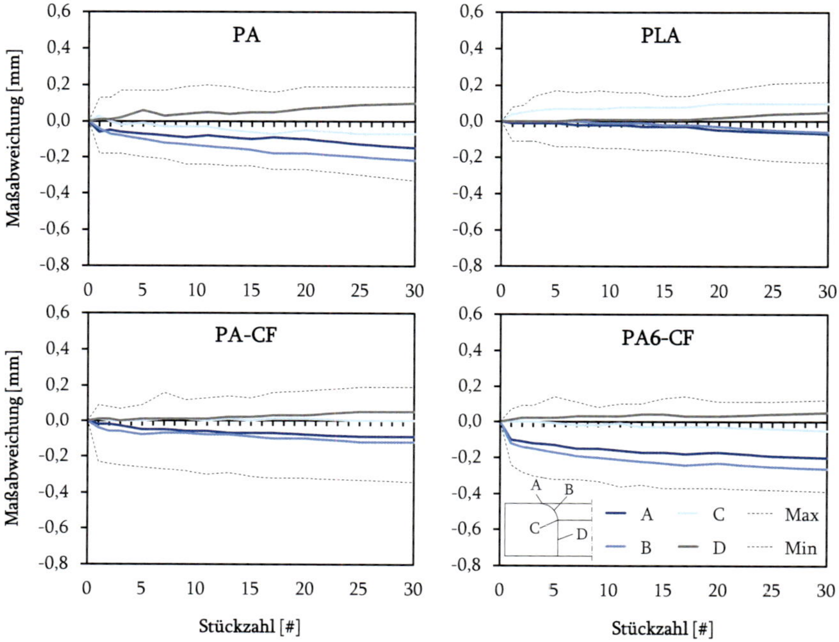

Abbildung 4.29: Verlauf der Maßabweichungen von charakteristischen Messstellen der Matrize in Bezug auf die initiale Matrizengeometrie in Abhängigkeit von den verwendeten Werkzeugwerkstoffen PA, PLA, PA-CF und PA6-CF

Das unterschiedliche Verformungsverhalten von Stempel und Matrize kann auf einen andersartigen Belastungszustand an der Ziehkantenrundung der Matrize zurückgeführt werden. Im Gegensatz zur Stempelkantenrundung, an der im Wesentlichen hohe Kontaktnormalspannungen bei vernachlässigbarer Relativbewegung zwischen Werkzeug und Blechwerkstoff wirken, setzt sich der Belastungszustand an der Ziehkantenrundung aus einer Kombination von hoher Kontaktnormalspannungen und hoher Relativbewegung zwischen Matrize und Blechwerkstoff zusammen.

Der negative Bereich der plastischen Verformung von Stempel und Matrize ist im Wesentlichen auf den Bereich der Rundung begrenzt. Auffallend hierbei ist, dass die maximale negative Verformung an beiden Werkzeugteilen unmittelbar am Anfang der Rundung auftritt und mit zunehmender Bogenlänge abnimmt. Die ebene Fläche am Stempel, welche den Napfboden definiert, und an der Matrize, die den Flansch definiert, unterliegen, abgesehen von dem PA-Stempel, keiner nennenswerten plastischen

Verformung. In ähnlicher Weise wie bei den Stempelwerkzeugen gibt es auch bei der Matrize einen ringförmigen Bereich mit einer positiven Verformung, an dem sich das Material aus der Oberfläche der initialen Geometrie wölbt. Dieser Effekt deutet auf eine Querexpansion der Werkzeuge hin. Dies bedeutet, dass die lokale druckinduzierte Stauchung zu einer Expansion des Materials quer zur Stauchungsrichtung führt. Durch diese bleibende Verformung reduziert sich der Ziehspalt lokal um die Größe der Querexpansion von Stempel und Matrize.

Bei der Betrachtung der Verschleißverläufe aus Abbildung 4.29 ist an den Messstellen mit wesentlicher Verformung ein Trend zu degressiven Verläufen zu erkennen. Die Änderung der plastischen Verformung ist nach der ersten Umformung im Mittel am größten und nimmt mit zunehmenden Umformungen im Mittel ab. Dieser Effekt kann auf eine Art Setzungsverhalten der Werkzeugmaterialien sowie Glättung der Werkzeugoberfläche hindeuten. Auch bei einem Füllvolumen von 100 % verbleiben zwischen den einzelnen Schichten sowie zwischen den abgelegten Strängen kleine Kavitäten übrig. Durch die im Tiefziehprozess auftretenden Lasten können die Werkzeuge sich so verformen, dass die Kavitäten mit umliegendem Material gefüllt werden. Es kommt zu einer Verfestigung der Werkzeuge zu Beginn der Umformserie, welche eine Erklärung für den degressiven Verlauf der Werkzeugverformung darstellt. Etwas deutlicher kann dieser Effekt bei Werkzeugen beobachtet werden, die mit weniger als 100 % Füllvolumen gedruckt wurden, da die Kavitäten entsprechend größer ausfallen. Im Rahmen dieser Arbeit sind neben den bereits vorgestellten Untersuchungen mit Werkzeugen und Probekörpern mit 100 % Füllvolumen auch Versuche mit 80 % Füllvolumen durchgeführt worden. Tiefziehversuche mit Napfgeometrie und den Werkzeugwerkstoffen PLA und PA-CF mit 80 % Füllvolumen zeigen eine signifikant höhere Werkzeugverformung und eine geringere Bauteilgenauigkeit verglichen mit den Werkzeugen, die mit 100 % Füllvolumen hergestellt sind. Die wesentlichen Ergebnisse zu diesen Versuchen sind in BERGWEILER et al. veröffentlicht[228]. Beispielhaft für die erhöhte Werkzeugverformung und den degressiven Verlauf ist in Abbildung 4.30 der Flächenvergleich des PLA Stempels nach 20 Umformungen sowie der Verlauf von charakteristischen Messstellen dargestellt.

[228] Bergweiler et al., „BERG21“.

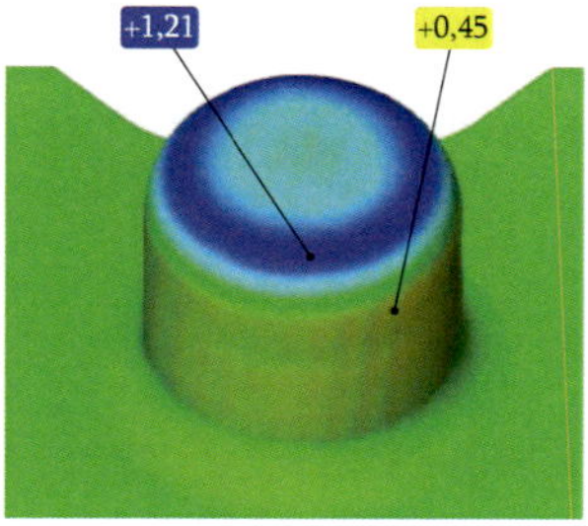

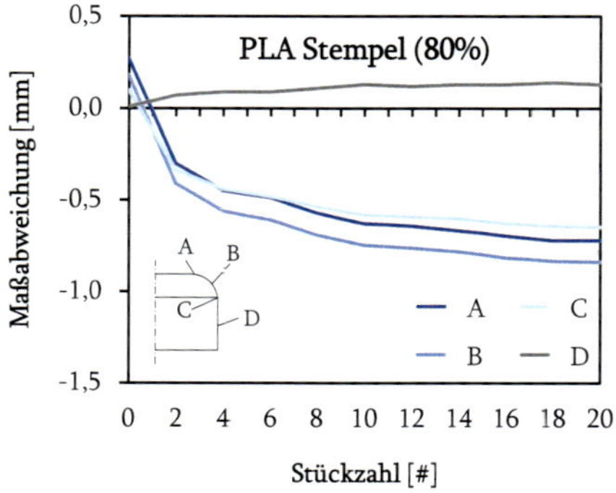

Abbildung 4.30: Flächenvergleich des PLA-Stempels mit 80 % Füllvolumen nach dem 20. Tiefziehversuch sowie Verlauf der Maßabweichungen von charakteristischen Messstellen des Stempels in Bezug auf die initiale Stempelgeometrie

Im Vergleich zu dem PLA-Stempel mit 100 % Füllvolumen aus Abbildung 4.27, bei dem nach 30 Umformungen keine signifikante Verformung festgestellt wurde, ist bei dem Stempel mit 80 % Füllvolumen bereits nach 20 Umformung eine wesentliche Verformung zu beobachten. Hierbei liegen die maximal gemessenen Maßabweichungen in einem Bereich zwischen – 1,21 mm und 0,45 mm. Des Weiteren ist insbesondere an den Messstellen der Stempelkantenrundung ein degressiver Verformungsverlauf zu erkennen. Bereits nach zwei Umformungen hat sich in etwa die Hälfte der Gesamtverformung, die am Ende der Umformserie auftritt, eingestellt. Eine Erklärung für den degressiven Verformungsverlauf kann das Setzverhalten bzw. das Füllen der Kavitäten mit umliegendem Material sein.

Neben dem Setzverhalten und dem dadurch lokalen Verfestigen des Materials wirken sich Oberflächeneffekte, insbesondere bei Werkzeugen mit 100 % Füllvolumen, wesentlich auf die Gesamtverformung aus. Dieser Effekt ist beispielhaft für den PA6-CF-Stempel in Abbildung 4.31 am Stempelkantenradius dargestellt. Durch den schichtweisen Aufbau der additiven Fertigungsverfahren tritt auch bei den hier untersuchten Werkzeugen der sogenannte Treppenstufeneffekt auf. Dieser ist durch die Aufbaurichtung in Richtung der Pressenkraft bei der Stempel- und Ziehkantenrundung ausgeprägt. In dem Querschnitt der mikroskopischen Aufnahme aus Abbildung 4.31 ist der Treppenstufeneffekt an der noch ungenutzten Stempelkantenrundung (links) deutlich erkennbar. Die Höhe einer Stufe entspricht einer Schichthöhe, welche in diesem Fall 0,2 mm beträgt. Im Anschluss an die 30. Umformung (rechts) ist der Treppenstufeneffekt wesentlich schwächer ausgeprägt und es zeigt sich eine Glättung der Stempelkantenrundung. Da die Ziehkantenrundung der Matrize neben der hohen Flächenpressung zusätzlich durch eine hohe Relativbewegung zwischen Blechwerkstoff und Werkzeug belastet wird, kann von einer erhöhten Glättung der Ziehkantenrundung im Vergleich zur Stempelkantenrundung ausgegangen werden.

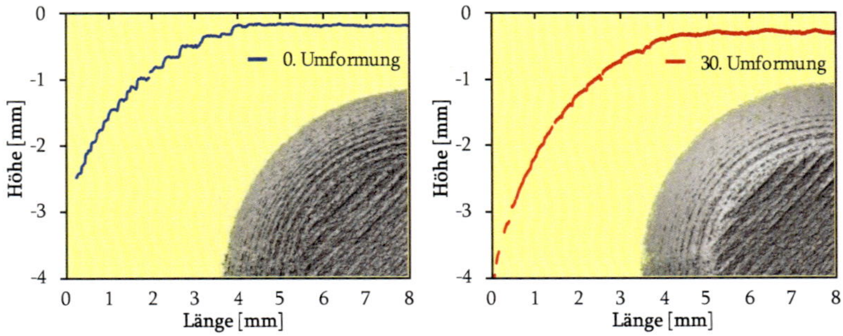

Abbildung 4.31: Treppenstufeneffekt der Stempelkantenrundung des PA6-CF-Stempels vor der ersten Umformung (links) und nach der 30. Umformung (rechts). Der Oberflächenscan zeigt die Draufsicht des Stempels, während die Linie den Querschnitt der Rundung darstellt

Geringe Verformungen an den Rundungen der Werkzeuge, wie diese etwa bei der Ziehkantenrundung der PLA- und PA-CF-Werkzeugen aus Abbildung 4.28 auftreten, können ein Resultat der Glättung des Treppenstufeneffekts sein. Bei diesen Werkzeugen liegt die Verformung an der Rundung größtenteils in einem Bereich von ± 0,10 mm und ist somit betragsmäßig genauso groß wie die Schichthöhe der Werkzeuge. Bei Verformungen, die über diesen Betrag hinausgehen, müssen demnach weitere Verformungseffekte, wie beispielsweise das Setzen oder das plastische Verformen der Materialien, auftreten.

4.3.3 Vergleichsuntersuchungen mit konventionellem Werkzeugmaterial

Als Benchmarkversuch werden zum Abschluss des Kapitels 4.3 Tiefziehversuche mit dem konventionellem Werkzeugstahl 42CrMo4 durchgeführt. Hierzu werden die Werkzeuge der untersuchten Napfgeometrie fertigungsgerecht konstruiert und im Anschluss spanend bearbeitet. Der dreiteilige Werkzeugsatz bestehend aus Stempel, Niederhalter und Matrize ist in Abbildung 4.32 dargestellt.

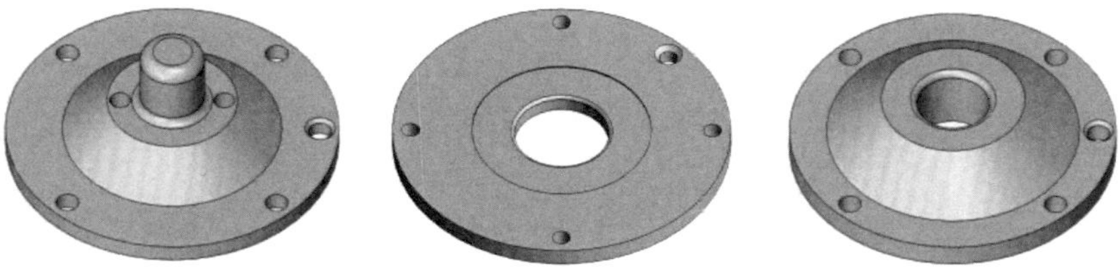

Abbildung 4.32: Dreiteiliger Werkzeugsatz aus 42CrMo4 bestehend aus Stempel (a), Niederhalter (b) und Matrize (c)

Im Anschluss an die Fertigung der Werkzeugteile werden diese optisch vermessen und mit der CAD-Sollgeometrie verglichen, um die Maßabweichungen zu bestimmen. Die Fertigungstoleranzen der geometriegebenden Flächen liegen mit ± 0,05 mm im Bereich der Mess- und Ausrichtungsfehler und können daher vernachlässigt werden. Analog zur Versuchsserie mit additiv gefertigten Kunststoffwerkzeugen werden auch mit den 42CrMo4-Werkzeugen insgesamt 30 Näpfe aus dem Blechwerkstoff DC04 tiefgezogen und optisch vermessen. Im Verlauf der Versuchsserie zeigt sich weder ein signifikanter Verschleiß an den Werkzeugflächen noch eine Veränderung der Maßabweichungen der hergestellten Näpfe untereinander, sodass von einer hohen Reproduzierbarkeit bei der Fertigung der Näpfe ausgegangen werden kann. Die nachstehende Abbildung 4.33 zeigt jeweils den Flächenvergleich des ersten tiefgezogenen Napfes zur Sollgeometrie, hergestellt mit den Werkzeugwerkstoffen 42CrMo4 und PLA. Der Napf, hergestellt mit den PLA-Werkzeugen, dient hierbei als Referenz für die additiv gefertigten Werkzeuge aus Abschnitt 4.3.2, da dieser die geringsten Maßabweichungen der untersuchten additiven Werkzeugwerkstoffen aufweist.

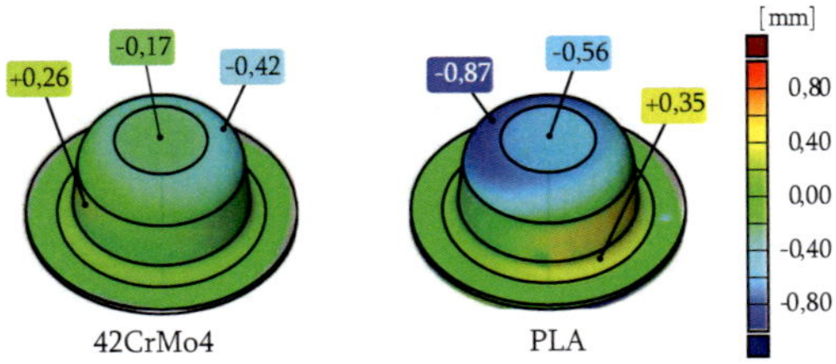

Abbildung 4.33: Flächenvergleich des ersten tiefgezogenen Napfes im Vergleich zur CAD-Sollgeometrie hergestellt mit Werkzeugstahl 42CrMo4 (links) und 3D-Druckmaterial PLA (rechts)

Der Napf, hergestellt mit dem konventionellen Werkzeugstahl 42CrMo4, weist geringere Maßabweichungen auf als der Napf, hergestellt mit dem additiv gefertigten Werkzeugsatz aus PLA. Insbesondere zeigt die Napfhöhe mit einer Abweichung von – 0,17 mm eine hohe Genauigkeit in Bezug auf den von DIETRICH definierten Bereich der erreichbaren Genauigkeit (vgl. Abschnitt 2.1.3)[229]. Insgesamt liegen die Maßabweichungen des Napfes hergestellt mit dem Werkzeugsatz aus 42CrMo4 in einem Bereich zwischen – 0,42 mm und 0,26 mm und sind damit in vielen Bereichen weniger als halb so hoch wie bei dem Napf, welcher mit den PLA-Werkzeugen hergestellt ist.

Die verbesserte Bauteilgenauigkeit des Napfes, welcher mit dem konventionellen Werkzeugstahl hergestellt ist, kann im Wesentlichen auf zwei Ursachen zurückgeführt werden. Zum einen kann die Maßabweichung der initialen Werkzeuggeometrie der Stahlwerkzeuge aufgrund der höheren Fertigungsgenauigkeit vernachlässigt werden. Zum anderen kann davon ausgegangen werden, dass die elastische Werkzeugverformung während des Tiefziehens aufgrund der hohen Werkzeugsteifigkeit keine nennenswerte Auswirkung auf die Bauteilgenauigkeiten hat. Die werkzeuggebundenen Form- und Maßabweichungen, welche sich am Blechbauteil zeigen, sind demnach bei den Stahlwerkzeugen weniger stark ausgeprägt als bei den additiv gefertigten Werkzeugen. Die Maßabweichung des Napfes muss daher auf andere Effekte insbesondere die Blechrückfederung zurückgeführt werden.

4.3.4 Zusammenfassung der Tiefziehversuche mit DC04

Als zentrales Ergebnis der Tiefziehversuche kann die grundsätzliche Anwendbarkeit additiv gefertigter Kunststoffwerkzeuge für das Tiefziehen von kleinen Stückzahlen ohne Werkzeugversagen gesehen werden. Diese Aussage ist insbesondere vor dem

[229] Dietrich, *DIET18*, S. 187.

Hintergrund des verwendeten Blechmaterials (DC04, Dicke 0,1 mm) und der Bauteilgeometrie (kleine Radien, max. zulässiges Ziehverhältnis), welche hohe Reaktionskräfte an den Werkzeugen verursachen, hervorzuheben. In Abhängigkeit von den verwendeten Druckparametern und -materialien ergeben sich zum Teil signifikant unterschiedliche mechanische Eigenschaften. Dieser Zusammenhang wirkt sich direkt auf die Leistungsfähigkeit der Werkzeuge aus, was sich insbesondere in der Bauteilgenauigkeit und dem Werkzeugverschleiß widerspiegelt. Neben den mechanischen Eigenschaften der Materialien spielt auch die Verarbeitbarkeit bei der Werkzeugherstellung eine Rolle. Als werkzeuggebundenes Fertigungsverfahren beeinflussen die Oberflächenqualität und die Maßabweichungen der Werkzeuge maßgeblich die Bauteilgenauigkeiten. So werden bei den Tiefziehversuchen die höchsten Genauigkeiten der Tiefziehteile mit den PLA-Werkzeugen erzielt, welche in einem maximalen Bereich zwischen – 0,87 mm und 0,36 mm liegen. Die Verarbeitbarkeit der PLA-Werkzeuge spiegelt sich in einer sehr guten Oberflächenqualität, in einem kontrollierbaren Schrumpfungsverhalten und in einem nicht vorhandenen Warping (Aufwölben des Bauteils bzw. teilweises Lösen von der Bauplattform) wider. Obwohl die Materialien PA-CF und PA6-CF zum Teil über deutlich höhere mechanische Eigenschaften verfügen, fallen die Bauteilgenauigkeiten des ersten tiefgezogenen Napfes geringer aus, was insbesondere durch die fehlerhafte Werkzeugherstellung zu erklären ist. Hingegen wird die höchste Reproduzierbarkeit der Bauteilgenauigkeiten im Verlauf einer 30er-Serie von den PA-CF-Werkzeugen erzielt. Abgesehen von wenigen punktförmigen Fehlstellen kann kein signifikanter Verlust der Bauteilgenauigkeit beobachtet werden. Hinsichtlich des Werkzeugverschleißes sind die PLA- und PA-CF-Werkzeuge hervorzuheben. An diesen Werkzeugen zeigt sich am Stempel kein nennenswerter Verschleiß, wohingegen der Ziehkantenradius der Matrize in etwa um maximal ± 0,2 mm von der Ursprungsgeometrie abweicht. Um die Leistungsfähigkeit der Werkzeugtechnologie besser beurteilen zu können, erfolgt ein Vergleichsversuch mit konventionellen Stahlwerkzeugen. Hierbei zeigt sich eine um etwa die Hälfte verbesserte Bauteilgenauigkeit im Vergleich zu dem ersten tiefgezogenen Napf, hergestellt mit den PLA-Werkzeugen. Dieser Zusammenhang deutet auf eine signifikante elastische Verformung der Kunststoffwerkzeuge während des Tiefziehens hin, was sich direkt auf die Genauigkeiten auswirkt. Aus diesem Grund kann die initiale Bauteilgenauigkeit als limitierender Faktor für den Einsatz der Werkzeugtechnologie verstanden werden. Kapitel 5 adressiert diese Herausforderung mit dem Ziel ein Modell zu entwickeln, welches die elastische Werkzeugverformung kompensiert und somit die Bauteilgenauigkeiten erhöht.

4.4 Tiefziehversuche mit Variation des Blechmaterials

Gemäß den definierten Tiefziehparametern des zweiten Versuchs aus Tabelle 9 erfolgt in diesem Kapitel analog zu den Tiefziehversuchen aus Kapitel 4.3 die Versuchsdurchführung und Interpretation der Tiefziehversuche mit dem Blechwerkstoff HX380LAD-Z. Sowohl die Versuche als auch die nachfolgende Messstrategie wird übereinstimmend zu den vorangegangenen Materialversuchen durchgeführt, um eine Vergleichbarkeit der Ergebnisse sicherzustellen.

4.4.1 Konstruktion und Fertigung der Werkzeuge für die Versuchsdurchführung

Bei dem verwendeten Blechwerkstoff handelt es sich um einen feuerverzinkten mikrolegierten Stahl nach DIN EN 10346[230]. Aufgrund der höheren Festigkeitseigenschaften im Vergleich zu weichen Tiefziehstählen, wie etwa DC04, wird der Werkstoff insbesondere für crashrelevante Strukturteile innerhalb einer Fahrzeugkarosserie eingesetzt. Der hier verwendete Werkstoff verfügt gemäß Abnahmeprüfung nach EN 10204 über eine Zugfestigkeit von 557 MPa und zählt somit gemäß KLOCKE zu den hochfesten Stählen[231]. Die Tiefziehversuche mit dem genannten Blechwerkstoff haben zum Ziel, die aktuellen Grenzen der untersuchten Werkzeugtechnologie aufzuzeigen bzw. den Anwendungsbereich an möglichen Blechwerkstoffen auch auf hochfeste Stähle zu erweitern, sofern eine prinzipielle Machbarkeit gezeigt werden kann. Das zulässige Ziehverhältnis wird gemäß DIETRICH für weniger gut ziehfähige Werkstoffe berechnet und auf eine Nachkommastelle abgerundet, um zur sicheren Seite hin abzuschätzen[232]. Mit der bekannten Werkzeuggeometrie aus **Error! Reference source not found.** und einer Blechdicke von 1 mm berechnet sich das zulässige Ziehverhältnis auf 1,9. Da die Werkzeuggeometrie unverändert bleiben soll, wird lediglich der Rondendurchmesser auf 47,5 mm angepasst um das berechnete Ziehverhältnis einzustellen. Der erste Tiefziehversuch erfolgt mit dem Werkzeugwerkstoff PLA, den entsprechenden Druckparametern aus Tabelle 11 und einer Schichthöhe von 0,2 mm. Trotz des geringeren Ziehverhältnisses im Vergleich zu den Tiefziehversuchen mit DC04 zeigen sich deutlich ausgebildete Falten 1. Art. Die Ziehtiefe wurde bei den Versuchen so gewählt, dass sich ähnlich wie bei den Versuchen mit DC04 eine Flanschbreite von ca. 5 mm einstellt. Aufgrund der Faltenbildung im Flanschbereich des Napfes werden gleichsam die Kontaktflächen am Niederhalter und der Matrize so stark belastet, dass es zu Riefen und

[230] DIN Deutsches Institut für Normung e. V., *DIN15: Technische Lieferbedingungen;* (2015), Nr. 10346.

[231] Klocke, *KLOC17*, S. 83.

[232] Dietrich, *DIET18*, S. 171.

Furchenbildung an den Werkzeugen führt. An dieser Stelle lässt sich bereits ein wesentlicher Nachteil der Werkzeugtechnologie ableiten. Aufgrund der vergleichsweise weichen Materialeigenschaften kann es durch eine fehlerhafte Prozessführung wie in dem vorliegenden Fall zu einem Werkzeugversagen führen. Die bleibende Verformung an Niederhalter und Matrize reduziert die effektive Auflagefläche des Blechs, sodass eine weitere Nutzung des Werkzeugs, beispielsweise zur Optimierung der Prozessparameter, wenig zielführend ist. Stattdessen werden zur Einstellung geeigneter Prozessparameter die bereits vorhandenen Stahlwerkzeuge genutzt. Sofern die grundsätzliche Umformbarkeit eines Tiefziehteils gegeben ist, können Falten 1. Art für gewöhnlich durch die Optimierung der Niederhalterkraft verhindert werden. Abbildung 4.34 zeigt die Versuchsreihe zur Einstellung der Niederhalterkraft zunächst an den Blechronden mit dem Durchmesser 47,5 mm und anschließend mit dem Rondendurchmesser 53,1 mm, welcher bereits in den Tiefziehversuchen mit DC04 genutzt wurde.

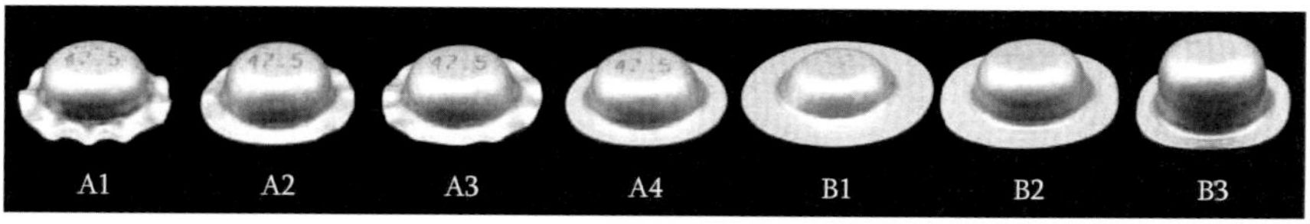

Abbildung 4.34: Versuchsreihe zur Einstellung der Niederhalterkraft an Blechronden mit dem Durchmesser 47,5 mm (A) und 53,1 mm (B)

Durch sukzessive Erhöhung der Niederhalterkraft lässt sich die Faltenbildung schrittweise minimieren und durch Anpassen der Pressenkraft die gewünschte Ziehtiefe einstellen. Im Anschluss an die Optimierung der Prozesskräfte weist der Napf A4 aus Abbildung 4.34 keine erkennbaren Falten mehr auf. Aufgrund des fehlerfreien Ziehergebnisses mit reduziertem Rondendurchmesser (β = 1,9) wird die Niederhalter- und Pressenkräfte ebenfalls auf Ronden mit dem Durchmesser von 53,1 mm (β = 2,125) übertragen. Dieses Ziehverhältnis entspricht dem nach DIETRICH berechneten zulässigen Ziehverhältnis für gut ziehfähige Werkstoffe, welches bereits für den Werkstoff DC04 in den vorherigen Tiefziehversuchen eingesetzt wurde[233]. Durch schrittweise Erhöhung der Pressenkraft von 4,5 t auf 6,5 t lässt sich die gewünschte Ziehtiefe einstellen. Trotz des erhöhten Ziehverhältnisses lässt sich der Blechwerkstoff HX380LAD-Z ohne das Auftreten von Tiefziehfehlern umformen, sodass für die nachfolgenden Versuche mit den additiv gefertigten Werkzeugen ebenfalls der Rondendurchmesser von 53,1 mm verwendet wird. Im Vergleich zu den Tiefziehversuchen

[233] Dietrich, *DIET18*, S. 171.

mit dem Blechwerkstoff DC04 wird die Niederhalterkraft mehr als verdreifacht und erreicht am Ende des Ziehvorgangs eine Kraft von ca. 5,5 kN.

4.4.2 Vermessung der Werkzeugverformung und der Bauteilgenauigkeit

Analog zu den Tiefziehversuchen aus Kapitel 4.3 werden jeweils 30 Näpfe aus dem Blechwerkstoff HX380LAD-Z mit den Werkzeugen aus den 3D-Druckmaterialien PLA, PA-CF und zum Vergleich aus dem konventionellen Werkzeugstahl 42CrMo4 umgeformt. Die initialen Werkzeuggeometrien der additiv gefertigten Werkzeuge, welche zur Interpretation der Bauteilgenauigkeit wichtig sind, sind im Anhang A5 dargestellt. Vergleichbar mit den Tiefziehversuchen mit DC04 zeigen die Werkzeuge aus PA-CF eine erhöhte Maßabweichung von teilweise über 0,50 mm. Die Bauteilgenauigkeit des ersten tiefgezogenen Napfes im Vergleich zur Sollgeometrie mit den jeweiligen Werkzeugwerkstoffen ist in Abbildung 4.35 dargestellt.

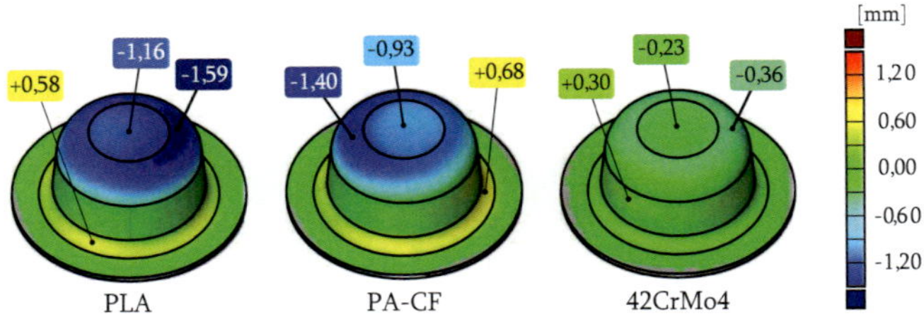

Abbildung 4.35: Maßabweichung des ersten tiefgezogenen Napfes aus dem hochfesten Blechwerkstoff HX380LAD-Z im Vergleich zur CAD-Sollgeometrie hergestellt mit den Werkzeugen aus PLA, PA-CF und 42CrMo4

An dieser Stelle kann bereits eine bedeutende Erkenntnis aus den Tiefziehversuchen herausgestellt werden: Das Tiefziehen der Näpfe aus dem hochfesten Blechwerkstoff HX380LAD-Z mit den additiv gefertigten Kunststoffwerkzeugen aus PLA und PA-CF ist ohne Werkzeugversagen möglich. Die Näpfe können mit den optimierten Prozessparametern ohne Faltenbildung oder weitere Tiefziehfehler umgeformt werden. Im Verlauf der Versuchsserie kommt es nicht zu einem Werkzeugbruch.

Verglichen mit den Maßabweichungen des ersten tiefgezogenen Napfes aus dem Blechwerkstoff DC04 (vgl. Abbildung 4.24) zeigt sich eine verringerte Bauteilgenauigkeit der tiefgezogenen Näpfe aus HX380LAD-Z. Trotz der höheren Maßabweichung der Werkzeuge aus PA-CF weist der hiermit hergestellte Napf eine höhere Bauteilgenauigkeit auf als der Napf, hergestellt mit den PLA-Werkzeugen. Die maximalen Maßabweichungen des PLA-Napfes liegen in einem Bereich zwischen – 1,59 mm und 0,58 mm (DC04: – 0,87 mm bis 0,36 mm). Die Höhe des Napfes fällt um – 1,16 mm (DC04: – 0,56 mm) geringer aus als die Sollgeometrie. Damit sind die Maßabweichungen des Napfes aus HX380LAD-Z, hergestellt mit den PLA-Werkzeugen, in etwa doppelt so hoch wie der entsprechende Napf aus DC04. Zur Einordnung der Bauteilgenauigkeiten ist in Abbildung 4.35 zudem der erste Napf, tiefgezogen mit den konventionellen Werkzeugen aus 42CrMo4, dargestellt. Verglichen mit dem Napf aus DC04, weist der Napf aus HX380LAD-Z ähnliche Maßabweichungen auf, sodass von vergleichbaren Rückfederungseffekten beider Blechwerkstoffe ausgegangen werden kann.

Im Anschluss an die Analyse der Bauteilgenauigkeit des ersten tiefgezogenen Napfes erfolgt die Untersuchung der Bauteilgenauigkeit im Verlauf der Versuchsserie. Die nachfolgende Abbildung 4.36 zeigt hierzu den Flächenvergleich des 30. Napfes im Vergleich zu dem ersten tiefgezogenen Napf.

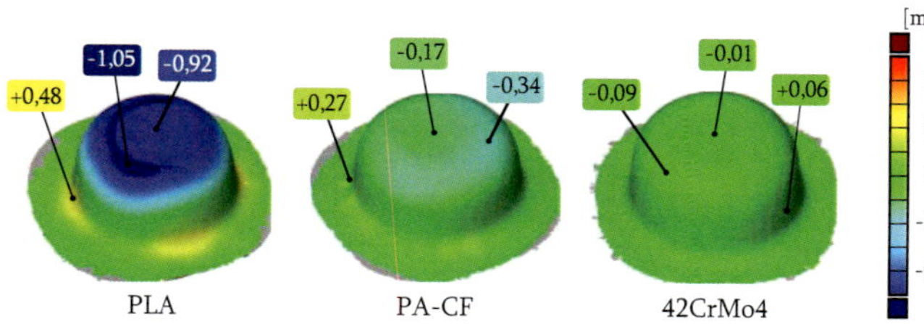

Abbildung 4.36: Flächenvergleich des 30. Napfes im Vergleich zum ersten tiefgezogenen Napf hergestellt mit den Werkzeugen aus PLA, PA-CF und 42CrMo4

Im Verlauf der Versuchsserie zeigt sich im Wesentlichen bei dem Napf, hergestellt mit den PLA-Werkzeugen, eine Vergrößerung der Maßabweichungen, welche in einem Bereich zwischen – 1,05 mm und 0,48 mm liegen. Im Gegensatz dazu weist der 30. Napf im Vergleich zum ersten Napf, hergestellt mit den PA-CF-Werkzeugen mit einem Bereich zwischen – 0,34 mm und 0,27 mm geringere Maßabweichungen auf. Die Maßabweichungen des mit den Stahlwerkzeugen hergestellten Napfes ist wie bei den DC04-Näpfen vernachlässigbar.

Die Vergrößerung der Maßabweichungen der Näpfe im Verlauf der Versuchsserie lässt sich zu einem wesentlichen Teil durch die bleibende plastische Verformung an den Werkzeugteilen begründen. Für die additiv gefertigten Werkzeuge aus den 3D-Druckmaterialien PLA und PA-CF sind in Abbildung 4.37 der Flächenvergleich der Werkzeuge nach der 30. Umformung im Vergleich zur initialen Werkzeuggeometrie dargestellt.

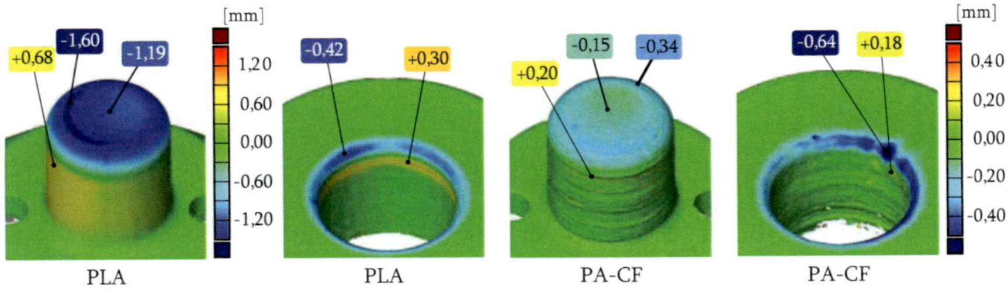

Abbildung 4.37: Flächenvergleich des plastischen Verformungsanteils (Verschleiß) an Stempel und Matrize nach dem 30. Tiefziehversuch im Vergleich zur initialen Werkzeuggeometrie

Die größte plastische Verformung aller Werkzeugteile weist der PLA-Stempel mit einem maximalen Verformungsbereich zwischen – 1,60 mm bis 0,68 mm auf. Bei dem Stempel aus dem faserverstärkten Material PA-CF zeigt sich eine deutlich geringere bleibende Verformung. Der Großteil der Verformung an der Stempelkantenrundung liegt dabei nur unwesentlich oberhalb der Schichthöhe von ± 0,10 mm. Die Maximal- und Minimalabweichung des PA-CF-Stempels weisen lokal Werte von 0,20 mm und – 0,34 mm im Vergleich zur ursprünglichen Geometrie auf. Trotz der erhöhten Werkzeugbelastung durch den hochfesten Blechwerkstoff weist der PA-CF-Stempel einen hohen Widerstand gegenüber einer plastischen Verformung auf. Die maximale plastische Verformung an der Ziehkantenrundung der Matrize beider Werkzeugwerkstoffe ist geringer als die Verformung an dem PLA-Stempel, jedoch größtenteils höher als die Verformung an dem PA-CF-Stempel. An der PLA-Matrize bilden sich zwei charakteristische kreisrunde Verformungsbereiche aus, die am Rundungseinlauf durch einen negativen und am Rundungsauslauf durch einen positiven Bereich gekennzeichnet sind. Während die PLA-Matrize eine über den Umfang ansatzweise konstante Verformung aufweist, bilden sich an der PA-CF-Matrize mehrere punktförmige Verformungsbereiche aus. Die plastische Verformung der PA-CF-Matrize liegt im Wesentlichen im negativen Bereich. Nur vereinzelt treten am Rundungsauslauf der Ziehkantenrundung punktförmige positive Verformungsbereiche auf.

Die plastische Verformung an den Werkzeugen wirkt sich direkt auf die Maßhaltigkeit der Bauteile aus. Die vergleichsweise geringe Änderung der Maßabweichungen der PA-CF-Näpfe im Verlauf der Versuchsserie kann im Wesentlichen auf den geringen plastischen Verformungsanteil des PA-CF-Stempels zurückgeführt werden. Die punktförmigen Verformungsbereiche an der PA-CF-Matrize sind in ähnlicher Weise auch an der Flanschrundung des Napfes zu beobachten. Die punktförmigen Maßabweichungen an der Flanschrundung des Napfes deuten auf die Bildung von Falten 2. Art hin. In welcher Weise die punktförmigen Verformungsbereiche an der PA-CF-Matrize die Falten 2. Art hervorrufen oder andersherum, lässt sich an dieser Stelle nicht mit ausreichender Sicherheit sagen.

Neben der Analyse der Verformungszustände zu Beginn und am Ende der Versuchsserie ist der Verlauf der plastischen Verformungen an den Werkzeugen zur Interpretation der Versuche entscheidend. Abbildung 4.38 zeigt hierzu den Verlauf der plastischen Verformung an charakteristischen Messstellen von den PLA- und PA-CF-Werkzeugen.

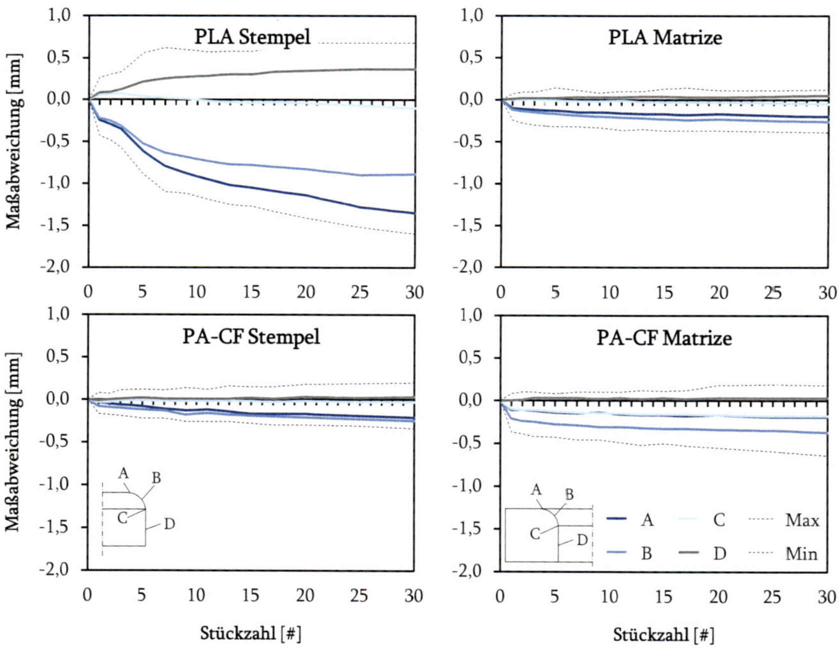

Abbildung 4.38: Verlauf der Maßabweichungen von charakteristischen Messstellen an den Werkzeugen aus PLA und PA-CF bezogen auf die initiale Werkzeuggeometrie

Aus den Kurvenverläufen der Maßabweichungen lässt sich ableiten, dass sich insbesondere an den Matrizenwerkzeugen ein Großteil der Gesamtverformung bereits nach der ersten Umformung einstellt. Im weiteren Verlauf der Versuchsserie zeigt sich ein

Trend hin zu abnehmenden Verformungen. Dieser Effekt ist vergleichbar mit den Tiefziehversuchen mit DC04 und kann auf eine Art Setzungsverhalten der Werkzeugmaterialien sowie Glättung der Werkzeugoberfläche hindeuten. Eine weitere Auffälligkeit lässt sich an den Kurvenverläufen des PLA-Stempels beobachten. Bis einschließlich der dritten Umformung bildet sich eine Art Stufe in den Kurvenverläufen aus. An dieser Stelle sind die Maßabweichungen noch vergleichsweise gering und weisen an den charakteristischen Messstellen einen maximalen Bereich zwischen – 0,35 mm (Messstelle A) und 0,12 (Messstelle D) auf.

4.4.3 Zusammenfassung der Tiefziehversuche mit HX380LAD-Z und weiteres Vorgehen

Basierend auf den Ergebnissen der Simulationsstudie aus Kapitel 4.2 wird der zweite Tiefziehversuch mit dem hochfesten Blechwerkstoff HX380LAD-Z durchgeführt, um höhere Beanspruchungen an den additiv gefertigten Werkzeuge hervorzurufen. Aus den Tiefziehversuchen mit den Werkzeugwerkstoffen PLA und PA-CF zeigt sich, dass die Umformung auch von hochfesten Blechwerkstoffe mit der verwendeten Werkzeugtechnologie möglich ist. Im Verlauf der Versuchsserie von insgesamt 30 Näpfen kommt es bei beiden Werkzeugwerkstoffen weder zum Werkzeugbruch noch zu ausgeprägten Tiefziehfehlern bei den Blechteilen. Im Vergleich zu den Umformversuchen mit dem Blechwerkstoff DC04 zeigt sich allerdings eine geringere Bauteilgenauigkeit sowie ein höherer Werkzeugverschleiß. Die Bauteilgenauigkeit des ersten tiefgezogenen Napfes aus dem hochfesten Blechwerkstoff HX380LAD-Z, hergestellt mit den PLA-Werkzeugen, weist eine um etwa doppelt so hohe Maßabweichung wie bei der Umformung des DC04-Napfes auf. Auch im Verlauf der Versuchsserie ist eine sukzessive Erhöhung der Maßabweichungen an den PLA-Näpfen zu beobachten. Demgegenüber fällt die plastische Verformung der PA-CF-Werkzeuge wesentlich geringer aus, sodass auch die Näpfe im Verlauf der Serie eine höhere Reproduzierbarkeit aufweisen. Während insbesondere bei den PLA-Werkzeugen die Verformungen an dem Stempel wesentlich höher ausfällt als bei dem Versuchen mit DC04, zeigt sich an der Matrize eine nur leicht erhöhte Verformung am Ende der Versuchsserie. Dieser Versuch bestätigt die Simulationsergebnisse insofern, als sich die Änderung des Blechmaterials signifikant auf die Spannungen des Stempels nicht aber auf die Matrize auswirken. Insgesamt bestätigen die Versuchsergebnisse, dass mit der Verwendung des Blechwerkstoffs HX380LAD-Z ein Grenzfall konstruiert ist. Während die Verwendung des 3D-Druckmaterials PLA zu geringen Bauteilgenauigkeiten und zu hohem Werkzeugverschleiß führt und somit nicht zu empfehlen ist, zeigt sich ein wesentlich geringerer Werkzeugverschleiß an den PA-CF-Werkzeugen. Allerdings weisen auch die Näpfe, hergestellt mit den PA-CF-Werkzeugen, vergleichsweise geringe Genauigkeiten (– 1,40 mm bis 0,68 mm) auf. Hieraus folgt, bestärkend zu den Ergebnissen mit dem Blechwerkstoff DC04, die Notwendigkeit einer Optimierung der Bauteilgenauigkeiten. Da die Bauteilgenauigkeiten im direkten Zusammenhang mit der Werkzeugverformung stehen, ist zudem ein besseres Verständnis über das Verformungsverhalten der Werkzeuge erforderlich. Aus diesem Grund wird im nachfolgenden Kapitel ein Ansatz entwickelt, der eine Optimierung der Bauteilgenauigkeiten zum Ziel hat. Hierdurch soll ein wesentlicher Teil der in Kapitel 3.3 hergeleiteten Forschungslücke adressiert werden. Bisherige Forschungsarbeiten sehen die zum Teil geringen und nicht kontrollierbaren Bauteilgenauigkeiten als einen wesentlichen Grund, der einen industriellen Einsatz der Werkzeugtechnologie verhindert. Im nachfolgenden Kapitel soll die Bauteilgenauigkeit nicht mehr als Resultat, sondern viel mehr als einstellbare Größe betrachtet werden.

5 Entwicklung eines Modells zur Vorhersage & Optimierung von Bauteilgenauigkeiten

Ausgehend von den Erkenntnissen des vorangegangenen Kapitels erfolgt in Kapitel 5 die Entwicklung eines Modells zur Vorhersage und Optimierung von Bauteilgenauigkeiten. Hierzu wird im ersten Schritt die Werkzeugverformung anhand einer dynamischen Simulation mit elasto-plastischem Materialverhalten abgebildet (Kapitel 5.1). Basierend auf der Umformsimulation erfolgt die Entwicklung eines Kompensationsmodells zur Optimierung der Bauteilgenauigkeiten (Kapitel 5.2). Mit Hilfe des entwickelten Modells soll die Werkzeugtechnologie auch für anspruchsvolle Tiefziehaufgaben mit hohen Toleranzvorgaben eingesetzt werden können. Das in diesem Kapitel entwickelte Modell adressiert die fünfte und letzte Teilforschungsfrage der Arbeit: *Wie können die Qualitätsanforderungen durch die Optimierung der Bauteilgenauigkeiten erfüllt werden?*

5.1 Dynamische Simulation der Werkzeugverformung mit elasto-plastischen Materialverhalten

Im Gegensatz zu den bisher durchgeführten Tiefziehsimulationen erfolgt in diesem Kapitel die Modellierung der Werkzeuge als verformbare Volumenkörper. Hierdurch lassen sich neben der Berechnung von Spannungen innerhalb der Werkzeuge auch Werkzeugverformungen simulieren. Für die Modellierung der Werkzeuge wird ein Materialmodel, welches auf den Ergebnissen der Normversuche aus Kapitel 4.1 basiert, aufgebaut. Durch dieses Vorgehen lässt sich das Verhalten der 3D-Druckmaterialien aus den Realversuchen in die Simulation überführen.

5.1.1 Beschreibung des eingesetzten FE-Modells

Zur Analyse der Werkzeugverformung während des Tiefziehens wird der Prozess mittels der Software ANSYS WORKBENCH modelliert. Im Gegensatz zu der häufig verwendeten Abbildung der Werkzeuge als 2D-Starrkörper können mittels der Simulationssoftware ANSYS auch Volumenkörper modelliert werden. Hierdurch lässt sich das elasto-plastische Materialverhalten der Werkzeuge simulieren, sodass die Werkzeugverformung wären des Tiefziehens analysiert werden kann. Um den Rechenaufwand und die Komplexität bei der Vernetzung zu reduzieren, wird die ursprünglich verwendete Werkzeuggeometrie vereinfacht. Abbildung 5.1 zeigt am Beispiel des Stempels und der Matrize die vorgenommene Vereinfachung der Werkzeuggeometrie.

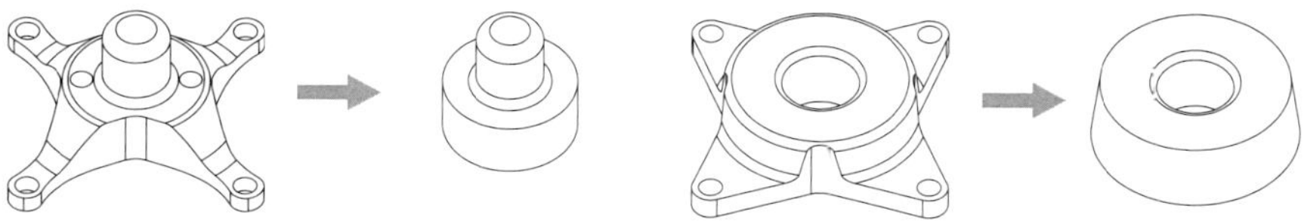

Abbildung 5.1: Ableitung einer vereinfachten Werkzeuggeometrie für die Simulation

Bei der Vereinfachung der Werkzeuggeometrie wurden die Werkzeugbereiche weggelassen, die einen vernachlässigbaren Einfluss auf das Verhalten der Werkzeuge haben. Hierzu zählen vor allem die Geometrieelemente, welche zur Befestigung und Fixierung der Werkzeugteile verwendet werden. Die geometriegebende Kontur bzw. die Werkzeugaktivflächen sowie die Höhe der Werkzeuge sind identisch mit den Ausgangswerkzeugen.

Im Anschluss an den Import der vereinfachten Werkzeuggeometrie in ANSYS WORKBENCH erfolgt die Vernetzung der Geometrie, welche auch Meshing genannt wird. Hierdurch wird das Kontinuum in eine endliche Anzahl an berechenbaren Elementen zerlegt. Das Meshing erfolgt separat an jedem Werkzeugteil sowie der Blechronde. Durch die Einteilung der Werkzeuge in verschiedene Geometriezonen lässt sich das Netz an geometriespezifische Randbedingungen anpassen. Die Vernetzung erfolgt mittels hexaedrischen (hex) Elementen als 3D-Körper (SOLID186). Aufgrund der höheren und komplexeren Spannungszustände an den Rundungen von Stempel und Matrize werden diese feiner vernetzt. Demgegenüber kann die untere Hälfte des Stempels weniger fein vernetzt werden, da dieser Bereich für die Analyse weniger bedeutend ist. Um zusätzlich Rechenzeit bei den Simulationen einzusparen, kann aufgrund des rotationssymmetrischen Versuchsaufbaus ein Viertelmodell simuliert werden.

Im Anschluss an die Vernetzung der Werkzeuge sowie der Blechronde erfolgt die Definition der Randbedingungen. Diese werden gemäß dem Versuchsaufbau aus Abbildung 4.23 (siehe auch Schnittdarstellung) definiert und sind in der nachstehenden Abbildung 5.2 dargestellt. Neben dem dreiteiligen Werkzeugsatz wird zudem eine Zwischenplatte modelliert, auf die der Niederhalter montiert wird. Diese wird gemäß dem Versuchsaufbau aus den Tiefziehversuchen (vgl. Abbildung 4.23) konstruiert, um die Realversuche möglichst genau nachstellen zu können.

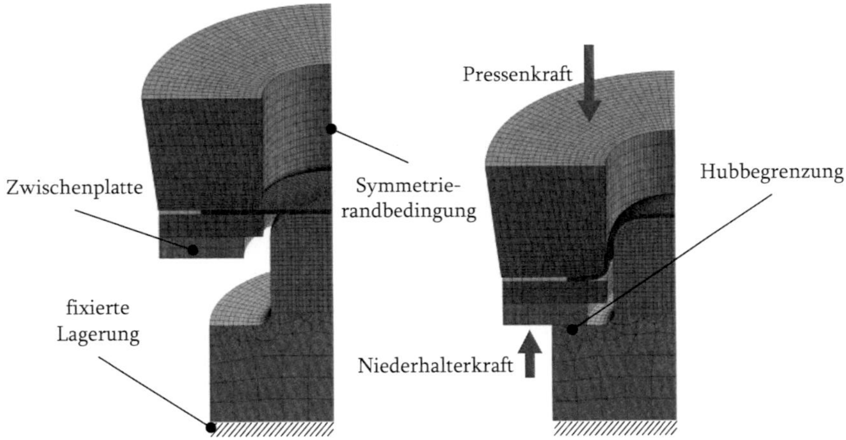

Abbildung 5.2: Versuchsaufbau der Simulation sowie schematische Darstellung der Randbedingungen

Die Bodenfläche des Stempels wird als fixierte Lagerung eingespannt. Hierdurch werden sämtliche Freiheitsgrade gesperrt. Bei allen weiteren Elementen wird lediglich der Freiheitsgrad translatorisch zur z-Achse zugelassen. Die Matrize wird durch eine externe Kraft in z-Richtung beaufschlagt, welche die Pressenkraft simuliert und gleichmäßig auf der Matrizenoberfläche verteilt ist. Die Niederhalterkraft wird ebenfalls durch eine externe Kraft aufgebracht, die entgegengesetzt zur Pressenkraft wirkt und die Blechronde somit zwischen Matrize und Niederhalter einspannt. Die Größe der Pressenkraft wird sukzessiv erhöht, bis die Zwischenplatte, auf welcher der Niederhalter montiert ist, die Schulterfläche des Stempels berührt, ohne diese zu verformen. In ähnlicher Weise wird auch die Pressenkraft in den realen Tiefziehversuchen eingestellt. An den Schnittflächen des Viertelmodells werden Symmetrie-Randbedingungen eingestellt, welche die translatorischen Freiheitsgrade senkrecht zur Symmetrieebene fixiert. Bei der Wahl sämtlicher Randbedingungen sind die physikalischen Wirkprinzipien aus den realen Tiefziehversuchen berücksichtigt, damit die Simulation die Tiefziehversuche aus Kapitel 4.3 und 4.4 möglichst genau abbildet.

5.1.2 Datenaufbereitung der Materialkennwerte für die Simulation

Zur Modellierung des Verformungsverhaltens der Werkzeuge werden die ermittelten Materialeigenschaften aus den Normversuchen (vgl. Kapitel 4.1.3) verwendet. Für die nachfolgenden Versuche wird das 3D-Druckmaterial PLA mit 100 % Füllvolumen modelliert. Neben den ermittelten Kennwerten wird zur Abbildung des plastischen Materialverhaltens die gemittelte Spannungs-Stauchungskurve der Probekörper mit der Druckrichtung DL aus Abbildung 4.9 verwendet. Die Simulationssoftware erfordert zum Import der Spannungs-Stauchungskurve die wahre Spannung und Stauchung. Die aus den Normversuchen bestimmten technischen Spannungs- und Stauchungswerte werden gemäß folgenden Formeln umgerechnet, um die wahre Spannung bzw. Stauchung zu erhalten[234]:

$$\epsilon_W = -\ln(1-\epsilon) \qquad (5\text{-}1)$$

$$\sigma_W = \sigma(1-\varepsilon) \qquad (5\text{-}2)$$

Abbildung 5.3 zeigt im Vergleich die technische und wahre Spannungs-Stauchungskurve des 3D-Druckmaterials PLA. Im Gegensatz zu der häufig verwendeten Spannungs-Dehnungskurve eines Zugversuchs liegt die wahre Spannung des Druckversuchs unterhalb der technischen Spannung, was auf die Expansion des Probekörpers unter einer Drucklast zurückzuführen ist. Im Wesentlichen unterscheiden sich die Kurvenverläufe im plastischen Verformungsbereich in etwa ab dem Erreichen der Druckfließspannung. Beispielsweise entspricht eine technische Stauchung von 5 % einer wahren Stauchung von ca. 5,13 %.

[234] Bo Song und Brett Sanborn, „Relationship of compressive stress-strain response of engineering materials obtained at constant engineering and true strain rates.“ *International Journal of Impact Engineering* 119 (2018): S. 40, doi:10.1016/j.ijimpeng.2018.05.001.

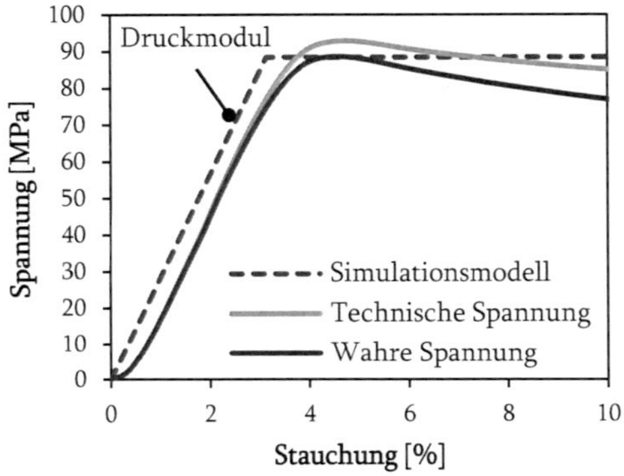

Abbildung 5.3: Vergleich von technischer und wahrer Spannungs-Stauchungskurve

Aufgrund von numerischen Instabilitäten, die bei der Simulation zu Konvergenzproblemen führen können, lassen sich mit ANSYS keine abfallenden Spannungskurven modellieren[235]. Aus diesem Grund wird der Bereich im Anschluss an das Erreichen der Druckfließspannung als ideal plastisch abgebildet. Die Steigung der Kurve und somit auch die lineare Verfestigung beträgt an dieser Stelle gleich Null. Bis zum Erreichen der Druckfließspannung wird das Modell als linear elastisch modelliert. Die beschreibende Kennzahl in diesem Bereich ist das Druckmodul. Dieser wird gemäß den Normversuchen aus Kapitel 4.3 für beide Druckrichtungen DL und DS (vgl. Abbildung 4.11) gemittelt und in ANSYS hinterlegt. Durch die Annäherung der Spannungs-Stauchungskurve in zwei Geraden wird der Werkzeugwerkstoff als sogenanntes bilineares Verhalten simuliert. Diese Nährungsfunktion ist in Abbildung 5.3 ebenfalls dargestellt. In Ergänzung zu der Spannungs-Stauchungskurve sind in Tabelle 6 alle wesentlichen Kennwerte zusammengefasst.

Tabelle 12: Materialeigenschaften PLA mit 100 % Füllvolumen

Material	Dichte	Druckmodul	Poissonzahl	Druckfließspannung
PLA	1218 kg/m^3	2855 MPa	0,33	88,37 MPa

Die Dichte sowie die wahre Druckfließspannung sind ebenfalls aus den Normversuchen entnommen. Für die Poissonzahl sind in der Literatur verschiedene Werte zu

[235] Wilhelm Rust, *Nichtlineare Finite-Elemente-Berechnungen mit ANSYS Workbench* (Wiesbaden: Springer Fachmedien Wiesbaden, 2020). doi:10.1007/978-3-658-31421-7, S. 97.

finden, die unter anderem je nach Fertigungsverfahren variieren[236]. Für die Simulation wird die Poissonzahl von PLA nach PINTO und FERREIRA auf einen Wert von $\upsilon = 0{,}33$ gerundet[237 238]. Die Eigenschaften des verwendeten Blechwerkstoffs werden aus der Literatur entnommen und sind in Tabelle 13 dargestellt.

Tabelle 13: Materialeigenschaften des Blechwerkstoffs DC04[239 240]

Material	Dichte	Elastizitätsmodul	Poissonzahl	Zugfestigkeit
DC04	7800 kg/m^3	210 GPa	0,3	270 MPa

Im Anschluss an die Vernetzung und die Beschreibung des Materialmodells erfolgt die Simulationsdurchführung. Hierzu werden gemäß den definierten Randbedingungen die Pressen- und Niederhalterkraft aufgebracht und iterativ angepasst, bis die Simulation konvergiert. Die Ergebnisse der Simulation werden im nachfolgenden Kapitel beschrieben.

5.1.3 Simulation der Werkzeugbelastung und -verformung der Napfgeometrie

Im Gegensatz zu den Simulationen der Werkzeuge als starre Wirkflächen aus Kapitel 4.2.2 lassen sich durch die Modellierung der Werkzeuge als Volumenkörper auch die Spannungszustände innerhalb der Werkzeuge berechnen. Abbildung 5.4 zeigt die an den Werkzeugen auftretende Vergleichsspannung nach von Mieses sowohl an der Oberfläche wie auch im Inneren der Werkzeuge.

[236] S. M. Mirkhalaf und M. Fagerström, „The mechanical behavior of polylactic acid (PLA) films: fabrication, experiments and modelling.“ *Mechanics of Time-Dependent Materials* 25, Nr. 2 (2021): S. 126, doi:10.1007/s11043-019-09429-w.

[237] V. C. Pinto et al., „Comparative Failure Analysis of PLA, PLA/GNP and PLA/CNT-COOH Biodegradable Nanocomposites thin Films.“ *Procedia Engineering* 114 (2015): S. 639, doi:10.1016/j.proeng.2015.08.004.

[238] Rafael T. L. Ferreira et al., „Experimental characterization and micrography of 3D printed PLA and PLA reinforced with short carbon fibers.“ *Composites Part B: Engineering* 124 (2017): S. 10, doi:10.1016/j.compositesb.2017.05.013.

[239] Bouchaib Radi und Abdelkhalak El Hami, *Material forming processes: Simulation, drawing, hydroforming and additive manufacturing,* Mechanical engineering and solid mechanics series volume 1 (London, Hoboken, NJ: ISTE; Wiley, 2016), https://www.loc.gov/catdir/enhancements/fy1702/2016945874-b.html, S. 101.

[240] DIN Deutsches Institut für Normung e.V., *DIN,* Nr. 10130, S. 11.

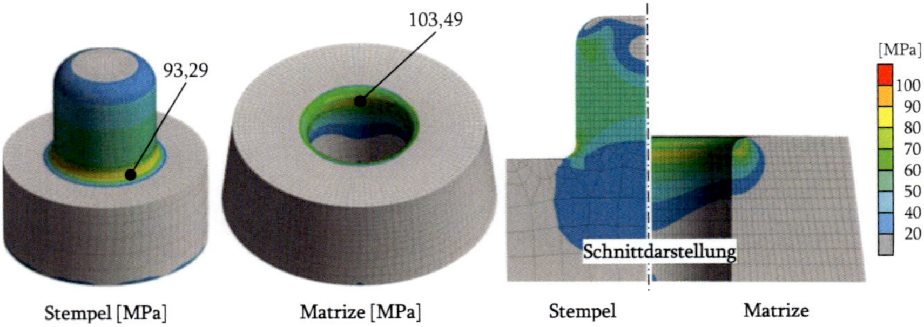

Abbildung 5.4: Vergleichsspannung nach von Mieses der Werkzeugsimulation mit dem Blechwerkstoff DC04

Am Stempel tritt die maximal simulierte Vergleichsspannung an der Oberfläche der Schulterrundung mit 93,29 MPa auf. Im Inneren des Stempels zeigt sich insbesondere unterhalb der Stempelkantenrundung eine lokale Maximierung der Spannung auf etwa 80 MPa. Auffallend ist zudem, dass die Vergleichsspannung an der Stempeloberfläche mit weniger als 20 MPa vergleichsweise gering ist. An der Matrize fällt die maximale Spannung zwar sehr lokal begrenzt, jedoch mit 103,49 MPa etwas höher aus als an dem Stempel. Im Wesentlichen sind die hohen Spannungen an der Matrize auf den unmittelbaren Bereich der Ziehkantenrundung begrenzt und nehmen im Inneren der Matrize mit zunehmendem Abstand zur Rundung ab. Aufgrund des elasto-plastischen Materialmodells fallen die lokalen Spannungsspitzen an den Werkzeugen deutlich geringer aus als bei der Simulation mit starren, nicht verformbaren Werkzeugen (vgl. Abbildung 4.20). Dennoch weist auch die Simulation mit elasto-plastischem Materialverhalten Bereiche auf, bei denen die Vergleichsspannung oberhalb der wahren Druckfließspannung des Materials PLA liegt. Aus dieser Beobachtung lässt sich schließen, dass die Werkzeuge neben der elastischen Verformung, zum Teil auch einer plastischen Verformung unterliegen. In welcher Weise die Werkzeuge verformt werden, lässt sich ebenfalls aus der Simulation ableiten. Hierzu wird die verformte Werkzeuggeometrie als STL-Datei aus ANSYS exportiert und für den Flächenvergleich in die Software GOM INSPECT PRO importiert. Durch diese Vorgehensweise können die Werkzeugoberflächen in ähnlicher Weise wie die Werkzeuge und Näpfe aus den Tiefziehversuchen analysiert werden. In der nachstehenden Abbildung 5.5 ist die simulierte Werkzeugverformung an Stempel und Matrize im Vergleich zur CAD-Geometrie dargestellt.

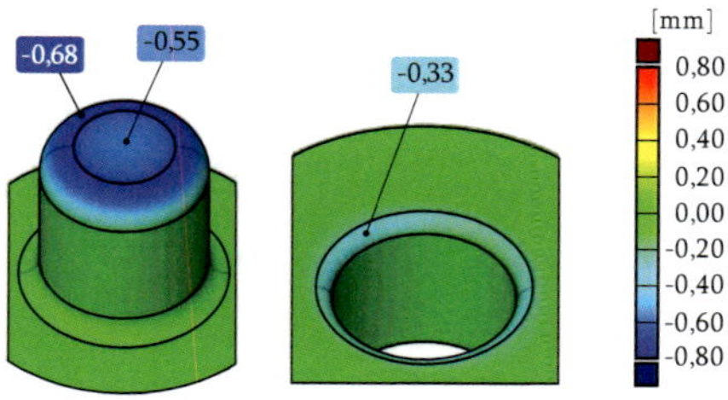

Abbildung 5.5: Simulierte Werkzeugverformung an Stempel und Matrize

Der Oberflächenvergleich zeigt, dass die maximale Verformung an der Stempelkantenrundung mit – 0,65 mm in etwa doppelt so hoch ist wie die maximale Verformung an der Ziehkantenrundung, welche – 0,33 mm beträgt. Die Verformung in der Mitte der Stempeloberseite beträgt – 0,52 mm und ist damit etwas geringer als die maximale Verformung an der Stempelkantenrundung. Obwohl die maximale Vergleichsspannung an der Matrize höher ausfällt als an dem Stempel, weist der Stempel dennoch eine höhere Verformung auf. Diese Beobachtung deutet darauf hin, dass ausgehend von der simulierten Spannung nicht direkt auf die Verformung geschlossen werden kann. Ist der Verformungszustand der Werkzeuge während der Umformung von Interesse, ist daher die Simulation der Werkzeuge als Volumenkörper notwendig. Die höhere Verformung am Stempel kann im Wesentlichen durch den größeren Spannungsbereich, welcher im Querschnitt des Stempels ersichtlich wird, erklärt werden. Während der Spannungsbereich, der oberhalb von 30 MPa liegt, bei der Matrize überwiegend auf den Bereich der Rundung begrenzt ist, wird der Stempel nahezu auf der gesamten Höhe mit mehr als 30 MPa belastet. Die Gesamtverformung ergibt sich aus der Summe der Verformungen der einzelnen Elemente und kann daher nicht von der maximal auftretenden Spannung abgeleitet werden. Insgesamt tritt der Großteil der am Stempel auftretenden Verformung mit 99 % im elastischen Bereich auf. Demgegenüber weist die Matrize einen plastischen Verformungsanteil von 7,5 % auf.

5.2 Entwicklung eines Kompensationsmodells zur Optimierung vom Bauteilgenauigkeiten

Neben der Beschreibung des Belastungs- und Verformungszustands der Werkzeuge aus Kapitel 5.1.3 sollen im nächsten Schritt die Informationen aus der Simulation genutzt werden, die Bauteilgenauigkeiten zu optimieren. Im Gegensatz zu konventionellen Werkzeugen aus Stahl unterliegen additiv gefertigte Kunststoffwerkzeuge einer nicht vernachlässigbaren Werkzeugverformung während des Umformprozesses. Als werkzeuggebundenes Fertigungsverfahren wirken sich die Werkzeugverformungen direkt auf die Genauigkeiten der zu fertigenden Bauteile aus. In BERGWEILER et al. konnte bereits gezeigt werden, dass durch das Drucken des Stempelwerkzeugs mit Aufmaß, die Bauteilgenauigkeit verbessert wird[241]. Dieses Kapitel adressiert somit die fünfte Teilforschungsfrage: *„Wie können die Qualitätsanforderungen durch die Optimierung der Bauteilgenauigkeiten erfüllt werden?"*.

5.2.1 Beschreibung des Kompensationsmodells

Zentraler Gegenstand des Kompensationsmodells ist die Nutzung der Informationen der Knotenverschiebung. Während der Vernetzung der Werkzeuge erhält jeder Knoten eines Elements eine individuelle Knotennummer. Zu dieser Knotennummer kann weiterhin die Position des jeweiligen Knotens im Raum über einen dreidimensionalen Vektor beschrieben werden. Die Information aus Knotennummer und -position lässt sich aus der Simulation exportieren und anschließend weiterverarbeiten. Abbildung 5.6 zeigt die grundlegende Funktionsweise des Kompensationsmodells am Beispiel der Verschiebung eines einzelnen Knotens in der Ebene (2D).

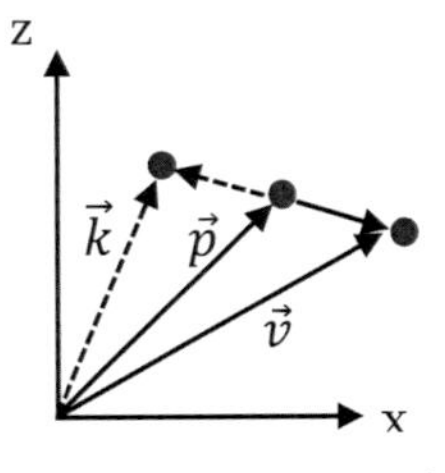

$$\vec{k} = 2\vec{p} - \vec{v} \tag{5-3}$$

Abbildung 5.6: Beschreibung der Knotenverschiebung als Vektoren und Berechnung des kompensierten Knotenvektors in Anlehnung an GROßMANN[242]

Zunächst werden die Informationen der Knoten der initialen Werkzeuggeometrie exportiert und gespeichert. D.h. jedem Knoten mit der Knotennummer i wird der entsprechende Positionsvektor $\vec{p_i}$ zugeordnet. Im Anschluss an die Simulation der Werkzeugverformung lässt sich in ähnlicher Weise die Position der Knoten der verformten Elemente als Vektor $\vec{v_i}$ ausgeben. Durch Subtraktion der beiden Vektoren erhält man die Größe und Richtung der Verschiebung eines Knotens. Das Kompensationsmodell

[241] Bergweiler et al., „BERG21," S. 11.
[242] Großmann et al., „GROß10," S. 161.

beruht nun auf der Annahme, dass die Knotenverschiebung der kompensierten Geometrie der Verschiebung der Knoten der initialen Geometrie entspricht. Basierend auf dieser Annahme lässt sich mit Hilfe der Gleichung 5-3 die Position der kompensierten Geometrie als Vektor $\overrightarrow{k_i}$ berechnen. Verformt sich der Knoten i der kompensierten Geometrie exakt so wie bei der Simulation der initialen Geometrie, stellt sich im verformten Zustand die initiale, bzw. die Sollgeometrie ein.

Die Datenaufbereitung des abstrahierten Modells aus Abbildung 5.6 erfolgt zunächst in EXCEL, während die Berechnung der Vektoren mit Hilfe eines MATLAB-Skripts umgesetzt wird. Anschließend werden die Knoteninformationen der kompensierten Geometrie im CSV-Format exportiert. Die Erzeugung der kompensierten Geometrie erfolgt im letzten Schritt basierend auf der CSV-Datei über die ANSYS-Skriptsprache APDL. Abbildung 5.7 zeigt schrittweise die Erzeugung der kompensierten Geometrie am Beispiel der Stempelkantenrundung.

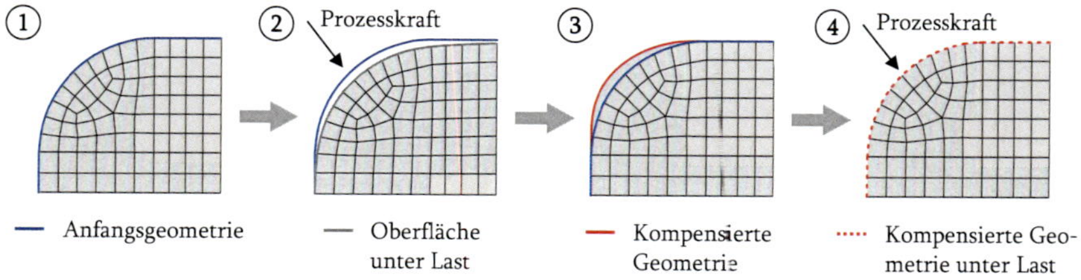

Abbildung 5.7: Kompensation der Werkzeugverformung in Anlehnung an GROßMANN[243]

Ausgehend von der Vernetzung der initialen Geometrie erfolgt im 2. Schritt die Simulation der Werkzeugverformung. Hierbei wird der Verformungszustand am Ende der Umformung berücksichtigt, da dieser maßgeblich für die Ausbildung der Bauteilgeometrie ist. Im 3. Schritt wird das Kompensationsmodell angewendet und die kompensierte Werkzeuggeometrie berechnet. Abschließend werden die Geometriedaten der kompensierten Werkzeuge für den Druckprozess vorbereitet und die additive Fertigung der Werkzeuge durchgeführt. Zur Validierung bzw. zur weiteren Optimierung der Werkzeuge kann die kompensierte Geometrie auch erneut simuliert und ggf. angepasst werden, sodass sich die Sollgeometrie im verformten Zustand einstellt. Im nachfolgenden Abschnitt soll das Kompensationsmodell auf die Napfgeometrie angewendet werden, um anschließend Tiefziehversuche mit der kompensierten Werkzeuggeometrie durchzuführen.

[243] Großmann et al., „GROß10," S. 161.

5.2.2 Anwendung des Kompensationsmodells auf die Napfgeometrie

Zur Optimierung der Bauteilgenauigkeiten wird das zuvor beschriebene Kompensationsmodell an den Werkzeugen der Napfgeometrie angewendet. Abbildung 5.8 zeigt im Vergleich die simulierte Werkzeugverformung und den Flächenvergleich der kompensierten Werkzeuggeometrie zur Sollgeometrie. Bei dem Flächenvergleich sind entsprechend die Maximal- und Minimalwerte sowie die Mitte der Stempeloberseite mit Abweichungsfähnchen gekennzeichnet. Es zeigt sich, dass die Maximalwerte der kompensierten Geometrie nicht exakt mit den umgekehrten Minimalwerten der verformten Geometrie übereinstimmen. Die geringfügigen Unterschiede können durch die Art des Messprinzips des Flächenvergleichs und die Art der Verformungskompensation erklärt werden. Während bei der Verformungskompensation der kompensierte Anteil entgegen der Richtung der Knotenverschiebung hinzugefügt wird, wird beim Flächenvergleich lediglich die kürzeste Distanz zwischen kompensierter Geometrie und Soll-Geometrie gemessen. Hierdurch können sich unterschiedliche Richtungen der Mess- und Verformungsvektoren ergeben.

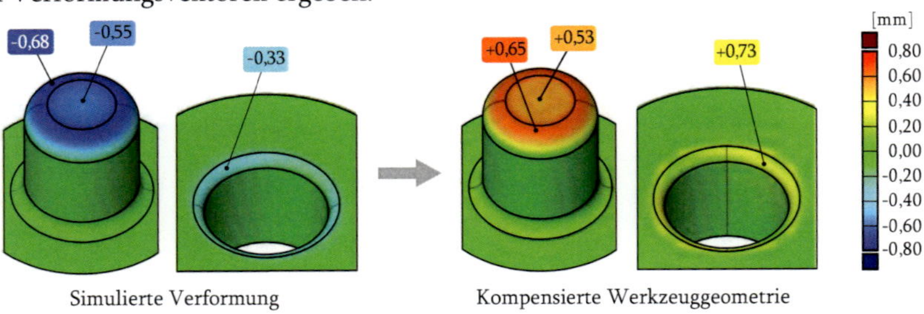

Abbildung 5.8: Simulierte Werkzeugverformung (links) und kompensierte Werkzeuggeometrie (rechts)

Weiterhin zeigt sich insbesondere an dem Flächenvergleich der kompensierten Matrizengeometrie eine zum Teil fleckige punktförmige Maßabweichung am Ziehkantenradius sowie an der Oberseite der Matrize. Diese Maßabweichungen können auf den lokal unterschiedlichen Belastungs- und Verformungszustand zurückgeführt werden, der während der Simulation berechnet wird. Auch wenn in der Realität ein ähnliches Verhalten durch lokal auftretende Spannungsspitzen zu beobachten ist, treten diese vielmehr zufällig an unterschiedlichen Stellen auf und sind schwer vorhersehbar. Aus diesem Grund sollten die Oberflächen der kompensierten Geometrie vor der additiven Fertigung geglättet bzw. nachbearbeitet werden. Für eine einfache Umsetzung wird ein repräsentativer Querschnitt der kompensierten Matrizen- und Stempelgeometrie ausgewählt und über den Umfang extrudiert. Durch dieses Vorgehen erhält man ideal rotationssymmetrische Werkzeuge. Im zweiten Schritt wird die Oberseite der Matrize durch eine konstruierte Ebene ersetzt, um eine ideal ebene Fläche zu erzeugen. Durch dieses Vorgehen werden die punktförmigen Maßabweichungen an der Oberseite verhindert, die andernfalls das Aufbringen der Niederhalterkraft erschweren und somit die Faltenbildung begünstigen. Zuletzt werden Schrumpfungskompensationen analog zu den Werkzeugen aus Kapitel 4.3.1 für das 3D-Druckmaterial PLA zu den Werkzeugoberflächen hinzugefügt. Die Druckparameter werden entsprechend der Parameter aus Tabelle 11 und einer Schichthöhe von 0,2 mm eingestellt. Abbildung 5.9 zeigt den Flächenvergleich der additiv gefertigten Werkzeuge aus PLA mit kompensierter Geometrie im Vergleich zu der Soll-Geometrie.

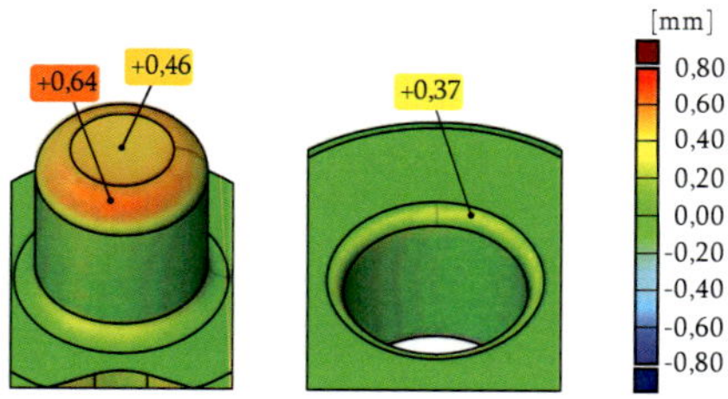

Abbildung 5.9: Flächenvergleich der additiv gefertigten Werkzeuge mit kompensierter Geometrie im Vergleich zur Soll-Geometrie

Der Flächenvergleich zeigt ein qualitativ ähnliches Ergebnis verglichen mit der kompensierten Geometrie aus Abbildung 5.8. Auch quantitativ liegen die Abweichungsfähnchen innerhalb der Toleranz einer Schichthöhe von ± 0,10 mm, sodass eine ausreichende Fertigungsgenauigkeit vorliegt. Im Gegensatz zu der kompensierten Geometrie zeigt die Oberseite der Matrize eine ebene Fläche ohne punktförmige Maßabweichungen. Diese ist für die gleichmäßige Erzeugung der Niederhalterkraft erforderlich. Im Nachfolgenden werden mit den gefertigten Werkzeugen Tiefziehversuche durchgeführt und die Bauteilgenauigkeit sowie die Werkzeugverformung im Verlauf der Versuchsserie analysiert.

5.2.3 Tiefziehversuche mit kompensierter Werkzeuggeometrie

Die Tiefziehversuche werden analog zu den bisherigen praktischen Versuchen durchgeführt. Als Blechmaterial kommt auch hier der kaltgewalzte Stahl DC04 in 1 mm Dicke zum Einsatz. Die Werkzeuge mit der kompensierten Geometrie werden in das Säulenführungsgestell aus Abbildung 4.23 montiert und anschließend wird eine Versuchsserie von 30 Näpfen hergestellt. In Abbildung 5.10 ist der erste tiefgezogene Napf, hergestellt mit den kompensierten PLA-Werkzeugen, im Vergleich zur Soll-Geometrie dargestellt. Zusätzlich sind zum Vergleich die ersten tiefgezogenen Näpfe, hergestellt mit den PLA-Werkzeugen ohne Verformungskompensation sowie mit dem Stahlwerkzeugen aus dem Werkstoff 42CrMo4, abgebildet.

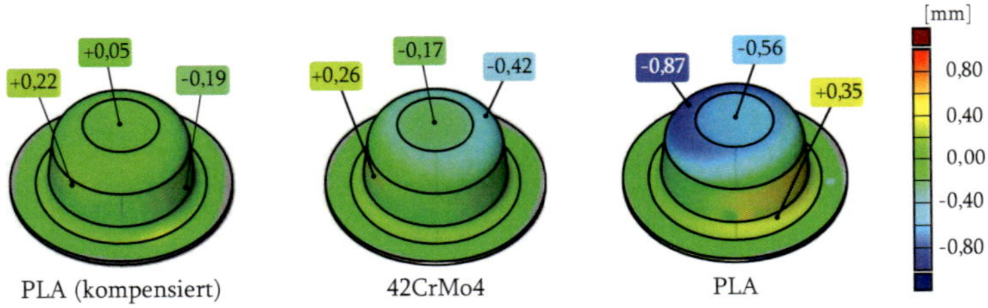

Abbildung 5.10: Maßabweichung des ersten tiefgezogenen Napfes aus dem Blechwerkstoff DC04 im Vergleich zur CAD-Sollgeometrie, hergestellt mit den Werkzeugen aus PLA mit und ohne kompensierter Geometrie sowie aus 42CrMo4

Der Napf, hergestellt mit den kompensierten PLA-Werkzeugen, zeigt die höchste Bauteilgenauigkeit von allen bisher mit verschiedenen Werkzeugwerkstoffen hergestellten Näpfe. Insbesondere zeigt die Napfhöhe mit einer Maßabweichung von – 0,05 mm eine hohe Genauigkeit, die im Bereich der Mess- und Ausrichtungsfehler liegt. Die Maßabweichung an der Rundung der Napfoberseite liegt im Wesentlichen in einem Bereich von ± 0,10 mm und somit innerhalb der von Dietrich definierten Toleranzen für die Napfhöhe von ± 0,3 mm (vgl. Abschnitt 2.1.3)[244]. Die durchschnittliche Abweichung in der Mitte der Napfseitenfläche liegt mit 0,09 mm ebenfalls innerhalb der Toleranzklasse für den Napfdurchmesser von ± 0,15 mm[245]. An der Rundung des Flansches treten die größten Maßabweichungen zwischen – 0,19 mm und 0,33 mm auf. Im Vergleich zu dem PLA-Napf ohne Verformungskompensation zeigt sich an dieser Stelle keine signifikante Verbesserung der Bauteilgenauigkeit. Die Reproduzierbarkeit der Näpfe sowie der Werkzeugverschleiß im Verlauf der 30er-Serie liegt in einem ähnlichen Bereich wie bei den Versuchen ohne Werkzeugkompensation. Auch bei den Versuchen mit kompensierter Werkzeuggeometrie kann kein signifikanter Werkzeugverschleiß an dem Stempel festgestellt werden. Hingegen liegt der Werkzeugverschleiß der Matrize am Ende der Umformserie in einem Bereich von ca. ± 0,2 mm und

[244] Dietrich, *DIET18*, S. 187.

[245] Ebd.

somit in ähnlicher Größenordnung wie bei den Versuchen ohne Werkzeugkompensation.

Die Anwendung des Kompensationsmodells auf die untersuchte Napfgeometrie bewirkt eine signifikante Verbesserung der Bauteilgenauigkeiten im Vergleich zu dem Napf, welcher ohne Werkzeugkompensation hergestellt wurde. Darüber hinaus kann selbst im Vergleich zu dem Napf, der mit dem konventionellen Werkzeugstahl hergestellt ist, eine höhere Bauteilgenauigkeit an der Napfoberseite festgestellt werden. Unter Berücksichtigung der klassischerweise erreichbaren Genauigkeiten beim Tiefziehen, beschrieben in Abschnitt 2.1.3, zeigen die Untersuchungen, dass mit Hilfe des Kompensationsmodells auch mit additiv gefertigten Kunststoffwerkzeuge sehr hohe Bauteilgenauigkeiten erreicht werden können.

6 Kritische Reflexion und Prüfung des Modells im Anwendungszusammenhang

Gemäß dem Forschungsprozess nach ULRICH beginnt die Forschung in der Praxis und soll durch die Übertragung der entwickelten Lösungen auch in der Praxis enden[246]. Die Prüfung der gewonnenen Erkenntnisse aus den vorherigen Kapiteln und insbesondere des entwickelten Kompensationsmodells erfolgt daher an realen Praxisbeispielen der produzierenden Industrie. Es werden zwei Fallbeispiele, ein Blechteil einer Fahrzeugkarosserie (Kapitel 6.1) sowie eine Gehäusekomponente für einen Luftkühler (Kapitel 6.2), untersucht. Beide Fallbeispiele weisen für ihre jeweiligen Industriezweige charakteristische Herausforderungen für das Tiefziehen auf und eignen sich daher als Beispielbauteile. So ist das Karosserieblech gekennzeichnet durch verschiedene Sickengeometrien, Fügeflächen und zum Teil scharfen Kanten und die Gehäusekomponente durch größere ebene Flächen sowie einer großen Kavität. Neben der Untersuchung der technischen Eigenschaften der Werkzeugtechnologie wird zudem eine Wirtschaftlichkeitsbetrachtung (Kapitel 6.1.4 und 6.2.3) für die jeweiligen Fallbeispiele durchgeführt, um das Potential zur Kosteneinsparung zu quantifizieren.

6.1 Fallbeispiel 1 – Sicherheitsgurtverstärkung B-Säule

Als erstes Fallbeispiel wird die Werkzeugtechnologie anhand der Geometrie einer Sicherheitsgurtverstärkung einer B-Säule erprobt. Diese wird für gewöhnlich in die Innenseite der B-Säule einer Fahrzeugkarosserie eingeschweißt und dient zur Aufnahme des Sicherheitsgurts. Bei der Bauteilgeometrie werden neben der eigentlichen Tiefziehoperation, dem Ziehen der Kavität, zusätzlich verschiedene Sicken in die Bauteiloberfläche eingebracht. Diese Kombination aus Tiefziehen und Streckziehen wird auch als

[246] Ulrich, *ULRI84*, S. 192.

Karosserieziehen bezeichnet und ist häufig zur Herstellung von Karosserieteilen erforderlich. Aus diesem Grund stellt das hier behandelte Fallbeispiel eine charakteristische Anwendung für Ziehteile einer Fahrzeugkarosserie dar.

6.1.1 Konstruktion von Bauteilgeometrie und Werkzeugsatz

Zur Konstruktion der Bauteilgeometrie werden ausgewählte Fahrzeugkarosserien verschiedener Hersteller hinzugezogen, um eine allgemeine Geometrie abzuwandeln. In Abbildung 6.1 ist auf der linken Seite die konstruierte Sicherheitsgurtverstärkung der B-Säule, welche über die charakteristischen Fügeflansche und Sicken sowie über ein Lochelement, welches beispielsweise zur Befestigung der Innenraumverkleidung dient, dargestellt. Um eine ausreichende Streckung des Materials während der Umformung zu erreichen, wird die Flanschfläche vergrößert und das sogenannte Addendum mittels der Software AUTOFORM hinzugefügt. Hierdurch wird das Blechmaterial während des Tiefziehens ringsum eingespannt, sodass von allen Seiten Material kontrolliert nachgezogen werden kann. Zudem wird das Lochelement geschlossen, da es sich als loses Ende während der Umformung schwer kontrollierbar verformen kann und sich somit nachteilig auf das Ziehergebnis auswirkt. Das Hinzufügen von Material erfordert ein Zuschneiden im Anschluss an den Umformprozess, um das eigentliche Blechteil zu erhalten. In der Serienproduktion kommen hierfür häufig Stanzwerkzeuge zum Einsatz, die zum Teil auch zwischen den einzelnen Ziehstufen und am Ende des Umformprozesses das Blechteil auf die gewünschte Kontur zuschneiden. Um den Aufwand für den Zuschnitt bei geringen Stückzahlen minimal zu halten, können flexible Trennverfahren, wie beispielsweise das 3D-Laserschneiden, eingesetzt werden.

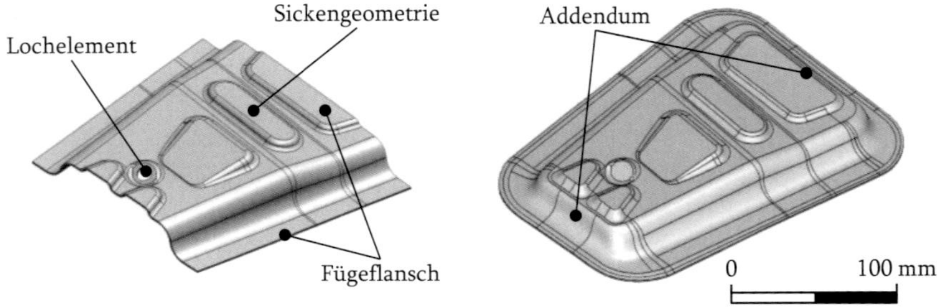

Abbildung 6.1: Sicherheitsgurtverstärkung B-Säule (links) sowie herzustellendes Blechteil inklusive Addendum (rechts)

Im Anschluss an die Konstruktion des Blechteils erfolgt die Ableitung der Werkzeuge, bestehend aus Stempel, Matrize und Niederhalter. Bei der Konstruktion wird auf eine möglichst effiziente Materialausnutzung geachtet, indem die kaum belasteten Bereiche, wie die Befestigungsarme von Stempel und Matrize, dünnwandig ausgelegt werden. Abbildung 6.2 zeigt den konstruierten dreiteiligen Werkzeugsatz.

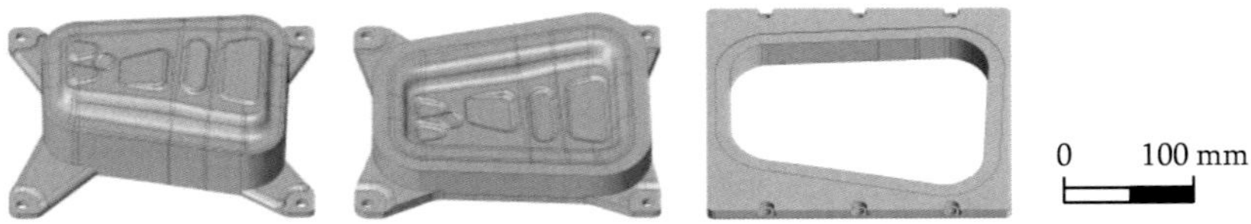

Abbildung 6.2: Werkzeugsatz bestehend aus Stempel, Matrize und Niederhalter[247]

6.1.2 Simulation und Anwendung des Kompensationsmodells

Zur Optimierung der Bauteilgenauigkeiten soll an dieser Stelle das in Kapitel 5.2 entwickelte Kompensationsmodell auf die Geometrie der Sicherheitsgurtverstärkung B-Säule angewendet werden. Zunächst werden analog zu den Werkzeugen der Napfgeometrie die Werkzeuge vereinfacht, um den Rechenaufwand während der Simulation und die Komplexität bei der Vernetzung zu reduzieren. Abbildung 6.3 zeigt die Vernetzung der vereinfachten Werkzeugteile, welche mittels ANSYS WORKBENCH erzeugt sind.

[247] Bernd Löffler et al., „Tiefziehen mit additiv gefertigten Werkzeugen/Deep drawing with additively manufactured tools – Reduction of tooling cost.“ *wt Werkstattstechnik online* 111, 11-12 (2021): S. 813, doi:10.37544/1436–4980–2021–11–12–42.

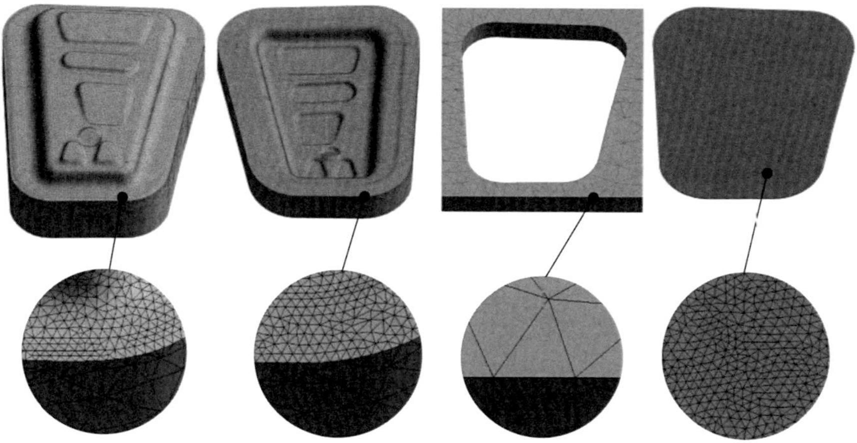

Abbildung 6.3: Vernetzung der einzelnen Werkzeugelemente sowie der Blechronde

Die Vernetzung erfolgt in ähnlicher Weise wie bei den Werkzeugen der Napfgeometrie mittels hexaedrischer Elemente als 3D-Körper (SOLID186). An den Stellen, an denen hohe Verformungen oder Spannungen erwartet werden, wird das Netz feiner ausgelegt. Hieraus folgt eine besonders feine Vernetzung des Blechmaterials und eine gröbere Vernetzung des Niederhalters. Um zusätzlich Rechenzeit einzusparen, werden bei den Werkzeugteilen Stempel und Matrize lediglich die Werkzeugaktivflächen, an denen lokal höhere Spannungen und Verformungen erwartet werden, feiner vernetzt. Dies erfolgt durch die sogenannte adaptive Netzverfeinerung, welche sukzessiv das Netz hin zu der Oberfläche verfeinert.

Da die Werkzeuge des Fallbeispiels ebenfalls in das Säulenführungsgestell aus Abbildung 4.23 montiert werden, ergeben sich für die Simulation ähnliche Randbedingungen wie bei der Napfgeometrie. Die Bodenfläche des Stempels wird auch bei diesem Werkzeugsatz als fixierte Lagerung eingespannt, sodass sämtliche Freiheitsgrade gesperrt sind. Für den Niederhalter und die Matrize wird lediglich eine Bewegung translatorisch in Richtung der Pressenkraft zugelassen. Die Prozesskräfte werden jeweils durch eine externe Flächenkraft auf den Niederhalter und die Matrize beaufschlagt. Wesentliche Unterschiede im Vergleich zu den Randbedingungen des Napfziehversuchs ergeben sich durch die Asymmetrie der Werkzeugteile und den Streckzieh- bzw. Prägeanteil, der zur Herstellung der Sicken erforderlich ist. So entfällt zum einen die Symmetrie-Randbedingung, sodass die Simulation und Vernetzung des vollständigen Werkzeugsatzes erforderlich ist, zum anderen verfährt der Stempel vollständig in die

Matrize, um die Sicken herstellen zu können. Auch bei diesem Fallbeispiel wird die Simulation beim Erreichen der Soll-Pressenkraft beendet, die notwendig ist, um das Blechteil vollständig auszuformen.

Nachgelagert an die Simulation der Werkzeugverformung wird das Kompensationsmodell aus Abbildung 5.7 angewendet. Hierzu wird zunächst die Knotenverschiebung durch den Vergleich der Knotenposition der verformten Werkzeuge mit der initialen Geometrie berechnet. Im Anschluss erfolgt die Invertierung der Knotenverschiebung in die entgegengesetzte Richtung, um die kompensierte Werkzeuggeometrie zu erhalten. Die Werkzeuge mit der kompensierten Geometrie werden erneut simuliert, um den Effekt der Kompensation zu bestimmen. Während die simulierte Verformung der kompensierten Stempelgeometrie größtenteils geringer als ± 0,10 mm von der Sollgeometrie abweicht und somit eine verbesserte Genauigkeit darstellt, zeigt sich bei der Simulation der kompensierten Matrizengeometrie nur eine geringfügige Verformung. Ein ähnlicher Effekt konnte bereits bei der Kompensation der Napfgeometrie beobachtet werden. Auch bei dieser Werkzeuggeometrie konnte die Bauteilgenauigkeit im Wesentlichen durch die Verformungskompensation der Stempelgeometrie verbessert werden. Aus diesem Grund wird für die Tiefziehversuche lediglich die Stempelgeometrie kompensiert und die ursprüngliche Matrizengeometrie verwendet. Abbildung 6.4 zeigt hierzu die kompensierte Stempelgeometrie im CAD sowie den Flächenvergleich der kompensierten Geometrie im Vergleich zur initialen Geometrie.

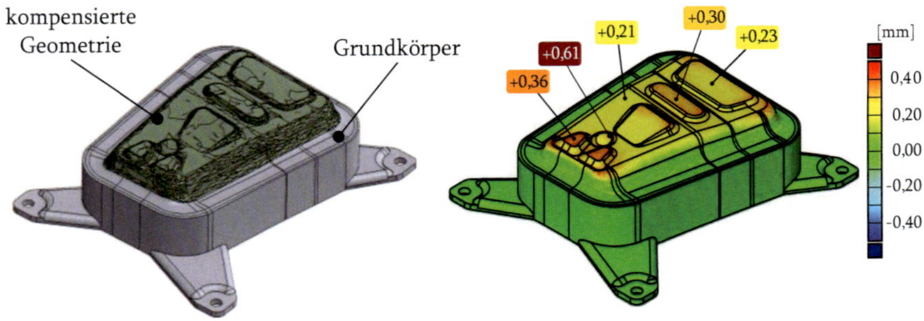

Abbildung 6.4: Kompensierte Stempelgeometrie als Baugruppe im CAD (links) sowie Flächenvergleich der kompensierten Geometrie im Vergleich zur initialen Geometrie (rechts)

Auch wenn der Grundkörper während des Tiefziehens einer Verformung unterliegt, wirkt sich diese nicht direkt auf die Bauteilgeometrie aus. Aus diesem Grund wird bei der Konstruktion der kompensierten Stempelgeometrie lediglich die Werkzeugaktivfläche, welche im direkten Kontakt mit dem Blechwerkstoff steht, berücksichtigt. Ausgenommen hiervon ist der Bereich des Stempels, welcher den Flanschbereich des Blechteils definiert. Dieser wird ebenfalls von der ursprünglichen Geometrie übernommen, um eine möglichst ebene Fläche und einen homogenen Kanteneinzug zu erhalten. Ein weiterer Grund den Flanschbereich des ursprünglichen Stempels zu nutzten liegt darin, dass an der kürzesten Seite eine geringfügige Ausbildung von Falten simuliert wird. Diese erhöhen lokal die auftretenden Spannungen und sorgen somit für eine erhöhte Werkzeugverformung an diesen Stellen. Da die Faltenbildung durch die Kompensation der hierdurch verursachten Verformungen nicht verhindert, sondern sogar verstärkt werden kann, wird die Kompensation der von Falten induzierten Verformung nicht berücksichtigt. Der Flächenvergleich aus Abbildung 6.4 zeigt, an welchen Stellen durch die Kompensation wie viel Material hinzugefügt wird. Der Großteil der Werkzeugfläche wird um etwa 0,20 mm erhöht. Es zeigt sich zudem, dass insbesondere an den Sicken und an deren Rundungen eine größere Kompensation erforderlich ist. Die Kompensation an den Rundungen der Sicken liegt vermehrt in einem Bereich zwischen 0,30 mm und 0,40 mm und beträgt an einer Stelle maximal 0,61 mm. Im Anschluss an die Konstruktion der kompensierten Werkzeuggeometrie erfolgt der Export der 3D-Daten zur additiven Fertigung. Im nachfolgenden Abschnitt werden die Fertigung und die Durchführung der Tiefziehversuche sowie die Ergebnisse hieraus beschrieben.

6.1.3 Bauteilvermessung und Verifikation des Modells

Zur additiven Fertigung der Werkzeugteile wird der empfohlene Parametersatz aus Abschnitt 4.1.4 und das 3D-Druckmaterial PLA mit einer Schichthöhe von 0,20 mm verwendet. Bei dem Blechwerkstoff handelt es sich auch hier um den kaltgewalzten Tiefziehstahl DC04+ZE, welcher zusätzlich über eine elektrolytisch verzinkte Oberfläche mit einer Schichtdicke von 7,5 µm verfügt. Um die Leistungsfähigkeit des Kompensationsmodells hinsichtlich einer Optimierung der Bauteilgenauigkeit bestimmen zu können, wird die Blechgeometrie zunächst ohne Anwendung des Kompensationsmodells hergestellt. Hierzu wurde in einer Vorstudie, welche in LÖFFLER et al. veröffentlicht ist, eine Bauteilserie von insgesamt 7 Stück mit den Werkzeugen ohne Verformungskompensation hergestellt und die Bauteilgenauigkeit sowie der Werkzeugverschleiß bestimmt[248]. Die Werkzeugherstellung erfolgt auch bei der Vorstudie mit dem 3D-Druckmaterial PLA und denselben Druckparametern mit Ausnahme eines Füllvolumens von 80 %. Im Gegensatz zu der Vorstudie werden bei der Bauteilserie

[248] Löffler et al., „LÖFF21“.

mit kompensierter Werkzeuggeometrie wie bei den Napfziehversuchen insgesamt 30 Blechteile hergestellt. Abbildung 6.5 zeigt, als wesentliches Qualitätskriterium, die Bauteilgenauigkeiten des ersten tiefgezogenen Blechteils zur Sollgeometrie, hergestellt mit den Werkzeugen ohne Verformungskompensation (links) und mit kompensiertem Werkzeug (rechts).

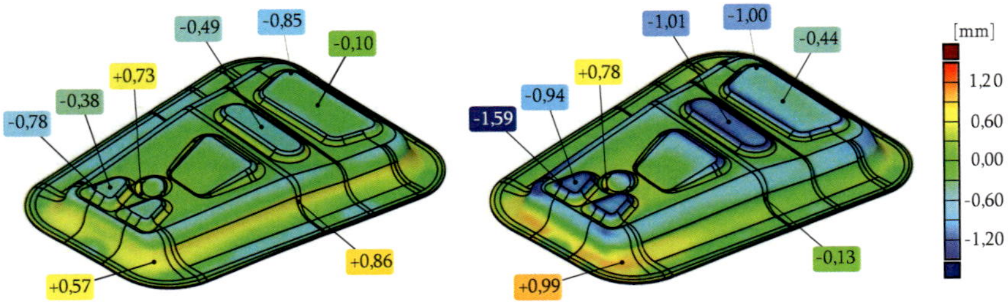

Abbildung 6.5: Vergleich der Bauteilgenauigkeit des ersten tiefgezogenen Blechteils zur Sollgeometrie hergestellt mit den Werkzeugen ohne Verformungskompensation (links) und mit kompensiertem Werkzeug (rechts)

Während das Blechteil, welches mit den Werkzeugen ohne Anwendung des Kompensationsmodells hergestellt ist, eine maximale Maßabweichung zwischen – 1,59 mm und 0,99 mm aufweist, fällt der Bereich der Maßabweichung bei dem Blechteil mit kompensierter Werkzeuggeometrie zwischen – 0,85 mm und 0,86 mm signifikant geringer aus. Insbesondere zeigt sich an den Sicken und deren Rundungen eine verbesserte Maßgenauigkeit, welche in den meisten Bereichen eine Verbesserung von etwa ± 0,5 mm darstellt. Im Gegensatz zu der allgemeinen signifikanten Verbesserung der Maßgenauigkeit stellt sich eine lokal erhöhte Maßabweichung in der Zarge des Blechteils, hergestellt mit den kompensierten Werkzeugen, ein. An dieser Stelle beträgt die maximale Abweichung zur Sollgeometrie 0,86 mm. Dieser Effekt kann unter anderem aufgrund des unterschiedlichen Füllvolumens der Werkzeuge auf veränderte Schrumpfung zurückgeführt werden und kann in einem weiteren Schritt angepasst werden. Bei der Betrachtung des Flächenvergleichs der Werkzeugteile zur Sollgeometrie ist zudem ein ausgeprägter Treppenstufeneffekt an Stempel und Matrize erkennbar. Aufgrund der zum Teil nur sehr geringen Formschrägen des Bauteils ist an diesen Stellen die Schichthöhe von 0,2 mm deutlich sichtbar, was sich wiederum direkt auf die Bauteilgenauigkeiten auswirkt. Insgesamt zeigt die Anwendung des Kompensationsmodells auch bei diesem Fallbeispiel eine signifikante Verbesserung der Bauteilgenauigkeiten. Die Verbesserung der Bauteilgenauigkeiten der betragsmäßig höchsten Abweichung mit und ohne Verformungskompensation um 0,73 mm kann den entscheidenden Unterschied ausmachen, ob die Bauteile verwendet werden können oder nicht. Die häufig im Prototypenbau einer Fahrzeugkarosserie verwendete Toleranzvorgabe von Strukturteilen von ± 1,00 mm bedingt, dass im Falle der Sicherheitsgurtverstärkung nur durch die Anwendung des Kompensationsmodells verwendbare Bauteile hergestellt werden können. Der Effekt des Kompensationsmodells auf den maximalen Bereich der Maßabweichung des ersten tiefgezogenen Blechteils der Napfgeometrie und der Sicherheitsgurtverstärkung ist in Abbildung 6.6 dargestellt.

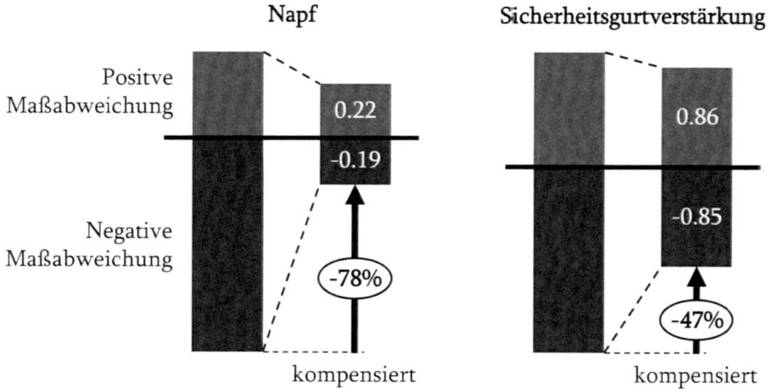

Abbildung 6.6: Vergleich der maximalen Maßabweichung des ersten tiefgezogenen Blechteils ohne und mit kompensierter Werkzeuggeometrie der Napfgeometrie (links) und der Sicherheitsgurtverstärkung (rechts, angepasste Skala)

Während die negative Maßabweichung des Napfes durch die Anwendung des Kompensationsmodells um 78 % verbessert werden kann, wird das Blechteil der Sicherheitsgurtverstärkung immerhin um 47 % optimiert. Bei beiden Bauteilgeometrien zeigt sich eine signifikante Verbesserung der Maßgenauigkeit. Die höhere Maßgenauigkeit der Napfgeometrie im Vergleich zur Sicherheitsgurtverstärkung kann in diesem Fall auf die einfachere und kleinere Geometrie zurückgeführt werden. Bei dieser Geometrie ist der Treppenstufeneffekt lediglich auf den Bereich der Rundungen begrenzt und wirkt sich somit weniger stark auf die Bauteilgenauigkeiten aus. Zudem sind die allgemeinen Fertigungstoleranzen sowie die Schrumpfungseffekte bei kleineren Werkzeugen häufig geringer, sodass kleinere Werkzeuge mit einer höheren Bauteilgenauigkeit hergestellt werden können.

Analog zu den Tiefziehversuchen mit Napfgeometrie wird auch bei der Versuchsserie der Sicherheitsgurtverstärkung mit kompensierten Werkzeugen eine Bauteilserie von insgesamt 30 Blechteilen hergestellt. Während der Versuchsserie werden in definierten Intervallen die Bauteilgenauigkeit sowie der Werkzeugverschleiß vermessen. Auch nach 30 Umformungen lässt sich an den Wirkflächen der Matrize größtenteils keine bleibende Werkzeugverformung bzw. kein Werkzeugverschleiß feststellen. Die maximal und minimal gemessenen Werte treten nur sehr lokal und punktförmig auf und betragen in etwa ± 0,2 mm, was der Größe der Schichtdicke entspricht. Die nur sehr vereinzelnd auftretenden punktförmigen Abweichungen der Matrize können zum einen durch die Glättung des Treppenstufeneffekts (vgl. Abbildung 4.31) oder durch minimale Ausrichtungsfehler beim Vergleich der Oberflächen erklärt werden. Auch beim Stempelwerkzeug zeigt der Flächenvergleich nach der 30. Umformung verglichen mit der initialen Stempelgeometrie größtenteils keine Maßabweichung, die nicht mit Mess- und Ausrichtungsfehlern zu erklären ist (< 0,05 mm). Im Gegensatz zu der Matrize lässt sich beim Stempel an den Rundungen der Sicken vereinzelnd eine höhere bleibende Verformung feststellen. Diese fällt vor allem an den Zwillings-Sicken und an der Sicke, welche das Lochelement (vgl. Abbildung 6.1) umfasst, verstärkt auf. An dieser Stelle liegt der maximal gemessene Verschleiß in einem Bereich zwischen – 0,45 mm und 0,21 mm und somit oberhalb einer Schichthöhe von 0,20 mm. Insgesamt zeigen beide Werkzeugteile, ausgenommen der genannten Bereiche, einen hohen Widerstand gegenüber einer bleibenden plastischen Verformung. Diese Beobachtung spiegelt sich auch in der Wiederholgenauigkeit der tiefgezogenen Blechteile wider. Die Bauteilgenauigkeit des 30. Blechteils liegt mit einem Bereich zwischen – 0,88 mm und 0,90 mm nur geringfügig oberhalb des ersten tiefgezogenen Blechs und befindet sich somit innerhalb einer Toleranz von ± 1,00 mm. Hieraus folgt, dass je nach Toleranzvorgaben auch eine Bauteilserie von deutlich mehr als 30 Blechteilen möglich ist.

Zusammengefasst lässt sich als wesentliche Erkenntnis der Versuche herausstellen, dass die Anwendung des Kompensationsmodells auch bei dem hier untersuchten Fallbeispiel zu einer signifikanten Verbesserung der Bauteilgenauigkeiten führt. Die Werkzeuge aus dem 3D-Druckmaterial PLA mit dem in Kapitel 4.1 ermittelten und in Abschnitt 4.1.4 zusammengefassten Druckparametern zeigen zudem einen hohen Widerstand gegenüber einer plastischen Verformung, sodass auch nach 30 Umformungen die Blechteile innerhalb einer Toleranz von ± 1,0 mm liegen.

6.1.4 Wirtschaftlichkeitsbetrachtung des Fallbeispiels

Die zentrale Motivation der untersuchten Werkzeugtechnologie ist die Reduktion der Bereitstellungsaufwände von Tiefziehwerkzeugen für kleine Stückzahlen. Aus diesem

Grund werden nachfolgend die Kosten, die für die additive Fertigung des Werkzeugsatzes anfallen, ermittelt und mit konventionellen Fertigungsverfahren wie der spanenden Bearbeitung von Werkzeugstahl und Kunststoff verglichen. Abbildung 6.7 zeigt hierzu eine Übersicht der Fertigungskosten zur Herstellung des Werkzeugsatzes. Da die 3D-Druckmaterialien PLA und PA-CF für gewöhnlich nicht als Blockmaterialien für das Fräsen der Werkzeuge zur Verfügung stehen, werden diese mit vergleichbaren Materialien PA6 und dem glasfaserverstärkten Polycaprolactam (PA6-GF) verglichen.

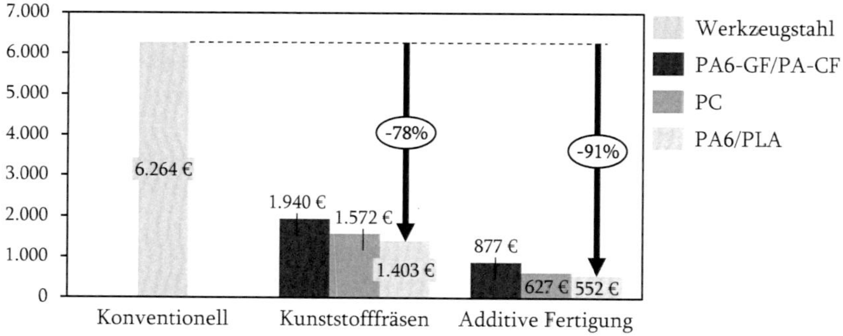

Abbildung 6.7: Vergleich der Kosten für die Fertigung des Werkzeugsatzes für das erste Fallbeispiel unter Verwendung verschiedener Fertigungsverfahren und Materialien[249]

Während durch das Fräsen von Kunststoff aus PA6 bereits eine Kosteneinsparung von 78 % erzielt werden kann, reduzieren sich die Fertigungskosten um weitere 61 % bei der Verwendung der additiven Fertigung mit dem Material PLA. Hierdurch kann eine Gesamtkosteneinsparung von 91 % der additiv gefertigten Werkzeuge gegenüber der konventionellen Fertigung aus Werkzeugstahl erreicht werden. Die Fertigungskosten der additiven Fertigung setzten sich aus den Kosten des verbrauchten Materials und den Maschinenkosten zusammen. Während im vorliegenden Fallbeispiel die Materialkosten zur Herstellung des Werkzeugsatzes aus PLA 138 € betragen, sind die Maschinenkosten in etwa um das Dreifache höher (414 €). Die Berechnung der Maschinenkosten erfolgt hierbei mit einem in der Industrie gängigen Maschinenstundensatz für FLM-Drucker von 2,5 €/h[250]. Zur Ermittlung der Fertigungskosten für die konventionelle Fertigung und das Fräsen von Kunststoff wird die für die additive Fertigung optimierte Werkzeuggeometrie in eine frässgerechte Konstruktion abgewandelt, um an

[249] Die Preisermittlung wurde im November 2022 durchgeführt.
[250] Löffler et al., „LÖFF21," S. 814.

dieser Stelle keine zusätzlichen Kosten in der Herstellung zu erzeugen. Die Kosten für die konventionelle Fertigung aus Werkzeugstahl werden mittels der Simulationssoftware AUTOFORM berechnet, welche häufig auch in der Industrie zur Angebotserstellung hinzugezogen wird. Hierbei werden nur die Anteile der Materialkosten und die Kosten für das Fräsen der Werkzeuge berücksichtigt. Weitere Fertigungsschritte, wie etwa eine Oberflächenbehandlung oder die Einarbeitung der Werkzeuge (Tryout) sowie Montageaufwände, werden bei der Kostenkalkulation nicht berücksichtig. Zur Ermittlung der Kosten für das Fräsen von Kunststoffen werden die Angebotspreise von insgesamt vier verschiedenen Lohnfertigern gemittelt. Neben den Material- und Maschinenkosten beinhalten die Kosten auch die Aufwände für Personal. Aus diesem Grund stellen die Kosten für diese Art der Werkzeugfertigung eine obere Grenze dar.

6.2 Fallbeispiel 2 – Gehäusekomponente Luftkühler

Das zweite Fallbeispiel stammt von einem Industrieunternehmen, das auf die Entwicklung und Produktion von Wärmetauschern spezialisiert ist. Ein Teil des Produktportfolios stellen individuelle Einzelaufträge dar, die in geringen Stückzahlen gefertigt werden. Aus diesem Grund werden die Gehäusekomponenten häufig als Schweißkonstruktion gefertigt, die im Vergleich zu tiefgezogenen Blechteilen kostengünstiger hergestellt werden können, jedoch zum Teil technische Nachteile mit sich bringen. Um das Potential der untersuchten Werkzeugtechnologie sowohl technisch als auch wirtschaftlich aufzuzeigen, wird als zweites Fallbeispiel eine Gehäusekomponente für einen Luftkühler mittels additiv gefertigter Kunststoffwerkzeuge hergestellt. Die Gehäusekomponente sowie das herzustellende Tiefziehblechteil ist in Abbildung 6.8 dargestellt.

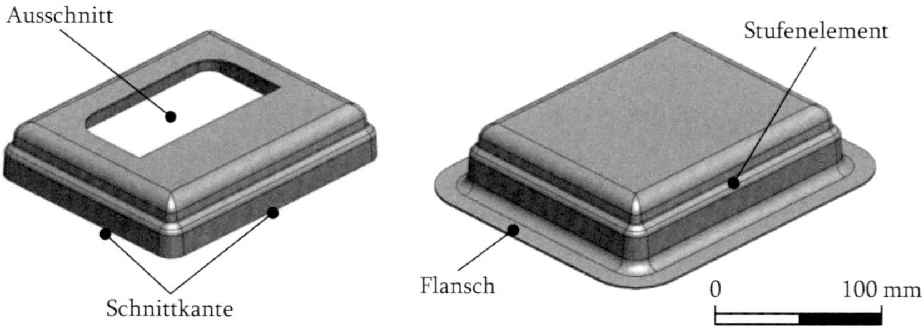

Abbildung 6.8: Kühlergehäusekomponente (links) sowie herzustellendes Tiefziehteil ohne Ausschnitt und mit Addendum

Zur Herstellung der Gehäusekomponente des Kühlers wird diese zunächst in ein tiefziehbares Blechteil umgewandelt. Hierzu wird der Ausschnitt gefüllt und der Flansch am Blechteil bzw. das Addendum an den Werkzeugen hinzugefügt. Das herzustellende Bauteil kann als rechteckiges Ziehteil angesehen werden und stellt eine sinnvolle Ergänzung zu den durchgeführten zylindrischen Napfziehversuchen der Arbeit dar. Neben den vergleichsweisen starken Krümmungen an den Ecken des Ziehteils ist das Stufenelement ein weiteres Merkmal, welches die Komplexität der Ziehoperation erhöht.

6.2.1 Werkzeugkonstruktion, Simulation und Anwendung des Kompensationsmodells

Im Anschluss an die Konstruktion des Blechteils erfolgt die Auslegung und Konstruktion der Werkzeuge, bestehend aus Stempel, Matrize und Niederhalter. An den Seitenflächen des Bauteils wird ein Ziehspalt von 0,5 mm vorgesehen. Die Werkzeuge werden so ausgelegt, dass der Tiefziehprozess kraftgebunden erfolgt. In diesem Fall wird die Ziehkraft so gewählt, dass das Blechteil zwischen Stempel und Matrize an dem Stufenelement ausreichend eingespannt wird. An allen anderen Flächen, mit Ausnahme des Stufenelements, liegt das Blechteil entweder nur an dem Stempel oder nur an der Matrize an. Durch dieses Vorgehen kann ein optimales Nachfließen des Blechmaterials sichergestellt werden.

Auch bei diesem Fallbeispiel soll das entwickelte Kompensationsmodell aus Kapitel 5.2 zur Verifikation angewendet werden. Hierzu werden zunächst die Werkzeugteile sowie der Blechzuschnitt für die Simulation in ANSYS WORKBENCH vorbereitet. Aufgrund der Bauteilsymmetrie kann bei der Simulation, ähnlich wie bei den Napfziehversuchen, ein Viertel der Werkzeuge betrachtet werden, um den Rechenaufwand zu reduzieren. Die Vernetzung der Werkzeuge und der Blechronde erfolgt vergleichbar mit dem ersten Fallbeispiel mittels hexaedrischer Elemente (SOLID186). An den Stellen, bei denen hohe Spannungen und Verformungen erwartet werden, wird das Netz feiner ausgelegt. Mit Ausnahme der Symmetrierandbedingung an den Schnittflächen der Werkzeuge werden die Randbedingungen analog zu dem ersten Fallbeispiel definiert. Auch bei diesem Fallbeispiel wird die Simulation beendet, wenn die iterativ ermittelte Soll-Pressenkraft zur vollständigen Ausformung des Blechteils erreicht ist. Die im Verlauf der Simulation maximal auftretenden Spannungen liegen an der Matrize mit 94,44 MPa oberhalb und an dem Stempel mit 81,09 MPa unterhalb der Druckfließspannung des 3D-Druckmaterials PLA (88,37 MPa). Hieraus lässt sich schließen, dass neben einer signifikanten elastischen Werkzeugverformung insbesondere die Matrize auch einer plastischen Verformung unterliegt. Die simulierte Werkzeugverformung, die sich aus der Knotenverschiebung ergibt, wird nachfolgend als Input für das Kompensationsmodell (vgl. Abbildung 5.7) genutzt. Das Kompensationsmodell berechnet die kompensierte Geometrie als Punktewolke, die wiederum in ein CAD-Modell umgewandelt und mit der Ursprungsgeometrie verglichen werden kann. Die größten Verformungen bzw. Kompensationen können an den oberen Ecken des Stempels sowie an den Ecken der Ziehkantenrundung der Matrize beobachtet werden. Am Stempel beträgt diese 0,50 mm und an der Matrize 0,30 mm. Da sich die Matrize bei der Simulation der kompensierten Werkzeuge nur geringfügig verformt, wird die Kompensation der Matrize auch beim zweiten Fallbeispiel bei der Fertigung nicht berücksichtigt. Zur Fertigung der Werkzeuge wird der in Abschnitt 4.1.4 empfohlene Parametersatz mit einer Schichthöhe von 0,20 mm und das 3D-Druckmaterial PLA verwendet. Abbildung 6.9 zeigt die kompensierte CAD-Stempelgeometrie (links) sowie den additiv gefertigten Stempel (rechts) im Vergleich zur ursprünglichen Geometrie.

Abbildung 6.9: Flächenvergleich der kompensierten Stempelgeometrie (links) sowie der gefertigten kompensierten Geometrie (rechts) im Vergleich zur ursprünglichen CAD-Geometrie

Aufgrund der berechneten Kompensation, die an der Oberseite des Stempels zu den Ecken hin leicht ansteigt, ergibt sich ein ausgeprägter Treppenstufeneffekt an dem gefertigten Stempel. Ausgehend von der Mitte der Stempeloberfläche steigt die Maßabweichung zur ursprünglichen Stempelgeometrie in zwei Stufen, die je einer Schichthöhe von 0,20 mm entsprechen. Die höchsten Maßabweichungen sind auch bei dem gefertigten Stempel an den Ecken mit maximal – 0,68 mm festzustellen.

6.2.2 Bauteilvermessung und Verifikation des Modells

Zur Abschätzung der Prozesskräfte wird im Vorfeld der Tiefziehversuche eine Formbarkeitsanalyse mittels der Software AUTOFORM durchgeführt. Neben der Ermittlung der Niederhalter- und Stempelkraft lässt sich ebenfalls der Blechrondenzuschnitt iterativ bestimmen. Um dem Auftreten von Falten entgegenzuwirken, werden die Radien der Blechronde möglichst groß gewählt, da so die inneren Druckspannungen im Bereich der Rundungen reduziert werden können. Weiterhin wird die Größe der Blechronde so gewählt, dass am Ende des Ziehvorgangs noch ein ausreichend breiter Flansch von mindestens 10 mm bestehen bleibt. Anhand der Umformsimulation lässt sich zudem feststellen, dass im Vergleich zum ersten Fallbeispiel eine in etwa fünf- bis sechsfach höhere Niederhalterkraft erforderlich ist, um die Faltenbildung zu verhindern. Dies bedingt, dass die im ersten Fallbeispiel verwendeten Spiralfedern zur Aufbringung der Niederhalterkraft durch Gasdruckfedern ausgetauscht werden müssen. Neben dem Vorteil einer allgemein höheren Federkraft, verfügen Gasdruckfedern bereits zu Beginn des Hubes über eine initiale Anfangskraft. Für die Versuchsdurchführung werden sechs Gasdruckfedern mit einer Anfangskraft von insgesamt 16 kN in das Säulenführungsgestell montiert, die am Ende des Tiefziehvorgangs eine Kraft von ca. 26 kN aufbringen. Auch für das zweite Fallbeispiel kommt als Blechmaterial der elektrolytisch verzinkten Tiefziehstahl DC04+ZE mit einer Dicke der Zinkschicht von 7,5 µm zum

Einsatz. Die Pressenkraft wird auf 15 Tonnen eingestellt und es wird ebenfalls eine Bauteilserie von insgesamt 30 Blechteilen tiefgezogen. Das zentrale Ergebnis der Tiefziehversuche, welches sich in der Bauteilgenauigkeit sowie der Reproduzierbarkeit der Tiefziehserie widerspiegelt, ist in Abbildung 6.10 dargestellt.

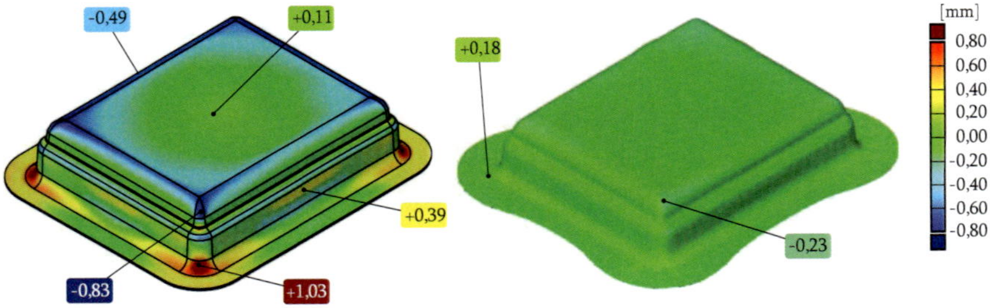

Abbildung 6.10: Bauteilgenauigkeit des ersten tiefgezogenen Blechteils im Vergleich zur Sollgeometrie (links) sowie Stufenvergleich des 30. Blechs verglichen mit dem ersten Blech

Bis auf eine punktförmige Stelle an einer Ecke des Flansches (1,03 mm) kann auch beim zweiten Fallbeispiel eine Genauigkeit von kleiner ± 1,00 mm erreicht werden. Der Bereich der maximalen Maßabweichung liegt zwischen – 0,83 und 1,03 mm und kann an den Ecken des Blechteils festgestellt werden. An den überwiegenden Bereichen des Blechteils zeigt sich eine zum Teil deutlich höhere Maßgenauigkeit. So liegt die maximale Maßabweichung an den Seitenflächen des Blechteils in einem Bereich zwischen – 0,49 mm und 0,39 mm und in der Mitte der Oberseite bei 0,11 mm. Zur Einordnung der Bauteilgenauigkeiten können die Durchmesser- und Höhentoleranzen von zylindrischen Tiefziehteilen nach DIETRICH hinzugezogen werden[251]. Demnach werden die Höhentoleranzen für zylindrische Ziehteile mit Flansch bei einer Nennhöhe[252] zwischen 31 mm und 50 mm und einer Blechdicke von 1 mm auf ± 0,50 mm definiert. Die gemessene Höhenabweichung der Gehäusekomponente liegt mit 0,11 mm sicher in dem genannten Bereich. Bei den Durchmessertoleranzen verwendet DIETRICH als Referenzbauteil ein zylindrisches Hohlteil ohne Flansch und gibt die erreichbaren Genauigkeiten bei einem Nenndurchmesser[253] zwischen 101 mm bis 150 mm und einem

[251] Dietrich, *DIET18*, S. 187.

[252] Die Nennhöhe der Gehäusekomponente beträgt 32,5 mm.

[253] Als Vergleichswert wird für den Nenndurchmesser der Gehäusekomponente sowie zur Berechnung des Ziehverhältnisses die jeweiligen Seitenlängen des Blechteils verwendet, welche 114 mm und 135 mm betragen. Unter Berücksichtigung der Rondengröße ergibt sich ein Ziehverhältnis von ca. 1,6.

Ziehverhältnis von 1,50 mit ± 0,50 mm an[254]. Somit liegen die maximalen Maßabweichungen der Seitenfläche (– 0,49 mm und 0,39 mm) des Bauteils ebenfalls innerhalb der Toleranzvorgabe. Insgesamt wirkt die Kompensation an den Stempelkantenrundungen entgegen der negativen Maßabweichung an der oberen Rundung des Blechteils, sodass das Kompensationsmodell auch bei diesem Fallbeispiel als wirkungsvoll betrachtet werden. Die verbleibende Maßabweichung an dem Blechteil kann unter anderem auf Rückfederungseffekte zurückgeführt werden, dessen Reduzierung nicht Gegenstand des Kompensationsmodells ist. Verglichen mit dem ersten tiefgezogenen Blechteil zeigt das Blechteil nach der 30. Umformung eine nur geringfügig abweichende Geometrie von maximal – 0,23 mm und 0,18 mm (vgl. Abbildung 6.10, rechts). Die hohe Reproduzierbarkeit im Verlauf der 30er-Serie wird ebenfalls bei der Analyse des Werkzeugverschleiß deutlich. An den überwiegenden Bereichen von Stempel und Matrize kann kein Verschleiß festgestellt werden. Die maximal gemessene Verformung am Ende der Versuchsserie beschränkt sich punktuell auf die Bereiche der Eckenrundungen und liegt bei der Matrize in einem Bereich zwischen maximal – 0,29 mm und 0,19 mm sowie am Stempel zwischen maximal – 0,26 mm und 0,28 mm.

6.2.3 Wirtschaftlichkeitsbetrachtung des Fallbeispiels

Zur Bewertung der Wirtschaftlichkeit werden analog zu dem ersten Fallbeispiel die Fertigungskosten von verschiedenen Fertigungsverfahrung und Materialien zur Herstellung des Werkzeugsatzes miteinander verglichen. Abbildung 6.11 zeigt hierzu die Fertigungskosten, die für die additive Fertigung anfallen, verglichen mit der spanenden Bearbeitung von Werkzeugstahl (konventionelle Fertigung) und Kunststoff (Kunststofffräsen).

[254] Dietrich, *DIET18*, S. 187.

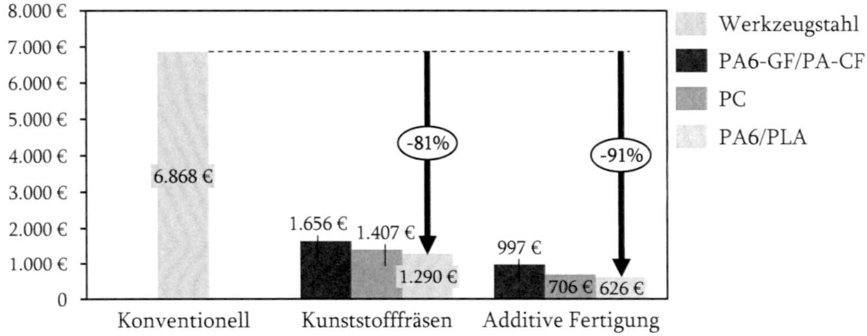

Abbildung 6.11: Vergleich der Kosten für die Fertigung des Werkzeugsatzes für das zweite Fallbeispiel unter Verwendung verschiedener Fertigungsverfahren und Materialien[255]

Insgesamt zeigt sich auch bei dem zweiten Fallbeispiel ein sehr ähnliches Ergebnis der jeweiligen Kosten. Im Vergleich zur konventionellen Fertigung können mittels der additiven Fertigung mit dem Material PLA 91 % der Kosten eingespart werden. Werden die Werkzeuge aus dem Material PA6 gefräst, ergibt sich, verglichen mit der konventionellen Fertigung, eine Kosteneinsparung von 81 %. Vergleicht man diesen Wert mit der additiven Fertigung aus PLA können weitere 51 % der Fertigungskosten eingespart werden.

Die Ermittlung der Kosten erfolgt analog zu der Wirtschaftlichkeitsbetrachtung des ersten Fallbeispiels und sind in Abschnitt 6.1.4 genauer beschrieben. Die Kosten für die konventionelle Fertigung werden mittels der Software AUTOFORM bestimmt. Zur Ermittlung der Fertigungskosten für das Kunststofffräsen werden die Angebotspreise von insgesamt fünf Lohnfertigern gemittelt. Die Kosten für die additive Fertigung setzen sich aus den Materialkosten (PLA: 158 €) und den Maschinenkosten (PLA: 469 €) zusammen.

6.3 Zusammenfassung der Erkenntnisse aus den Fallbeispielen

Mit der Realisierung der Fallbeispiele werden erstmals additiv gefertigte Kunststoffwerkzeuge auch für das Tiefziehen mit dreiteiligem Werkzeugsatz in die Praxis umge-

[255] Da die 3D-Druckmaterialien PLA und PA-CF bei den angefragten Lohnfertiger nicht zur Verfügung stehen, werden diese mit vergleichbaren Materialien PA6 und dem glasfaserverstärkten Polycaprolactam (PA6-GF) verglichen.

setzt. Anhand der Versuchsergebnisse können zwei wesentliche Erkenntnisse herausgestellt werden: Zum einen zeigen die Werkzeuge aus dem gewählten 3D-Druckmaterial PLA und mit dem ermittelten Druckparametersatz aus Kapitel 4.1 einen hohen Widerstand gegenüber einer plastischen Verformung, sodass die Werkzeuge auch nach 30 Umformungen größtenteils keinen Verschleiß aufweisen. Hieraus folgt, dass die in den Normversuchen ermittelte Material- und Parameterauswahl zu einem Werkzeugwerkstoff führt, der auch den hohen Belastungen von realen Praxisbeispielen standhalten kann. Zum anderen führt die Anwendung des Kompensationsmodells in dem ersten Fallbeispiel zu einer signifikanten Verbesserung der Bauteilgenauigkeiten im Vergleich zu den Blechteilen, welche ohne Werkzeugkompensation hergestellt sind. Auch nach 30 Umformungen liegen die Blechteile der Sicherheitsgurtverstärkung innerhalb der Toleranz von ± 1,0 mm. Bei dem zweiten Fallbeispiel, der Gehäusekomponente für einen Luftkühler, liegen die Toleranzen im Verlauf der Versuchsserie ebenfalls innerhalb der von DIETRICH definierten erreichbaren Genauigkeiten (vgl. Abschnitt 6.2.2)[256]. Vor diesem Hintergrund kann das entwickelte Kompensationsmodell als wichtiges Tool verstanden werden, um die untersuchte Werkzeugtechnologie auch bei hohen Toleranzanforderungen der Bauteile erfolgreich einzusetzen. Zusammenfassend zeigt die nachstehende Abbildung 6.12 die mittels additiv gefertigten Kunststoffwerkzeugen hergestellte 30er-Versuchsserie der Fallbeispiele.

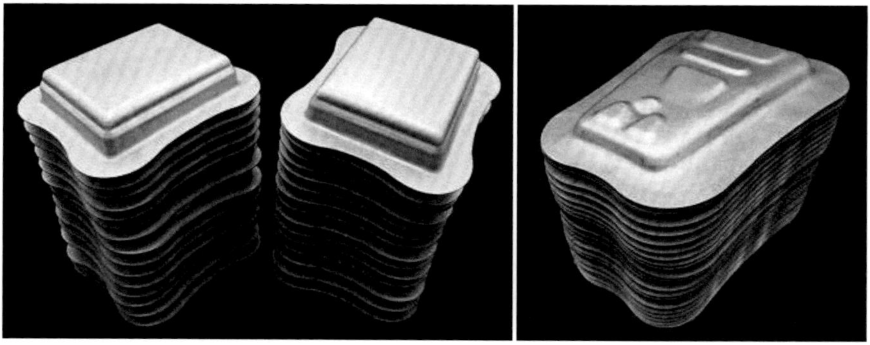

Abbildung 6.12: Mit additiv gefertigten Kunststoffwerkzeugen hergestellte Tiefziehteile

[256] Dietrich, *DIET18*, S. 187.

Neben der technischen Machbarkeit der Werkzeugtechnologie bestätigen die Fallbeispiele auch das hohe Potential zur Kostenreduktion bei der Herstellung von Tiefziehteilen in kleinen Stückzahlen. So können im Vergleich zur konventionellen Fertigung aus Stahl bis zu 91 % der Kosten und im Vergleich zum Kunststofffräsen aus PA6 61 % (Sicherheitsgurtverstärkung) bzw. 51 % (Kühlergehäuse) durch die additive Fertigung aus PLA eingespart werden. Dennoch sollten die ermittelten Kostenanteile als Richtwerte betrachtet werden, die je nach Randbedingungen variieren können. Je komplexer die Bauteilgeometrie, desto vorteilhafter ist im Allgemeinen der Einsatz der additiven Fertigung. Da die Fertigungszeit bei den vergleichsweisen großen Werkzeugen mit einem Füllvolumen von 100 % mehrere Tage betragen, fallen auch die Maschinenkosten entsprechend hoch aus. Im Vergleich dazu betragen die Maschinenkosten bei der Werkzeugherstellung der Fallbeispiele in etwa das drei- bis vierfache der Materialkosten und machen somit den Großteil der Gesamtherstellkosten aus. Werden vermehrt vergleichbare Werkzeuge auf dem 3D-Drucker gefertigt, kann dieser sich schneller amortisieren, sodass der Maschinenstundensatz effektiv geringer ausfallen kann. Die vergleichsweise niedrigen Maschinenstundensätze reflektieren auch die geringen Investitionskosten von FLM-Anlagen, was ein weiterer Vorteil dieser Fertigungsverfahren darstellt. Im mittleren Preissegment können diese ab ca. 3.500 € von verschiedenen Herstellern bezogen werden, sodass die Investitionshürden für einen Einsatz der Werkzeugtechnologie gering sind.

7 Zusammenfassung und Ausblick

Als werkzeuggebundenes Fertigungsverfahren wird das Tiefziehen hinsichtlich technischer und wirtschaftlicher Aspekte maßgeblich von den Werkzeugen bestimmt. Während in der Großserienfertigung die Stückkosten[257] im Fokus wirtschaftlicher Optimierung stehen, sind im Prototypenbau oder bei sehr kleinen Stückzahlen die Werkzeugkosten der dominierende Faktor. Um bei Tiefziehteilen den bestehenden Widerspruch zwischen geringen Bauteilkosten bei geringen Stückzahlen aufzulösen, werden in der Literatur und der industriellen Praxis verschiedene Ansätze verfolgt. Ein vielversprechender, bislang wenig erforschter Ansatz ist die Nutzung der kunststoffbasierten additiven Fertigung zur direkten Herstellung der Werkzeuge. Anhand von Fallbeispielen werden in aktuellen Forschungsarbeiten in erster Linie die Umformverfahren Biegen und Hohlprägen untersucht. Übereinstimmend weisen die Arbeiten das große Potential der Werkzeugtechnologie hinsichtlich der Reduktion von Herstellkosten und -zeiten nach, stoßen aber in Bezug auf die Übertragbarkeit der Ergebnisse auf weitere Umformaufgaben, insbesondere auf das Tiefziehen, an technologische Grenzen. Das Tiefziehen von Feinblech als eines der industriell bedeutendsten Umformverfahren ist bislang nicht Gegenstand der Untersuchungen. Trotz des hohen wirtschaftlichen Potentials der Werkzeugtechnologie sind grundlegende Verhaltensweisen etwa zur Verwendung geeigneter Werkzeugwerkstoffe oder zur Leistungsfähigkeit der Werkzeuge nicht bekannt, sodass eine industrielle Nutzung bislang verwehrt bleibt.

Das Ziel der vorliegenden Arbeit besteht darin, additiv gefertigte Kunststoffwerkzeuge für das Tiefziehen so zu befähigen, dass eine industrielle Anwendung der Werkzeugtechnologie möglich wird. Ausgangspunkt der Untersuchungen stellt die Charakterisierung verschiedener FLM-Materialien hinsichtlich ihrer Eignung als Werkzeugwerkstoff dar. Anhand eines vollfaktoriellen Versuchsplans werden zunächst die Auswirkungen verschiedener 3D-Druckparameter auf die mechanischen Eigenschaften, welche die Leistungsfähigkeit der Werkzeuge maßgeblich bestimmen, untersucht. Die mechanischen Eigenschaften als Qualitätsmerkmale der Versuchsplanung setzen sich

[257] Die Stückkosten setzten sich im Wesentlichen aus den Material-, Maschinen und Werkzeugkosten zusammen und sind abhängig von der Anzahl herzustellender Teile.

aus den Druck- und Biegeeigenschaften sowie der Härte und Dichte zusammen. Während die Härte und Dichte weniger stark auf eine Parametervariation reagieren, zeigt sich zum Teil eine deutliche Abhängigkeit der untersuchten Parameter auf die Druck- und Biegeeigenschaften. Anhand der Haupteffektdiagramme wird ersichtlich, dass mit einer geringen Schichthöhe und Anzahl der Wandungen tendenziell höhere Druck- und Biegeeigenschaften erzielt werden können. Die Ergebnisse des vollfaktoriellen Versuchsplans werden anschließend zur Herleitung eines Parametersatzes genutzt, welcher für die Werkzeugherstellung empfohlen wird und in den praktischen Versuche Anwendung findet. Neben den 3D-Druckparametern werden die mechanischen Eigenschaften ebenfalls von den verwendeten 3D-Druckmaterialien bestimmt. Aus diesem Grund werden weitere 3D-Druckmaterialien, insbesondere auch faserverstärkte Materialien, unter Verwendung des empfohlenen Parametersatzes untersucht. Hinsichtlich der erzielten mechanischen Eigenschaften sind die Materialien PLA sowie die faserverstärkten Materialien PA-CF sowie PA6-CF für den Einsatz als Werkzeugwerkstoff hervorzuheben.

Im Anschluss an die Materialcharakterisierung sowie die Parameterauswahl wird in Kapitel 4.2 der Napfziehversuch als geeigneter Standardversuch der Arbeit hergeleitet. Dieser bildet die charakteristischen Eigenschaften des Tiefziehprozesses vollständig ab und soll sowohl die Vergleichbarkeit der Versuche untereinander als auch die Übertragbarkeit der Versuche auf weitere Tiefziehaufgaben sicherstellen. Basierend auf dem Napfziehversuch wird eine Simulationsstudie durchgeführt, um den Einfluss verschiedener Tiefziehparameter auf die Werkzeugbelastung zu quantifizieren. Dies hat einerseits zum Ziel den Anwendungsbereich der Werkzeugtechnologie durch einen Vergleich von simulierter Werkzeugbelastung und ermittelten mechanischen Eigenschaften abzuschätzen und zum anderen geeignete Tiefziehversuche für die praktischen Versuche herzuleiten, um die Eignung der Werkzeugtechnologie auch in realer Umgebung aufzuzeigen. Die Simulationen der Werkzeugbelastung zeigen, dass diese maßgeblich von der Blechdicke und den jeweiligen Stempel- bzw. Ziehkantenrundungen beeinflusst werden. Bei einer Änderung des Blechmaterials von dem weichen Tiefziehstahl DC04 auf den hochfesten Stahl HX380LAD-Z zeigt sich lediglich am Stempel ein signifikanter Einfluss auf die Werkzeugbelastung. Alle weiteren untersuchten Tiefziehparameter, beispielsweise die Ziehtiefe, Ziehgeschwindigkeit und der Reibungskoeffizient, wirken sich nicht signifikant auf die Werkzeugbelastung aus. Aus diesem Grund sollte in der Praxis die Variation dieser Parameter im untersuchten Bereich die Bauteilgenauigkeiten sowie den Werkzeugverschleiß nur unwesentlich beeinflussen.

Die aus der Simulationsstudie hergeleitete Versuchsplanung für die praktischen Tiefziehversuche werden in Kapitel 4.3 und 4.4 umgesetzt. Der erste Versuch erfolgt mit dem Blechmaterial DC04. Basierend auf den Erkenntnissen der Materialcharakterisierung werden insgesamt vier verschiedene 3D-Druckmaterialien zur Werkzeugherstellung verwendet, um deren Eignung als Werkzeugwerkstoffe zu untersuchen. Als zentrale Erkenntnis der Versuche kann die grundsätzliche Anwendbarkeit additiv gefertigter Kunststoffwerkzeuge für das Tiefziehen von Feinblech gezeigt werden. Im Verlauf einer Bauteilserie von 30 Stück ist kein Werkzeugbruch zu beobachten. Hingegen zeigen sich, in Abhängigkeit von der eingesetzten Material- und Parameterkombination, zum Teil signifikante Unterschiede in der Leistungsfähigkeit der Werkzeuge, welche sich insbesondere in den Bauteilgenauigkeiten und dem Werkzeugverschleiß widerspiegeln. Die höchsten Genauigkeiten der Tiefziehteile werden mit den PLA-Werkzeugen erreicht, deren maximaler Abweichungsbereich zwischen – 0,87 mm und 0,36 mm liegt. In Bezug auf die Reproduzierbarkeit der Bauteilgenauigkeiten sowie dem Werkzeugverschleiß sind die Werkzeuge aus dem Material PA-CF hervorzuheben. Abgesehen von vereinzelten Fehlstellen kann kein signifikanter Verlust der Bauteilgenauigkeiten beobachtet werden. Um die Leistungsfähigkeit der verwendeten Werkzeugwerkstoffe beurteilen zu können, erfolgt ein Vergleichsversuch mit konventionellen Stahlwerkzeugen. Die Ergebnisse liefern eine um etwa die Hälfte verbesserte Bauteilgenauigkeit verglichen mit dem ersten tiefgezogenen Blechteil, hergestellt mit PLA-Werkzeugen. Diese Erkenntnis deutet auf eine signifikante elastische Verformung der additiv gefertigten Kunststoffwerkzeuge während des Tiefziehens hin.

Gemäß der hergeleiteten Versuchsplanung erfolgen in Kapitel 4.4 die Tiefziehversuche mit dem hochfesten Blechmaterial HX380-LAD-Z. Zur Werkzeugherstellung werden die Materialien PLA und PA-CF verwendet, die in den Versuchen mit weichem Tiefziehstahl die höchsten Bauteilgenauigkeiten und den geringsten Werkzeugverschleiß erreichen. Die Ergebnisse der Tiefziehversuche zeigen, dass auch die Umformung von hochfesten Blechmaterialien mit der untersuchten Werkzeugtechnologie ohne Werkzeugbruch möglich ist. Hingegen führt die Verwendung des hochfesten Blechmaterials zu geringen Bauteilgenauigkeiten sowie einem höheren Werkzeugverschleiß. Die Maßabweichung des ersten tiefgezogenen Blechteils, hergestellt mit den PLA-Werkzeugen, ist in etwa doppelt so hoch wie bei den Versuchen mit DC04. Während die PA-CF-Werkzeuge im Verlauf der 30er-Serie eine plastische Verformung von wenigen Zehntelmillimetern aufweisen, liegt die Verformung am Ende der Versuchsreihe des PLA-Stempels deutlich höher in einem maximalen Bereich zwischen ca. – 1,6 mm und 0,6 mm. Bestärkend zu den Tiefziehversuchen mit DC04 zeigen auch die

Ergebnisse aus den Versuchen mit dem hochfesten Blechmaterial die Notwendigkeit einer Optimierung der Bauteilgenauigkeiten.

Die Ausführungen in Kapitel 5 haben zum Ziel die beschriebene Problemstellung durch die Entwicklung eines Kompensationsmodells zur Optimierung von Bauteilgenauigkeiten zu lösen. Mit Hilfe des entwickelten Modells soll die untersuchte Werkzeugtechnologie auch für anspruchsvolle Tiefziehaufgaben mit hohen Toleranzvorgaben eingesetzt werden können. Anhand der Modellierung der Werkzeuge mit elastoplastischem Materialverhalten und den ermittelten Materialeigenschaften aus Kapitel 4.1 lässt sich die Werkzeugverformung während des Tiefziehens simulieren. Aus der Information der Werkzeugverformung bzw. der Knotenverschiebung der vernetzten Werkzeuggeometrie wird anhand einer Vektorgleichung eine kompensierte Geometrie berechnet, die je nach Größe der Verformung auch die Größe der Kompensation anpasst. Das entwickelte Modell wird anschließend auf die Napfgeometrie angewandt und experimentell validiert. Die Ergebnisse zeigen eine signifikante Erhöhung der Genauigkeit der tiefgezogenen Näpfe durch die Anwendung des Kompensationsmodells. Die maximalen Maßabweichungen sind in etwa nur noch halb so groß im Vergleich zu den Näpfen ohne Verformungskompensation, sodass die Bauteilgenauigkeiten sogar etwas oberhalb der mit konventionellen Stahlwerkzeugen hergestellten Näpfe liegen. Die mit additiv gefertigten Kunststoffwerkzeugen tiefgezogenen Näpfe sind in dieser Hinsicht gleichwertig zu den Näpfen, die konventionell mit Stahlwerkzeugen hergestellt sind.

Der Erkenntnisgewinn aus Kapitel 4 und 5 bildet die Grundlage für den erfolgreichen Einsatz additiv gefertigter Kunststoffwerkzeuge für das Tiefziehen von Feinblech. Zur Prüfung der Erkenntnisse erfolgt in Kapitel 6 die Anwendung der untersuchten Werkzeugtechnologie anhand realer Praxisbeispiele der produzierenden Industrie. Es werden zwei Fallbeispiele, ein Blechteil einer Fahrzeugkarosserie (Kapitel 6.1) sowie eine Gehäusekomponente für einen Luftkühler (Kapitel 6.2), untersucht. Im Verlauf einer Versuchsserie von insgesamt 30 Blechteilen weisen die Werkzeuge beider Fallbeispiele im überwiegenden Bereich keinen Verschleiß auf. Dies bestätigt die geeignete Auswahl des 3D-Druckmaterials und -parametersatzes, basierend auf den durchgeführten Normversuchen. Auch die Anwendung des entwickelten Kompensationsmodells führt zu einer signifikanten Erhöhung der Bauteilgenauigkeiten, sodass die Toleranzanforderungen beider Fallbeispiele erfüllt werden. Neben der Darstellung der technischen Leistungsfähigkeit der untersuchten Werkzeugtechnologie verdeutlicht auch die Wirtschaftlichkeitsbetrachtung das hohe Potential zur Kostenreduktion. Im Vergleich zur konventionellen Fertigung aus Stahl lassen sich die Fertigungskosten um 91 % und verglichen mit dem Fräsen aus Kunststoff um 51 % reduzieren.

Mit der Realisierung der Fallbeispiele werden additiv gefertigte Kunststoffwerkzeuge erstmals für das Tiefziehen von Feinblech in geringen Stückzahlen anhand realer Praxisbeispiele umgesetzt. Die übergeordnete Forschungsfrage: *„Wie müssen additiv gefertigte Kunststoffwerkzeuge gestaltet werden, damit sie für das Tiefziehen von Feinblech wirtschaftlich im Prototypenbau eingesetzt werden können?“* kann in dieser Hinsicht als beantwortet gelten. Um die Leistungsfähigkeit der untersuchten Werkzeugtechnologie darüber hinaus zu steigern sowie die Anwendbarkeit zu vereinfachen sind weitere Forschungsaktivitäten notwendig. Obwohl das entwickelte Kompensationsmodell erfolgreich zur Optimierung von Bauteilgenauigkeiten eingesetzt werden kann, gestaltet sich die Durchführung der Tiefziehsimulation als zentraler Bestandteil des Modells als zeitaufwändig. Zur erfolgreichen Simulationsdurchführung sind mehrfache Iteration der Werkzeugvernetzung sowie Anpassungen der Randbedingungen erforderlich. Eine Vereinfachung der Simulation durch beispielsweise ein standardisiertes Vorgehen sowie der Voreinstellung von Parametern könnte ein Ansatz sein, die Aufwände zur Simulationsdurchführung zu reduzieren. Eine weitere Aufwandsreduktion kann durch eine automatisierte Durchführung der Werkzeugkompensation erreicht werden, welche beispielsweise auch als Zusatzmodul innerhalb der Simulationssoftware implementiert werden kann. In Ergänzung zum entwickelten Kompensationsmodell können die Bauteilgenauigkeiten zusätzlich durch eine Kompensation der Blechrückfederungseffekte, welche in den bisherigen Ausführungen unberücksichtigt bleiben, optimiert werden. Die kontinuierliche Weiterentwicklung der additiven Fertigungsverfahren, insbesondere auch von leistungsfähigeren Materialien, sollte fortlaufend Gegenstand weiterführender Forschungsaktivitäten sein. Die Qualifizierung weiterer 3D-Druckmaterialien kann dabei anhand der in dieser Arbeit definierten Qualitätskriterien erfolgen, sodass eine Vergleichbarkeit der untersuchten Materialien sowie eine Abschätzung der Leistungsfähigkeit als Werkzeugwerkstoff erfolgen kann. Trotz des aufgezeigten wirtschaftlichen Potentials der untersuchten Werkzeugtechnologie kann eine Grenze der Technologie hinsichtlich der Größe der herzustellenden Werkzeuge gesehen werden. Die Fertigungszeiten für die Werkzeuge der Fallbeispiele betragen bereits mehrere Tage, sodass auch die Maschinenkosten den Großteil der Gesamtfertigungskosten ausmachen. Ein vielversprechender Ansatz für größere Werkzeuge stellen hybride Werkzeugkonzepte dar, bei denen die geometriegebende Kontur mittels der additiven Fertigung hergestellt und das Volumen sowie die Festigkeit der Werkzeuge durch die Kombination mit Füllmaterialien erreicht werden.

Literaturverzeichnis

Aksenov, L. B. und I. Y. Kononov. „3D Printed Plastic Tool for Al Thin-Sheet Forming." *IOP Conference Series: Earth and Environmental Science* 337, Nr. 1 (2019): S.12053. doi:10.1088/1755-1315/337/1/012053.

Aksenov, L. B., I. Y. Kononov und N. G. Kolbasnikov. „Stress State of 3D-Printed Plastic Dies at Thin-Sheet Aluminum Bending." *Solid State Phenomena* 316 (2021): S.110–115. doi:10.4028/www.scientific.net/SSP.316.110.

Awiszus, Birgit, Jürgen Bast, Holger Dürr und Peter Mayr, Hrsg. *Grundlagen der Fertigungstechnik.* 6., aktualisierte Auflage. München: Fachbuchverlag Leipzig im Carl Hanser Verlag; Ciando, 2016. http://ebooks.ciando.com/book/index.cfm/bok_id/2098895.

Bäcker, Vladimir. *Numerical tool optimization in deep drawing.* 1. Aufl. Edition Wissenschaft Apprimus 2011,15. Aachen: Apprimus-Verl., 2011. Zugl.: Aachen, Techn. Hochsch., Diss., 2011.

Bergweiler, Georg, Falko Fiedler, Achim Kampker und Kolja Lichtenthäler. „Additiv gefertigte Umformwerkzeuge im Prototypenbau." *UMFORMtechnik*, Nr. 3 (2019): S.18–19.

Bergweiler, Georg, Falko Fiedler, Ahsan Shaukat und Bernd Löffler. „Experimental Investigation of Dimensional Precision of Deep Drawn Cups Using Direct Polymer Additive Tooling." *Journal of Manufacturing and Materials Processing* 5, Nr. 1 (2021): S.3. doi:10.3390/jmmp5010003.

Bickendorf, Philipp. *Tribologische und geometrische Auslegung von additiv hergestellten Werkzeugeinsätzen zur Feinblechumformung.* 1. Auflage. Ergebnisse aus der Produktionstechnik 42/2022. Aachen: Apprimus Verlag, 2023.

Binder, Volker A. und Jan Kantowsky. *Technologiepotentiale.* Wiesbaden: Deutscher Universitätsverlag, 1996. doi:10.1007/978-3-663-09032-8.

Birkert, Arndt, Stefan Haage und Markus Straub. *Umformtechnische Herstellung komplexer Karosserieteile.* Berlin, Heidelberg: Springer Berlin Heidelberg, 2013.

Booth, Andrew. „"Brimful of STARLITE": toward standards for reporting literature searches." *JOURNAL OF THE MEDICAL LIBRARY ASSOCIATION* 94, Nr. 4 (2006): S.421–429.

Burkart, M., P. Essig, M. Liewald, M. Beck und M. Mueller. „Compensation of elastic die and press deformations during sheet metal forming by optimizing blank holder design.“ *IOP Conference Series: Materials Science and Engineering* 967 (2020): S.12074. doi:10.1088/1757-899X/967/1/012074.

Caminero, Miguel Á., Jesús M. Chacón, Eustaquio García-Plaza, Pedro J. Núñez, José M. Reverte und Jean P. Becar. „Additive Manufacturing of PLA-Based Composites Using Fused Filament Fabrication: Effect of Graphene Nanoplatelet Reinforcement on Mechanical Properties, Dimensional Accuracy and Texture.“ *Polymers* 11, Nr. 5 (2019). doi:10.3390/polym11050799.

Cheah, C. M. und Chee-Kai Chua. „Rapid Sheet Metal Manufacturing. Part 2: Direct Rapid Tooling.“ *The International Journal of Advanced Manufacturing Technology*, 2002.

Dai, Chengkai, Charlie C. L. Wang, Chenming Wu, Sylvain Lefebvre, Guoxin Fang und Yong-Jin Liu. „Support-free volume printing by multi-axis motion.“ *ACM Transactions on Graphics* 37, Nr. 4 (2018): S.1–14. doi:10.1145/3197517.3201342.

Demir, Haci M. „Hybride Werkzeuge für das Tiefziehen.“ Zugl.: Hannover, Univ., Diss., 2011 PZH Produktionstechnisches Zentrum, 2011.

Dietrich, Jochen. *Praxis der Umformtechnik.* Wiesbaden: Springer Fachmedien Wiesbaden, 2018. doi:10.1007/978-3-658-19530-4.

DIN Deutsches Institut für Normung e. V. *Bestimmung der Eindruckhärte mit einem Durometer (Shore-Härte): Kunststoffe und Hartgummi.* Berlin: Beuth Verlag GmbH, 2003 83.060; 83.080.01, Nr. 868.

DIN Deutsches Institut für Normung e. V. *Kontinuierlich schmelztauchveredelte Flacherzeugnisse aus Stahl zum Kaltumformen: Technische Lieferbedingungen;.*, 2015, Nr. 10346.

DIN Deutsches Institut für Normung e. V. *Kunststoffe – Bestimmung der Biegeeigenschaften.* Berlin: Beuth Verlag GmbH, 2019, Nr. 178.

DIN Deutsches Institut für Normung e. V. *Metallische Werkstoffe – Bestimmung der Grenzformänderungskurven für Bleche und Bänder – Teil 1: Messung und Anwendung von Grenzformänderungsdiagrammen in Presswerken.*, 2021, 12004-1.

DIN Deutsches Institut für Normung e.V. *Kaltgewalzte Flacherzeugnisse aus weichen Stählen zum Kaltumformen*, Nr. 10130.

DIN Deutsches Institut für Normung e.V. *Bestimmung von Druckeigenschaften: Kunststoffe.*, 2003, Nr. 604.

DIN Deutsches Institut für Normung e.V. *Fertigungsverfahren Zugdruckumformen: Teil 1: Allgemeines, Einordnung, Unterteilung, Begriffe.*, 2003 01.040.25; 25.020; 25.120.20, 8584-1.

DIN Deutsches Institut für Normung e.V. *Fertigungsverfahren Zugdruckumformen: Teil 3: Tiefziehen: Einordnung, Unterteilung, Begriffe.*, 2003 01.040.25; 25.020; 25.120.20, 8584-3.

DIN Deutsches Institut für Normung e.V. *Kaltgewalzte Flacherzeugnisse aus weichen Stählen zum Kaltumformen: Technische Lieferbedingungen.*, 2007 77.140.50, Nr. 10130.

DIN Deutsches Institut für Normung e.V. *Metallische Werkstoffe – Bleche und Bänder – Tiefungsversuch nach Erichsen (ISO 20482:2013); Deutsche Fassung EN ISO 20482:2013.*, 2014, Nr. 20482.

DIN Deutsches Institut für Normung e.V. *Additive Fertigung: Grundlagen – Terminologie.* 2017. Aufl., 2017 01.040.25; 25.030, Nr. 52900.

Doege, Eckart und Bernd-Arno Behrens. *Handbuch Umformtechnik.* Berlin, Heidelberg: Springer Berlin Heidelberg, 2016.

Du Hui, Zhao, Chua C. Kai, Chua Y. Sen, Loh-Lee K. Gek und Lim S. Tiak. „Advanced Sheet Metal Manufacturing using Rapid Tooling 522." 2000. doi:10.26153/tsw/3079.

Durgun, Ismail. „Sheet metal forming using FDM rapid prototype tool." *Rapid Prototyping Journal* 21, Nr. 4 (2015): S.412–422. doi:10.1108/RPJ-01-2014-0003.

Durgun, Ismail, A. Alinel, A. Sakin, E. Aybaraz und E. Polat. „Prototype Tooling of Sheet Metal Components of Car Body." Unveröffentlichtes Manuskript. https://www.researchgate.net/publication/279911113.

DWM e. V. Dresdner Freundeskreis, Hrsg. *Simulation von Umformprozessen unter Einbeziehung der Maschinenund Werkzeugeinflüsse.*, 2007.

Elend, Lutz-Eike. „Einsatz elastischer Niederhaltersysteme zur Erweiterung der Prozeßgrenzen beim Tiefziehen." Dissertation, Institut für Umformtechnik und Umformmaschinen Universität Hannover, 07/2001.

Fann, K. J. und M. Liewald. „Finite Element Study on Pattern of Pins Supporting an Elastic Blankholder Used for Stamping Irregular Shaped Sheet Metal Parts." *IOP Conference Series: Materials Science and Engineering* 967 (2020): S.12002. doi:10.1088/1757-899X/967/1/012002.

Ferreira, Rafael T. L., Igor C. Amatte, Thiago A. Dutra und Daniel Bürger. „Experimental characterization and micrography of 3D printed PLA and PLA reinforced with short carbon fibers." *Composites Part B: Engineering* 124 (2017): S.88–100. doi:10.1016/j.compositesb.2017.05.013.

Formlabs Inc. „Rapid Tooling für die Blechumformung mit 3D-gedruckten Formwerkzeugen." Unveröffentlichtes Manuskript.

Frank, Christian. „Kunststoff als Werkzeugwerkstoff für das Tiefziehen von Feinblechen." Dissertation, Institut für Umformtechnik und Umformmaschinen Universität Hannover, 12/1999.

Frohn-Sörensen, Peter, Michael Geueke, Bernd Engel, Bernd Löffler, Philipp Bickendorf, Arian Asimi, Georg Bergweiler und Günther Schuh. „Design for 3D Printed Tools: Mechanical Material Properties for Direct Polymer Additive Tooling." *Polymers* 14, Nr. 9 (2022): S.1694. doi:10.3390/polym14091694.

Frohn-Sörensen, Peter, Michael Geueke, Bernd Löffler, Philipp Bickendorf und Arian Asimi. „Measurements of mechanical material properties under compressive and bending load of additive manufactured polymers." Unveröffentlichtes Manuskript.

Frohn-Sörensen, Peter, Michael Geueke, Tadele B. Tuli, Christopher Kuhnhen, Martin Manns und Bernd Engel. „3D printed prototyping tools for flexible sheet metal drawing." *The International Journal of Advanced Manufacturing Technology* 115, 7-8 (2021): S.2623–2637. doi:10.1007/s00170-021-07312-y.

García Plaza, Eustaquio, Pedro J. N. López, Miguel Á. C. Torija und Jesús M. C. Muñoz. „Analysis of PLA Geometric Properties Processed by FFF Additive Manufacturing: Effects of Process Parameters and Plate-Extruder Precision Motion." *Polymers* 11, Nr. 10 (2019). doi:10.3390/polym11101581.

Gebhardt, Andreas. *Additive Fertigungsverfahren: Additive Manufacturing und 3D-Drucken für Prototyping - Tooling - Produktion.* 5., neu bearbeitete und erweiterte Auflage. München: Hanser; Ciando, 2016. http://ebooks.ciando.com/book/index.cfm/bok_id/2203967.

Grellmann, Wolfgang und Sabine Seidler, Hrsg. *Polymer Testing.* Unter Mitarbeit von Volker Altstädt, Monika Bauer und Christian Bierögel. 3rd edition. München: Hanser, 2022. https://www.sciencedirect.com/science/book/9781569908068.

Großmann, K., H. Wiemer, A. Hardtmann, L. Penter und S. Kriechenbauer. „Static compensation for elastic tool and press deformations during deep drawing." *Production Engineering* 4, 2-3 (2010): S.157–164. doi:10.1007/s11740-010-0216-7.

Großmann, Knut, Hajo Wiemer, Andre Hardtmann und Lars Penter. „Faster to Sound Parts by Advanced Forming Process Simulation - Advanced Forming Process Model Including the Elastic Effects of the Forming Press and Tool." *steel research international* 78, 10-11 (2007): S.825–830. doi:10.1002/srin.200706292.

Günter Deiler. „Untersuchungen zum Eignungsprofil polymerer Werkzeugwerkstoffe für das Tiefziehen von Feinblechen." Dissertation, Institut für Umformtechnik und Umformmaschinen Universität Hannover, 2005.

Hoffmann, Hartmut. *Handbuch Umformen.* Edition Handbuch der Fertigungstechnik. München: Hanser Verlag, 2012. http://www.hanser-elibrary.com/doi/book/10.3139/9783446430044.

Hohenstein, Steffen, Georg Bergweiler, Gerret Lukas, Viktoria Krömer und Tobias Otten. „Decision basis for multi-directional path planning for post-processing reduction in material extrusion.“ *Production Engineering* 15, 3-4 (2021): S.457–466. doi:10.1007/s11740-021-01018-6.

Hortig, D. und D. Schmoeckel. „Analysis of local loads on the draw die profile with regard to wear using the FEM and experimental investigations.“ *Journal of Materials Processing Technology* 115, Nr. 1 (2001): S.153–158.

INTERNATIONAL STANDARD. *Metallic materials— Sheet and strip — Earing test.*, 2015, Nr. 11531.

Iorio, Lorenzo, Matteo Strano und Michele Monno. „Rapid Tools Compensation in Sheet Metal Stamping Process.“ *MATEC Web of Conferences* 80 (2016): S.10009. doi:10.1051/matecconf/20168010009.

Klocke, Fritz. *Fertigungsverfahren 4.* Berlin, Heidelberg: Springer Berlin Heidelberg, 2017. doi:10.1007/978-3-662-54714-4.

Köhler, Richard. *Empirische und handlungstheoretische Forschungskonzeptionen in der Betriebswirtschaftslehre: Bericht über d. Tagung in Aachen, März 1976.* 1. Aufl. Stuttgart: Poeschel, 1977.

Kolbe, Joerg. „Thermisch beschichtete, faserverstärkte Polymerwerkzeuge für die Umformung höherfester Blechwerkstoffe.“ Dissertation Technische Universität Dortmund, 08/2012.

Kumke, Martin. *Methodisches Konstruieren Von Additiv Gefertigten Bauteilen.* AutoUni - Schriftenreihe Ser v.124. Wiesbaden: Springer, 2018. https://ebookcentral.proquest.com/lib/kxp/detail.action?docID=5394391.

Kunz, Johannes. „Reversibilität als Auslegungskriterium.“ *Kunststoffe*, Nr. 2 (2018).

Kuo, Chil-Chyuan und Ming-Ren Li. „A cost-effective method for rapid manufacturing sheet metal forming dies.“ *The International Journal of Advanced Manufacturing Technology* 85, 9-12 (2016): S.2651–2656. doi:10.1007/s00170-015-8139-2.

Kuo, Chil-Chyuan und Ming-Ren Li. „Development of sheet metal forming dies with excellent mechanical properties using additive manufacturing and rapid tooling technologies.“ *The International Journal of Advanced Manufacturing Technology* 90, 1-4 (2017): S.21–25. doi:10.1007/s00170-016-9371-0.

Kuwer, Christian-Jürgen. „Verschleißreduktion beim Tiefziehen von X5 CrNi 18-10.“ Dissertation.

Leacock, Alan, Gregor Volk, David McCracken und Desmond Brown. „The Use of Fused Deposition Modelled Tooling in Low Volume Production of Stretch Formed Double Curvature Components.“ *Procedia Engineering* 183 (2017): S.343–350. doi:10.1016/j.proeng.2017.04.050.

Liewald, M. und J. H. C. de Souza. „New developments on the use of polymeric materials in sheet metal forming.“ *Production Engineering* 2, Nr. 1 (2008): S.63–72. doi:10.1007/s11740-008-0077-5.

Löffler, Bernd, Günther Schuh, Georg Bergweiler, Falko Fiedler und Nikolaus Lackner. „Tiefziehen mit additiv gefertigten Werkzeugen/Deep drawing with additively manufactured tools – Reduction of tooling cost.“ *wt Werkstattstechnik online* 111, 11-12 (2021): S.812–817. doi:10.37544/1436–4980–2021–11–12–42.

Markforged. „3D-Printed Press-Brake Tooling Cuts Costs.“ Markforged. Zuletzt geprüft am 17.08.2022. https://www.metalformingmagazine.com/article/?/bending/press-brake-tooling/3d-printed-press-brake-tooling-cuts-costs.

Mirkhalaf, S. M. und M. Fagerström. „The mechanical behavior of polylactic acid (PLA) films: fabrication, experiments and modelling.“ *Mechanics of Time-Dependent Materials* 25, Nr. 2 (2021): S.119–131. doi:10.1007/s11043-019-09429-w.

Moher, David, Alessandro Liberati, Jennifer Tetzlaff und Douglas G. Altman. „Preferred reporting items for systematic reviews and meta-analyses: the PRISMA statement.“ *BMJ (Clinical research ed.)* 339 (2009): b2535. doi:10.1136/bmj.b2535.

Mousapour, Mehrdad, Mika Salmi, Lassi Klemettinen und Jouni Partanen. „Feasibility study of producing multi-metal parts by Fused Filament Fabrication (FFF) technique.“ *Journal of Manufacturing Processes* 67 (2021): S.438–446. doi:10.1016/j.jmapro.2021.05.021.

Muthler, Alexander. „Berechnung der elastischen Rückfederung von Tiefziehbauteilen mit der p-Version der Finite-Elemente-Methode.“ Dissertation Shaker, 2005.

Nakamura, Naotaka, Ken-ichiro Mori, Fumie Abe und Yohei Abe. „Bending of sheet metals using plastic tools made with 3D printer.“ *Procedia Manufacturing* 15 (2018): S.737–742. doi:10.1016/j.promfg.2018.07.312.

Nakamura, Naotaka, Ken-ichiro Mori und Yohei Abe. „Applicability of plastic tools additively manufactured by fused deposition modelling for sheet metal forming.“ *The International Journal of Advanced Manufacturing Technology* 108, Nr. 4 (2020): S.975–985.

National Science Foundation, National Science Board. „Publications Output: U.S. Trends and International Comparisons: Science and Engineering Indicators 2022.“ 2021; NSB-2021-4. https://ncses.nsf.gov/pubs/nsb20214/.

Oehler, Gerhard und Fritz Kaiser. *Schnitt-, Stanz- und Ziehwerkzeuge.* 7. unveränderte Auflage. Berlin, Heidelberg: Springer Berlin Heidelberg, 1993.

Park, Y. und J. S. Colton. „Failure Analysis of Rapid Prototyped Tooling in Sheet Metal Forming—Cylindrical Cup Drawing.“ *Journal of Manufacturing Science and Engineering* 127, Nr. 1 (2005): S.126–137. doi:10.1115/1.1828054.

Park, Y. und J. S. Colton. „Failure Analysis of Rapid Prototyped Tooling in Sheet Metal Forming—V-Die Bending.“ *Journal of Manufacturing Science and Engineering* 127, Nr. 1 (2005): S.116–125. doi:10.1115/1.1828053.

Pereira, Michael P., Wenyi Yan und Bernard F. Rolfe. „Sliding distance, contact pressure and wear in sheet metal stamping.“ *Wear* 268, 11-12 (2010): S.1275–1284. doi:10.1016/j.wear.2010.01.020.

Pinto, V. C., Tiago Ramos, Sofia Alves, J. Xavier, Paulo Tavares, P.M.G.P. Moreira und Rui M. Guedes. „Comparative Failure Analysis of PLA, PLA/GNP and PLA/CNT-COOH Biodegradable Nanocomposites thin Films.“ *Procedia Engineering* 114 (2015): S.635–642. doi:10.1016/j.proeng.2015.08.004.

Pröhl, Marco, Markus Werner, Gerd Raubach und Peter Kaupp. „Wirtschaftlich fertigen bei sinkenden Stückzahlen.“ *ZWF Zeitschrift für wirtschaftlichen Fabrikbetrieb* 108, Nr. 5 (2013): S.320–324. doi:10.3139/104.110935.

Radi, Bouchaib und Abdelkhalak El Hami. *Material forming processes: Simulation, drawing, hydroforming and additive manufacturing.* Mechanical engineering and solid mechanics series volume 1. London, Hoboken, NJ: ISTE; Wiley, 2016. https://www.loc.gov/catdir/enhancements/fy1702/2016945874-b.html.

Rust, Wilhelm. *Nichtlineare Finite-Elemente-Berechnungen mit ANSYS Workbench.* Wiesbaden: Springer Fachmedien Wiesbaden, 2020. doi:10.1007/978-3-658-31421-7.

Sanei, Seyed H. R. und Diana Popescu. „3D-Printed Carbon Fiber Reinforced Polymer Composites: A Systematic Review.“ *Journal of Composites Science* 4, Nr. 3 (2020): S.98. doi:10.3390/jcs4030098.

Schäfer, Falko. „Untersuchungen zur Verschleißberechnung an Blechumformwerkzeugen aus Kunststoff.“ Dissertation Leibniz Universität Hannover, 10/2016.

Schell, Torsten. „Grundlegende Untersuchungen einer neuen Rapit Tooling Technik für die Blechumformung.“ Dissertation Universität Erlangen-Nürnberg, 2005.

Schuh, G., G. Bergweiler, F. Fiedler, P. Bickendorf und P. Schumacher. „Small Series Production and Geometric Analysis of Sheet Metal Car Body Parts Using Forming Tools Made of Fused Filament Fabricated PLA.“ In *2020 IEEE International Conference on Industrial Engineering and Engineering Management (IEEM)*, S.156–160. IEEE, 14.12.2020 - 17.12.2020. doi:10.1109/IEEM45057.2020.9309936.

Schuh, Günther, Georg Bergweiler, Philipp Bickendorf, Falko Fiedler und Can Colag. „Sheet Metal Forming Using Additively Manufactured Polymer Tools.“ *Procedia CIRP* 93 (2020): S.20–25. doi:10.1016/j.procir.2020.04.013.

Schuh, Günther und Joachim Warschat, Hrsg. *Potenziale einer Forschungsdisziplin Wirtschaftsingenieurwesen.* Acatech-Diskussion. München: Utz, 2013.

Siebertz, Karl, David van Bebber und Thomas Hochkirchen. *Statistische Versuchsplanung.* Berlin, Heidelberg: Springer Berlin Heidelberg, 2010. doi:10.1007/978-3-642-05493-8.

Song, Bo und Brett Sanborn. „Relationship of compressive stress-strain response of engineering materials obtained at constant engineering and true strain rates.“ *International Journal of Impact Engineering* 119 (2018): S.40–44. doi:10.1016/j.ijimpeng.2018.05.001.

Strano, Matteo, Kedarnath Rane, Muhammad A. Farid, Valerio Mussi, Veronica Zaragoza und Michele Monno. „Extrusion-based additive manufacturing of forming and molding tools.“ *The International Journal of Advanced Manufacturing Technology*, 2021. doi:10.1007/s00170-021-07162-8.

Ulrich, Hans, Hrsg. *Management.* Schriftenreihe Unternehmung und Unternehmungsführung 13. Bern, Stuttgart: Haupt, 1984.

Ulrich, Peter und Wilhelm Hill. „Wissenschaftstheoretische Grundlagen der Betriebswirtschaftslehre (Teil I).“ *WiSt - Wirtschaftswissenschaftliches Studium*, Nr. 7 (1976): S.304–309.

van Aken, Joan E. und Hans Berends. *Problem Solving in Organizations.* Cambridge University Press, 2018. doi:10.1017/9781108236164.

VDI-Gesellschaft Produktion und Logistik. *Werkstoffe für Schneid- und Umformwerkzeuge.*, 2012 25.100.01, 25.120.10, Nr. 3388.

VDI-Gesellschaft Produktion und Logistik. *Additive Fertigungsverfahren: Grundlagen, Begriffe, Verfahrensbeschreibungen.*, 2014 25.020, Nr. 3405.

VDMA e. V. „Konjunkturgrafiken zur Jahrespressekonferenz: Januar 2022.“ Pressemitteilung. 25.01.2022. Zuletzt geprüft am 25.05.2022. https://www.vdma.org/documents/34570/4887822/2022-01-25+Konjunkturfolien.pdf/b20c5543-b9a5-c6fa-b7eb-98e62da15b24?t=1643192046919.

Wagner, Marcus. *Lineare und nichtlineare FEM: Eine Einführung mit Anwendungen in der Umformsimulation mit LS-DYNA®.* Lehrbuch. Wiesbaden: Springer Vieweg, 2017.

Werner, Markus. „STABIFÜ - Wirtschaftlich und flexibel Blechteile fertigen - bei sinkenden Stückzahlen.“ Unveröffentlichtes Manuskript.

Wilson Tool Additive. „Welcome to the Future.“ Unveröffentlichtes Manuskript.

Witulski, J., M. Trompeter, A. E. Tekkaya und M. Kleiner. „High wear resistant deep drawing tools made of coated polymers.“ *CIRP Annals* 60, Nr. 1 (2011): S.311–314. doi:10.1016/j.cirp.2011.03.149.

Zaragoza, Veronica G., Kedarnath Rane, Matteo Strano und Michele Monno. „Manufacturing and performance of 3D printed plastic tools for air bending applications.“ *Journal of Manufacturing Processes* 66 (2021): S.460–469. doi:10.1016/j.jmapro.2021.04.045.

Verzeichnis studentischer Arbeiten

Im Rahmen dieser Dissertation entstanden zunächst am Lehrstuhl für Production Engineering of E-Mobility Components (PEM) und später am Lehrstuhl für Produktionssystematik des Werkzeugmaschinenlabors (WZL) der Rheinisch-Westfälischen Technischen Hochschule (RWTH) Aachen unter wesentlicher wissenschaftlicher Anleitung des Autors die im Folgenden aufgeführten studentischen Arbeiten. Die Ergebnisse aus den studentischen Arbeiten sind in Teilen in die vorliegende Dissertation eingeflossen. Der Autor dankt allen Studierenden für ihr Engagement und ihre Unterstützung im Rahmen dieser Dissertation.

Studierende	Titel der Abschlussarbeit
Ahsan Shaukat	Material Analysis of Direct Polymer Additive Tooling for Deep Drawing, Masterarbeit, 2020
Can Icmez	Prediction and Compensation of Elastic and Plastic Deformation of Additively Manufactured Deep Drawing Polymer Tools using FE Simulation, Masterarbeit, 2021
Jan Cluse, Alexander Wiesmann, Mark Witte	Untersuchung der Eignung von Kunststoffen für die additive Fertigung von Tiefziehwerkzeugen, Projektarbeit, 2020
Julian Blakert, Tim Kaczinski, Janis Menke, Justin Reska	Konstruktion eines additiv gefertigten Tiefziehwerkzeugs, Projektarbeit, 2022
Nikolaus Lackner	Simulationsbasierte Analyse und Optimierung des Tiefziehprozesses mit additiv gefertigten Kunststoffwerkzeugen, Masterarbeit, 2020

Studierende	Titel der Abschlussarbeit
Paul-Lukas Schmidt-Tiedemann	Experimentelle Untersuchung zu Druck- und Biegeeigenschaften von additiv gefertigten Kunststoffwerkzeugen für das Tiefziehen von Feinblechen, Masterarbeit, 2022
Shoaib M R Attar	Finite Element Analysis of Additively Manufactured Polymer Tools Used in Deep Drawing Process, Masterarbeit, 2022
Vera Rothmund	Entwicklung und Fertigung einer charakteristischen Werkzeuggeometrie aus Kunststoff für die Blechumformung unter Verwendung additiver Fertigungsverfahren, Bachelorarbeit, 2019
Yaiza Tudela Martínez	Development and Testing of a Hollow Printed Tool Filled With Resin for Sheet Metal Forming Through Additive Manufacturing, Masterarbeit, 2020
Zhexu Wu	Overview of Research Activities in Sheet Metal Additive Tooling, Bachelorarbeit, 2019

A Anhang

A1 Vorgehensweise zur strukturierten Literaturrecherche

	Suchbegriffe und Anzahl der jeweiligen Treffer					
	1. Suchbegriff		2. Suchbegriff		3. Suchbegriff	
	Deutsch	Englisch	Deutsch	Englisch	Deutsch	Englisch
Begriffe A:	*tiefzieh*	deep	tiefzieh*	deep	umform*	form*
		AND		*AND*		*OR*
		draw*		draw*		bend*
						OR
						stamp*
AND-Verknüpfung:	***AND***	***AND***	***AND***	***AND***	***AND***	***AND***
Begriffe B:	3d druck	3d* *print*	elastisch*	flexible*	3d druck	3d* *print*
	OR	*OR*	*OR*	*OR*	*OR*	*OR*
	addit*	*rapid*	weich*	*elastic*	addit*	*rapid*
	OR	*OR*	*OR*	*OR*	*OR*	*OR*
	kunststoff	addit*	nachgiebig*	*ductile*	kunststoff	addit*
		OR	*OR*	*OR*		*OR*
		plastic	duktil*	soft*		*plastic*
		OR				*OR*
		polymer				*polymer*
1. Web of Science	0	139	1	48	0	(111530)
2. TEMA	2	11	51	70	11	(1062)
3. Scopus	0	1	4	67	0	557
Summe der Treffer (Filter): n_{ges} *Alle Treffer*	2	151	56	185	11	113149
n_1 *Treffer ohne Duplikate*	2	147	53	99	11	nicht geprüft
Filter 1 (n_2) *(*werkzeug* OR *form*) (*tool* OR *die* OR *mold* OR *stamp*)*	0	32	17	33	8	473 (Scopus)
Filter 2 (n_3) *(*blech*) (sheet metal)*	0	11	6	5	1	294 (alle Datenbanken)
Filter 3 (n_4) *(*werkzeug* OR *form*) AND (*blech*) (*tool* OR *die* OR *mold* OR *stamp*) AND (sheet metal)*	0	4	2	3	1	270

Abbildung A.1: Übersicht der verwendeten Suchbegriffe 1, 2 und 3 sowie Anzahl der Treffer

		Suchbegriffe und Anzahl der jeweiligen Treffer					
		4. Suchbegriff		5. Suchbegriff		6. Suchbegriff	
		Deutsch	Englisch	Deutsch	Englisch	Deutsch	Englisch
Begriffe A:		umform*	form*	*fertigung	*manufact*	*fertigung	*manufact*
			OR				
			bend*				
			OR				
			stamp*				
AND-Verknüpfung:		***AND***	***AND***	***AND***	***AND***	***AND***	***AND***
Begriffe B:		elastisch*	flexible*	3d druck	3d* *print*	elastisch*	flexible*
		OR	*OR*	*OR*	*OR*	*OR*	*OR*
		weich*	*elastic*	addit*	*rapid*	weich*	*elastic*
		OR	*OR*	*OR*	*OR*	*OR*	*OR*
		nachgiebig*	*ductile*	kunststoff	addit*	nachgiebig*	*ductile*
		OR	*OR*		*OR*	*OR*	*OR*
		duktil*	soft*		*plastic*	duktil*	soft*
					OR		
					polymer		
	1. Web of Science	1	(46031)	2	(13359)	0	(4215)
	2. TEMA	92	(3498)	51	591	63	(3282)
	3. Scopus	4	(14081)	14	(1103)	6	(6016)
Summe der Treffer (Filter)	n_{ges} *Alle Treffer*	97	63610	67	15053	69	13513
	n_1 *Treffer ohne Duplikate*	92	nicht geprüft	67	nicht geprüft	67	nicht geprüft
	Filter 1 (n_2) *(*werkzeug* OR *form*) (*tool* OR *die* OR *mold* OR *stamp*)*	42	(56459)	10	91 (Scopus & TEMA)	3	761 (Scopus & WOS)
	Filter 2 (n_3) *(*blech*) (sheet metal)*	14	271 (alle Datenbanken)	1	10 (alle Datenbanken)	5	71 (alle Datenbanken)
	Filter 3 (n_4) *(*werkzeug* OR *form*) AND (*blech*) (*tool* OR *die* OR *mold* OR *stamp*) AND (sheet metal)*	8	244	0	5	1	14

Abbildung A.2: Übersicht der verwendeten Suchbegriffe 4, 5 und 6 sowie Anzahl der Treffer

A2 Wechselwirkungsdiagramme von Druckfestigkeit und -modul

Abbildung A.3 zeigt das Wechselwirkungsdiagramm für die Druckfestigkeit. Die Zweifachwechselwirkung der Schichthöhe und Wandung (grau hinterlegte Flächen) wirkt sich statistisch nicht signifikant auf die Druckfestigkeit aus. Eine ausgeprägte Wechselwirkung besteht insbesondere zwischen den Faktoren Material und Schichthöhe.

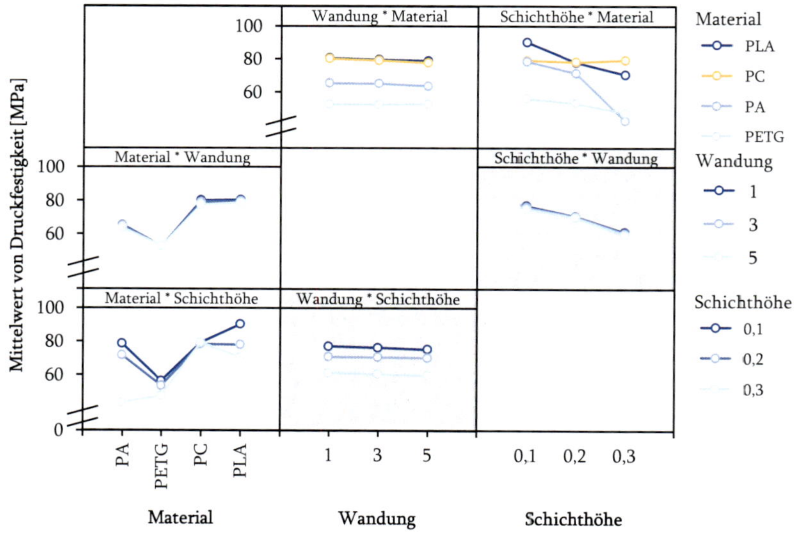

Abbildung A.3: Wechselwirkungsdiagramm für die Druckfestigkeit

In Abbildung A.4 ist das Wechselwirkungsdiagramm für den Druckmodul dargestellt. Die statistische Auswertung zeigt, dass sämtliche Zweifachwechselwirkungen statistisch signifikant sind. Eine ausgeprägte Wechselwirkung besteht insbesondere zwischen den Faktoren Material und Schichthöhe.

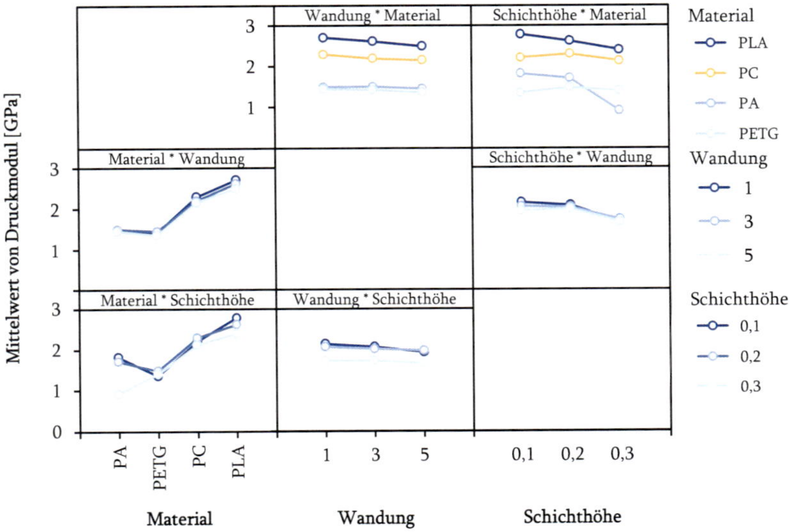

Abbildung A.4: Wechselwirkungsdiagramm für den Druckmodul

A3 Durchführung des 3-Punkt-Biegeversuchs

Die Ermittlung der Durchbiegung der Biegeversuche erfolgt mittels digitaler Bildkorrelation (DIC). Im Vorfeld der Prüfung wird auf die Oberfläche der Probekörper ein Punktmuster aufgesprüht, welches anschließend durch ein Kamerasystem erfasst werden kann. Das Kamerasystem wird mit der Kraftmesseinrichtung der Prüfmaschine gekoppelt, um die gemessenen Dehnungen der Prüfkraft zuordnen zu können. Die Durchbiegung lässt sich anschließend durch eine Biegelinie, welche in die Mitte der Probe positioniert wird, bestimmen. Abschließend können aus den gewonnenen Daten die Spannungs-Dehnungsdiagramme erstellt werden.

Der Biegemodul wird mithilfe der Biegelinientheorie bestimmt. Die Durchbiegung eines Balkens w lässt sich anhand der Differentialgleichung der Biegelinie 2. Ordnung ermitteln:

$$w'' = \frac{d^2w}{dx^2} \approx -\frac{M_y(x)}{E \cdot I_y}$$

Durch die zweifache Integration der Differentialgleichung, sowie dem Einsetzen der Randbedingungen des 3-Punkt-Biegversuchs ergibt sich die Durchbiegung wie folgt:

$$w = \frac{F \cdot L^3}{48 \cdot E \cdot I_y}$$

Hierbei stellt F die Prüfkraft dar, während L den Abstand zwischen den Auflagern bezeichnet. Anhand dieser Gleichung lässt sich, in Abhängigkeit der Durchbiegung sowie der Prüfkraft, der Biegemodul berechnen. Für die experimentelle Bestimmung wird der Biegemodul für jede Probe an insgesamt drei Stellen innerhalb des linear-elastischen Bereichs berechnet und anschließend gemittelt.

A4 Maßabweichung der initialen Werkzeuggeometrie für die Tiefziehversuche mit DC04

Die nachstehenden Abbildungen zeigen die Flächenvergleiche von Stempel und Matrize der 3D-Druckmaterialien PA, PA-CF und PA6-CF im Vergleich zur CAD-Sollgeometrie. Zur Schrumpfungskompensation ist die Sollgeometrie des Stempels wie beim PLA-Werkzeug Abschnitt 4.3.1 um 0,5 % in der X-Y-Ebene und um 0,2 % entlang der Z-Achse skaliert. Zusätzlich wurde nach mehrfacher Iteration der Durchmesser des Stempels aus dem Material PA-CF um 0,5 mm reduziert. Der Durchmesser der Matrizen aus Abbildung A.5 wird im Vergleich zur PLA-Matrize um weitere 0,3 mm auf insgesamt 0,5 mm vergrößert.

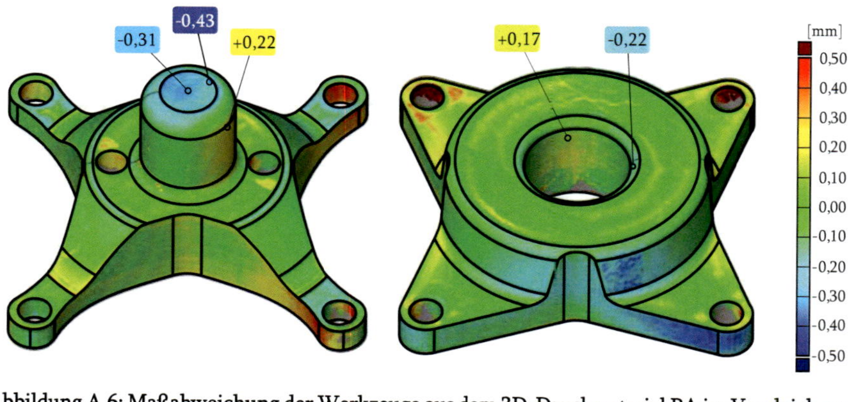

Abbildung A.6: Maßabweichung der Werkzeuge aus dem 3D-Druckmaterial PA im Vergleich zur CAD-Sollgeometrie

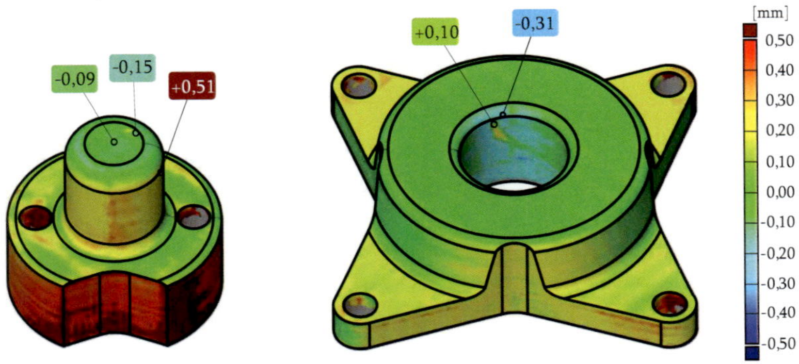

Abbildung A.7: Maßabweichung der Werkzeuge aus dem 3D-Druckmaterial PA-CF im Vergleich zur CAD-Sollgeometrie

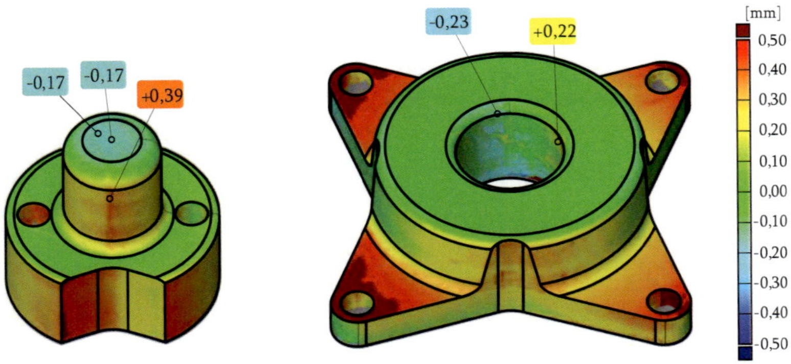

Abbildung A.8: Maßabweichung der Werkzeuge aus dem 3D-Druckmaterial PA6-CF im Vergleich zur CAD-Sollgeometrie

A5 Maßabweichung der initialen Werkzeuggeometrie für die Tiefziehversuche mit HX380LAD-Z

Die nachstehenden Abbildung A.9 und Abbildung A.10 zeigen die Maßabweichung der initialen Werkzeuggeometrie im Vergleich zu der CAD-Sollgeometrie für die Tiefziehversuche mit dem Blechwerkstoff HX380LAD-Z. Die Schrumpfungskompensationen für das 3D-Druckmaterial PLA werden gemäß Abschnitt 4.3.1 und für das Material PA-CF gemäß Anhang A34 eingestellt.

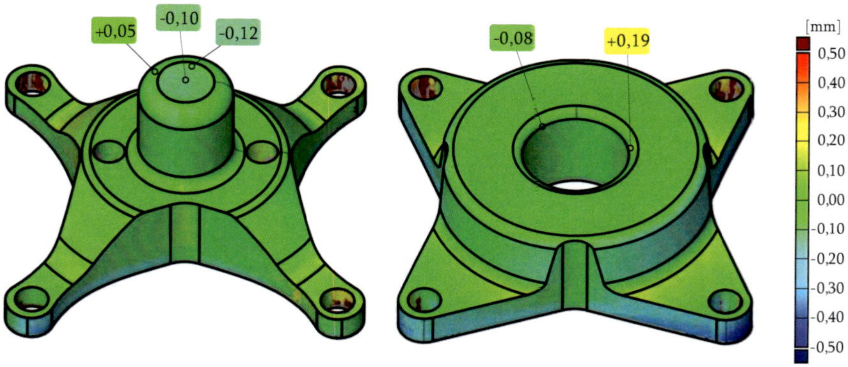

Abbildung A.9: Maßabweichung der Werkzeuge aus dem 3D-Druckmaterial PLA im Vergleich zur CAD-Sollgeometrie für die Tiefziehversuche mit dem Blechwerkstoff HX380LAD-Z

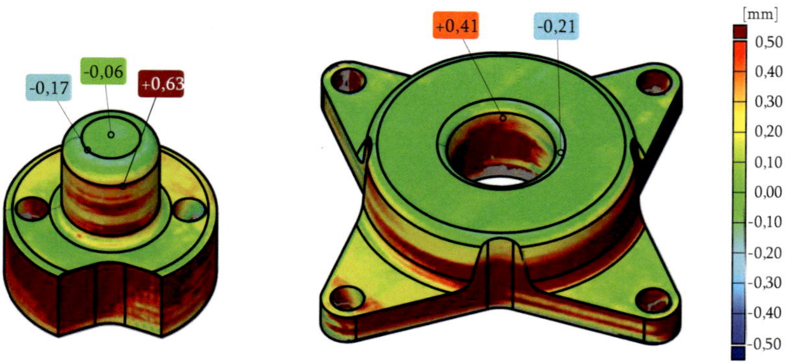

Abbildung A.10: Maßabweichung der Werkzeuge aus dem 3D-Druckmaterial PA-CF im Vergleich zur CAD-Sollgeometrie für die Tiefziehversuche mit dem Blechwerkstoff HX380LAD-Z

Lebenslauf

Persönliche Angaben

Name	Bernd Löffler
Geburtsdatum und -ort	29.09.1991 in Aachen

Ausbildung

2015 – 2017	Masterstudium Entwicklung und Konstruktion an der RWTH Aachen University
2015 – 2016	Auslandsstudium an der Hong Kong University of Science and Technology (HKUST)
2011 – 2015	Bachelorstudium Maschinenbau mit der Vertiefung Konstruktionstechnik an der RWTH Aachen University
2004 – 2011	Abitur an der Gaußschule – Gymnasium am Löwenwall in Braunschweig

Berufliche Erfahrung

Seit 2023	Senior Consultant bei der FEV Consulting GmbH
2021 – 2022	Gruppenleiter Prototypenbau am Werkzeugmaschinenlabor (WZL) der RWTH Aachen University
2019 – 2022	Wissenschaftlicher Mitarbeiter am Lehrstuhl für Produktionssystematik am WZL
2017 – 2019	Wissenschaftlicher Mitarbeiter am Lehrstuhl Production Engineering of E-Mobility Components (PEM) der RWTH Aachen University

Aachen, im Februar 2024

In der Reihe **Ergebnisse aus der Produktionstechnik** zuletzt erschienen:

Dackweiler, Jonas:
Planungseffizienz und -effektivität durch Plattformbasierte Fabrikplanung
ISBN: 978-3-98555-220-7
Erscheinungsdatum: 27.05.2024

Löffler, Bernd:
Additiv gefertigte Kunststoffwerkzeuge für das Tiefziehen von Feinblech
ISBN: 978-3-98555-211-5
Erscheinungsdatum: 27.05.2024

Schopen, Marco:
Datenbasierte hybride Analyse und Gestaltung von Geschäftsprozessen
ISBN: 978-3-98555-217-7
Erscheinungsdatum: 22.05.2024

Scholzen, Philipp:
Auslegung geräuschoptimierter pulvermetallurgischer Stirnradverzahnungen
ISBN: 978-3-98555-216-0
Erscheinungsdatum: 21.05.2024

Seelbach, Tobias:
Prädiktion der Maßhaltigkeit beim Räumen von Profilnuten
ISBN: 978-3-98555-213-9
Erscheinungsdatum: 21.05.2024

Fiedler, Falko:
Produkt- und prozessseitige Auslegung von bauteilintegrierten Vorrichtungsfunktionen
ISBN: 978-3-98555-206-1
Erscheinungsdatum: 02.04.2024

Theling, Julian:
Auslegung von Planetengetrieben im elastischen Verzahnungsumfeld unter Berücksichtigung der Wechselwirkungen des Mehrfacheingriffes
ISBN: 978-3-98555-205-4
Erscheinungsdatum: 26.03.2024

Hohenstein, Steffen:
Multidirektionaler Aufbau in der additiven Fertigung von Kunststoffen
ISBN: 978-3-98555-203-0
Erscheinungsdatum: 05.03.2024

Schukat, Esben:
Kapazitätsorientierte Auftragsfreigabe in matrixstrukturierten Montagesystemen
ISBN: 978-3-98555-189-9
Erscheinungsdatum: 20.02.2024

Ochel, Janis:
Datengetriebene Strukturierung von NC-Zerspanprozessen
ISBN: 978-3-98555-204-7
Erscheinungsdatum: 14.02.2024

Edition Wissenschaft
Apprimus

Metzmacher, Amelie Isabel:
Beschäftigungsfähigkeit im produzierenden Sektor – Entwicklung des Predictive Model of Industrial Employability
ISBN: 978-3-98555-201-6
Erscheinungsdatum: 13.02.2024

Schulz, Malena:
Digital Twin Methodology for the Automated Fiber Placement with In-situ Consolidation of Thermoplastic Tape
ISBN: 978-3-98555-195-8
Erscheinungsdatum: 30.01.2024

Olivier, Marcel:
Abtragmechanismen beim drahtfunkenerosiven Bearbeiten elektrisch leitfähiger Keramiken im kohlenwasserstoffbasierten Dielektrikum
ISBN: 978-3-98555-200-9
Erscheinungsdatum: 30.01.2024

Schweins, Julian:
Datengestützte Gestaltung des nachhaltigen Werkzeuglebenszyklus
ISBN: 978-3-98555-197-2
Erscheinungsdatum: 22.01.2024

Landwehr, Markus:
Modellierung und Vorhersage des eigenspannungsbedingten Bauteilverzugs bei der Fräsbearbeitung
ISBN: 978-3-98555-194-1
Erscheinungsdatum: 09.01.2024

Ecker, Christian:
Flexible Inbetriebnahme roboterbasierter Montagesysteme durch Prozessdemonstration
ISBN: 978-3-98555-189-7
Erscheinungsdatum: 11.12.2023

Goergen, Fabian:
Analogieversuch zur Erzeugung von Zahnflankenbrüchen an Stirnrädern
ISBN: 978-3-98555-191-0
Erscheinungsdatum: 11.12.2023

Padberg, Melanie:
Ansätze der inhärent sicheren Konstruktion modifizierbarer, cyberphysischer Produktionssysteme
ISBN: 978-3-98555-184-2
Erscheinungsdatum: 07.12.2023

Studerus, Bastian:
Gestaltung von Kooperationen zwischen Technologiekonzernen und Start-ups
ISBN: 978-3-98555-186-6
Erscheinungsdatum: 04.12.2023

Wlecke, Shari:
Industrialisierung hochiterativ entwickelter Produkte
ISBN: 978-3-98555-171-2
Erscheinungsdatum: 13.11.2023

Riedel, Jörn:
Scannendes Verfahren zur flexiblen Messung asphärischer Optiken
ISBN: 978-3-98555-177-4
Erscheinungsdatum: 31.10.2023

Müller, Clemens:
Elektrische Widerstandserwärmung von Blechwerkstoffen zur Steigerung der Umformbarkeit
ISBN: 978-3-98555-175-0
Erscheinungsdatum: 16.10.2023

FSC
www.fsc.org
MIX
Papier | Fördert
gute Waldnutzung
FSC® C083411

Zeitfracht Medien GmbH
Ferdinand-Jühlke-Straße 7
99095 Erfurt, Deutschland
produktsicherheit@kolibri360.de